国家骨干高职院校建设项目成果

高等职业教育"工学结合"课程改革教材

高等学校"十二五"规划教材

热工技术应用

主　编　程显峰　贺东伟

副主编　吴丽梅

HEUP 哈尔滨工程大学 出版社

内容简介

本教材是根据《国家中长期教育改革和发展规划纲要》对高职院校教材建设的要求,结合机械类及相关专业高职教育的特点,并针对高职院校学生的具体情况,围绕该类专业的职业岗位范围、知识结构、能力结构、业务规格和素质要求,组织编写而成的。书中对热工学中高深的理论、高难的计算、复杂的分析等内容做了大量的删减,增加了热工检测等有针对性、实用性的内容,尽量做到言简意赅、够用为度,便于学生掌握,方便教学。全书共分3个项目,内容包括工程热力学、传热学、热工检测技术。

本书可作为高职城市热能应用技术专业及暖通专业等相关专业的热工学基础教材,也可作为工程技术人员的参考用书。

图书在版编目(CIP)数据

热工技术应用/程显峰,贺东伟主编. —哈尔滨:哈尔滨工程大学出版社,2014.3(2010.10 重印)
ISBN 978 - 7 - 5661 - 0769 - 5

Ⅰ. ①热… Ⅱ. ①程… ②贺… Ⅲ. ①热工学 - 高等职业教育 - 教材 Ⅳ. ①TK122

中国版本图书馆 CIP 数据核字(2014)第 034749 号

出版发行	哈尔滨工程大学出版社	
社　　址	哈尔滨市南岗区南通大街 145 号	
邮政编码	150001	
发行电话	0451 - 82519328	
传　　真	0451 - 82519699	
经　　销	新华书店	
印　　刷	哈尔滨圣铂印刷有限公司	
开　　本	787 mm×1 092 mm　1/16	
印　　张	16	
字　　数	396 千字	
版　　次	2014 年 3 月第 1 版	
印　　次	2020 年 10 月第 2 次印刷	
定　　价	34.00 元	

http://www.hrbeupress.com
E-mail:heupress@ hrbeu.edu.cn

前言
PREFACE

本教材是根据《国家中长期教育改革和发展规划纲要》对高职院校教材建设的要求,结合机械类及相关专业高职教育的特点,并针对高职院校学生的具体情况,围绕该类专业的职业岗位范围、知识结构、能力结构、业务规格和素质要求,组织编写而成的。

本书在编写时,力求做到内容精练,叙述清楚,在文字叙述上力求深入浅出,通俗易懂。对热工学中高深的理论、高难的计算、复杂的分析等内容做了大量的删减,增加了热工检测等有针对性、实用性的内容,尽量做到言简意赅、够用为度,便于学生掌握,方便教学。

本书在编写时力求做到深入浅出,便于学生自学。每个任务之前都给出了明确的学习指导,包括任务提要、任务要求,每个单元前面都给出学习目标和重点内容,帮助学生掌握重点,突破难点。另外每个任务后面都有思考与练习题,读者可通过适当的作业和练习巩固所学知识。

本书由黑龙江职业学院能源与材料工程学院城市热能应用技术教学团队编写,并由哈尔滨工业大学赵广播教授主审。赵教授在百忙之中对本书做了全面细致的审阅,并提出很多宝贵的建议和意见。在此,向全体编者表示衷心的感谢。本书由程显峰、贺东伟任主编,吴丽梅任副主编,具体分工为:程显峰编写了项目一,贺东伟编写了项目二的任务一、二、三,吴丽梅编写了项目二的任务四、项目三的任务一,刘洋编写了项目三的任务二,徐永慧编写了项目三的任务三,裴昭颖编写了项目三的任务四。

本书在编写过程中,参考或引用了国内一些专家学者的论著,在此表示衷心的感谢。

本教材在编写前广泛听取了高职教学第一线的有关教师和学生的意见,在编写过程中做了一些变革和尝试。由于编者水平有限,书中难免有疏漏和不妥之处,请读者批评指正。

编　者
2013 年 5 月

目录 CONTENT

项目一 工程热力学

项目二 传热学

项目三 热工测试技术

项目一　工程热力学

任务一　工质及气态方程

▶ 任务提要

本任务阐明热力学系统(热力系)的定义及其描述以着重介绍热力系的平衡状态的概念;描述平衡状态的基本状态参数比体积、压力和温度,以及体现三者相互关系的状态方程式;定义了热力系的准平衡过程并对热力循环作了初步的介绍。

▶ 任务要求

1. 了解热力系的定义、平衡状态的概念和应满足的平衡条件。
2. 掌握基本状态参数 p,v,T 的定义,计量及不同单位间的换算。
3. 了解准平衡过程的定义及提出准平衡过程的意义和作用。
4. 了解可逆过程的定义及提出可逆过程的意义和作用。
5. 对不同的热力循环及其作用建立起初步的概念。

单元1　工质及热力系统

● 学习目标

理解工质、热力系的定义;掌握热力系的分类。

● 重点内容

热力学模型的基本概念,热力系统的选取及种类划分的基本原则。

一、工质

在热能和机械能的相互转换中必须要有一个工作物质,例如柴油机的工作物质为空气和燃气,蒸汽动力装置的工作物质为水和水蒸气,蒸汽压缩制冷装置的工作物质为制冷剂。在热力转换过程中由这个工作物质来吸收热量膨胀并对外做功,或者由这个工作物质把从冷库吸收的热量放给环境,没有这个工作物质,就不可能实现热能和机械能之间的转换。我们把这个工作物质称为工质,即把实现热能和机械能相互转换的媒介物称为工质。

作为工质,应满足以下几点要求:(1)良好的膨胀性;(2)良好的流动性;(3)较大的热容量;(4)热力性能稳定;(5)无毒、无腐蚀性;(6)对环境友善;(7)价廉,易大量获取。

工程中最适于充当工质的是气体或由液态过渡为气态的蒸汽,如火电厂的蒸汽轮机中

的水蒸气,内燃机中的燃气,制冷装置中的氨蒸气等。

二、热力系统

1. 热力系、外界与边界

从上述热能转换装置的工作过程我们知道,任何一种能量转换装置都是由几个相互作用的实现能量转换或传递的热力设备所组成的。例如蒸汽动力装置是由锅炉、蒸汽轮机、冷凝器、水泵所组成。为了进行热力学分析,首先我们要在相互作用的各种热力设备中划分一个(或几个)热力设备作为研究对象,这种被划分出来的研究对象称为热力学系统,简称系统。系统之外的其他热力设备统称为外界。系统与外界的接口称为边界。边界可以是真实的(如图1.1.1),也可以是设想的(如图1.1.2)。例如取压缩空气瓶内的空气为系统,则瓶的内壁面就是真实的边界;而当取废气涡轮内的空气作为系统时,则进出口处的边界是设想的。

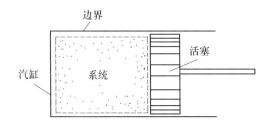
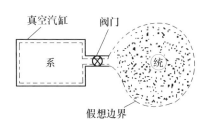

图 1.1.1 热力系统示意图   图 1.1.2 闭口系统示意图

2. 几种典型热力系

热力学系统与外界一般有三种相互作用:系统与外界的物质交换、热的交换和功的交换。按照系统与外界相互作用的特点,在热力学中往往把系统分为下述几类。

(1)闭口(封闭)系统。系统与外界没有物质的交换。例如把柴油机汽缸中正进行膨胀的燃气选作系统,尽管燃气会从汽缸与活塞的缝隙间漏泄一点,但泄漏量极小,可以足够精确地看作系统与外界没有物质交换,这就是封闭系统,如图1.1.2所示。封闭系统是由闭合表面包围的质量恒定的物质集合。封闭系统与外界可以有热和功的交换,也可以没有。

(2)开口系统。系统与外界有物质的交换。如图1.1.3所示。火电厂运行中的汽轮机就可视为开口系统,在运行过程中,有蒸汽不断地流进流出。由于开口系统是一个划定的空间范围,所以开口系统又称控制容积系统(CV)。开口系统与外界可以有热和功的交换,也可以没有。

(3)绝热系统。系统与外界没有热量的交换。如图1.1.4所示的燃气膨胀时有热量传给冷却水,如取燃气和冷却水(通常称为冷源)为系统,则包括燃气和冷却水的系统与外界没有热交换,因而该系统为绝热系统。

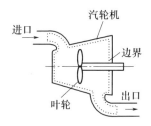

图 1.1.3 开口系统示意图

(4)孤立系统。系统与外界没有物质交换,也没有热和功的交换。如果把所有发生相互作用的各种热力设备作为一个整体,并把这个整体选定为所研究的系统,虽然这个系统内部的各部分可以有物质交换、热和功的交换,但这个系统作为整体与外界没有任何相互作用,那么这个系统就是孤立系统,如图1.1.5所示。孤立系统一般是由常规系统和与之发生相互作用的外界组成的。可见一个系统可以由多个系统组成。

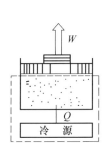

图 1.1.4　绝热系统示意图

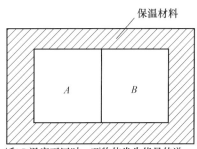

A和B温度不同时,两物体发生能量传递,若取$A+B$为系统,则为孤立系统。

图 1.1.5　孤立系统示意图

严格地讲,自然界中不存在完全绝热或孤立的系统,它们是热力学中为简化问题的研究而提出的抽象概念,但工程上却存在着接近于绝热或孤立的系统。绝热系统是一种系统与外界传递的热量小到可以忽略的简化模式,孤立系统是虚拟的有限的空间范围。用工程观点来处理问题时,只要抓住事物的本质,突出主要因素,就可以将这样的系统看成绝热系统或孤立系统,而得出有指导意义的结论。应当指出,热力系统如何划分、划分范围的大小,完全取决于分析问题的需要及分析方法的简便。研究任务不同,所选取的热力系统也不同。

注意:

(1)边界是系统与外界发生相互作用的所在地,它可以是固定的,也可以是运动的;可以是真实的,也可以是假想的。

(2)一旦选定系统,研究的重点在于系统内部工质的变化过程、系统通过边界与外界发生的相互作用以及两者间的关系。

(3)对于外界只是笼统地考察它们通过边界与热力系统发生的相互作用,即物质交换和能量交换(包括热量交换和功量交换)的情况。

基于这一原因,外界通常是指与系统内工质或物体发生相互作用的物体。

系统的种类见表1.1.1。

表 1.1.1　系统的种类

名　　称	Q	W	m	表　　述	分析方法
闭口系统	√×	√×	×	无质量交换	采用控制质量法
开口系统	√×	√×	√	有质量交换	采用控制容积法
绝热系统	×	√×	√×	无热量交换	
孤立系统	×	×	×	无任何交换	
简单可压缩系统	√	容积功	√×	系统与外界交换的功仅有容积功	

表 1.1.1 中简单可压缩系统是指对于由可压缩物质构成、与外界仅有容积变化功交换、无化学反应的系统,称为简单可压缩系统,是工程热力学主要研究的对象。

3. 系统按内部状况划分

热力系也可按其内部状况的不同而分类为:单元系(只包含一种化学成分的物质)、多元系(包含两种以上的物质)、均匀系(各部分具有相同的性质,如单相系)、非均匀系(各部分具有不同的性质,如复相系)等。

4. 与系统发生作用的外界的分类

热源　热力学中将与系统只发生热的相互作用的外界定义为"热源"。温度高的热源称为高温热源,温度低的热源称为低温热源,并且认为热源的容量足够大,它吸入和放出有限热量时温度保持不变。

功源　热力学中将与系统只发生功的相互作用的外界定义为"功源"。功源与封闭系统交换的功是直接通过系统中工质膨胀或压缩引起的容积改变实现的,称为"容积功";功源与开口系统交换的功通过转轴传递,称为"轴功"。习惯上,系统对外界(功源)做功为正值,外界(功源)对系统做功为负值。

质源　热力学中将与系进行物质交换的外界定义为"质源"。

三、系统的选取原则

正确地选择热力系是进行正确的热力学分析的前提。没有明确选定热力系之前,对力、质量、热、功等任何问题的讨论都是不可能进行的。

1. 主要依据是研究对象的特点。

2. 同时应考虑分析问题的需要和方便,必要的时候需要有适当的假设。

应该指出:绝热系统、闭口系统在某些情况下是经过了简化处理,如图 1.1.6 所示。类似这样抓住主要矛盾,忽略次要因素的处理方法在工程热力学中是经常遇到的。

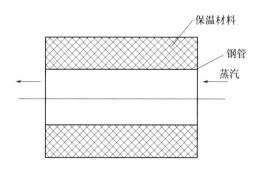

图 1.1.6　系统的简化

思考与练习题

1. 外界是否就是环境介质?

2. 若系统流进、流出工质的质量相同,即系统内工质质量保持不变,该系统是开口系统还是闭口系统?

3. 绝热系统可否与外界交换功? 开口系统可不可以是绝热系统?

单元2　工质的热力状态及其基本状态参数

● 学习目的

1. 理解热力状态和状态参数的定义。
2. 掌握状态参数的特征、分类,基本状态参数的物理意义和单位。
3. 掌握绝对压力、表压力和真空度的关系。

● 重点内容

状态、状态参数及基本状态参数。

热力设备中实现能量传递与转换,工质本身状况必须不断地发生变化,因而必须描述和研究工质的各种宏观状况所发生的变化。

一、状态及状态参数

1. 状态(State)

热力学中将系统中的工质在某一瞬间呈现的各种宏观物理状况的总和称为工质(或系统)的热力状态,或简称为状态。

2. 状态参数(Property)

(1)定义

用来描述和说明工质状态特性的各种宏观物理量称为工质的状态参数,如压力、温度等。

(2)状态参数的特征

工质的状态是要通过状态参数来表征的,而状态参数又取决于状态。换句话说,状态一定,工质的状态参数也就一定;若状态发生变化,至少有一种参数随之改变。状态参数的变化只取决于给定的初、终状态,而与变化过程中所经历的一切中间状态或路径无关。数学上状态参数表现为是点的函数,其微量是全微分,它沿闭合路径的积分为零。如用 x 表示任意状态参数,状态参数的特性可用如下数学表达式表示:

$$\oint \mathrm{d}x = 0$$

(3)热力学中常用的状态参数

工程热力学中常用的状态参数有压力、温度、比体积、热力学能(内能)、焓、熵等。其中压力、温度、比体积可以直接用仪器测量,称为基本状态参数;其余状态参数可根据基本状态参数间接导出。

(4)强度参数与广延参数

强度参数　与系统质量无关,如温度、压力。强度参数不具有可加性。

广延参数　与系统质量成正比,如体积、热力学能、焓、熵等。广延参数具有可加性。单位质量工质的广延参数(如比体积、比焓、比热力学能等),具有强度参数的性质,称为比参数,不具有可加性。

二、基本状态参数

1. 温度(Temperature)

(1)温度的引出

由热力学第零定律(热平衡定律)可知,与第三个系统处于热平衡的两个系统,彼此也处于热平衡,见图 1.1.7。

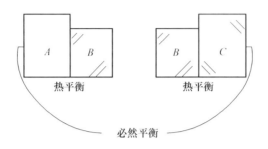

图 1.1.7　热力学第零定律示意图

处于热平衡的两个系统必然具有一个数值上相等的热力学参数来描述这一平衡特性,此即温度。温度是决定一系统是否可与其他系统处于热平衡的物理量。它的特征是,一切处于热平衡的系统都具有相同的温度。从宏观上来看,温度是表示工质冷热程度的量度,是判断工质能否从外界接受热量或者对外传出热量的根据。

(2)实质

宏观上温度表示物体的冷热程度;微观(分子运动)上,则是物质内部大量分子热运动的强烈程度。根据气体分子运动论,气体的温度是组成气体的大量分子平均移动动能的量度。温度越高,分子的热运动越剧烈。

(3)温标

热力学第零定律除了为建立温度概念提供实验基础外,也是进行温度测量和建立经验温度标尺的理论基础。物体的温度用温度计测量。在温度测量中,温度计作为第零定律中所说的第三个系统。如果将它加以刻度,并与任意热力系接触而达到热平衡,则该系统的温度即可测出。

当温度计与任何被测系统接触时,如果二者不处于热平衡,则将引起温度计中测温物质的状态变化,直至二者达到热平衡时为止。这样,我们可利用测温物质在两系统相互作用中所引起的某种特性的变化,将被测系统的温度显示出来。

温度测量常利用物质的下述特性:

a. 温度变化时固体、液体、气体的容积变化;

b. 定体积下气体压力随温度的变化;

c. 固体温度变化时的电阻变化;

d. 两种不同材料的导线在接触点温度不等时产生的热电势;

e. 辐射强度随温度的变化(用于高温测量);

f. 磁效应(用于极低温测量);等等。

工程上用温度计来测量物体的温度。处于热平衡的物体,都具有相同的温度,这一事实是我们用温度计测量物体温度的依据。当温度计与被测物体达到热平衡时,温度计指示的温度就等于被测物体的温度。常用的温标有热力学温标和摄氏温标,它们也是我国的法定计量单位。

温度的数值表示法称为温标。温标的三要素:选定一种测温物质的性质;选基准点;分度法。一般温标的基准点和分度方法的选择是人为的。

①热力学温标

国际单位制(即 SI 制)中,以热力学温标作为基本温标。它所定义的温度称为热力学温度 T,单位为开尔文,符号为 K。热力学温标又称为绝对温标和开尔文温标。

热力学温标以水的三相点,即水的固、液、气三态平衡共存时的温度为基准点,并规定其温度为 273.16 K。于是 1 K 就是水的三相点热力学温度的 1/273.16。

②摄氏温标

1742 年,摄氏温标由瑞典人摄氏(Anders Celsius)提出。他把一个大气压下纯水的冰点取为 0 度,沸点取为 100 度,中间 100 等分作为摄氏温标。它所定义的温度为摄氏温度 t,单位为摄氏度,符号为℃。

1960 年国际计量会议给摄氏温标以新的基准,即由热力学绝对温标来规定摄氏温标,称为热力学摄氏温标,把水的三相点定为 273.16 K,即 0.01 ℃,则 0 ℃ = 273.15 K。

由于热力学温标实施困难,国际上定义了国际摄氏温标,与热力学温标并用。

热力学温标与摄氏温标的关系:热力学温标 1 K 与国际摄氏温标 1℃ 的间隔是完全相同的。热力学温度与摄氏温度之间存在着下述关系:

$$T \text{ K} = t \text{ ℃} + 273.15 \qquad (1.1.1)$$

所以水的三相点的摄氏温度是 0.01 ℃。应当指出,在表示两种状态间的温度差时,用两种温度所得出的差值是相同的,即 $\Delta T = \Delta t$。

③华氏温标

1724 年,华氏温标由德国人华氏(Cabridl D Fahrenheit)提出。他把水、冰和氯化铵的混合物作为制冷剂而获得的当时可得到的最低温度作为 0 度,把人体的温度作为 96 度,中间等分,这样的数字是由于当时广泛使用 12 进位法。

符号用 t_F 表示,单位为°F。与摄氏温度的换算关系为

$$t_F \text{ °F} = \frac{9}{5} t \text{ ℃} + 32 \qquad (1.1.2)$$

常用温标的种类、基准点、分度方法见图 1.1.8。

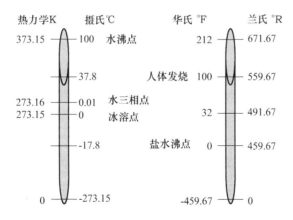

图 1.1.8 常用温标的种类、基准点及分度方法示意图

④各种温标间的关系

a. 摄氏温度与绝对温度　$t/℃ = T/K - 273.15$

b. 摄氏温度与华氏温度　$t/℃ = 5/9(t_F/℉ - 32)$

c. 兰氏温度与华氏温度　$T/°R = t_F/℉ + 459.67$

d. 兰氏温度与绝对温度　$T/°R = 5/9T/K$

2. 压力(Pressure)

(1)压力概念

宏观上,压力(或压强)为单位面积上所受到的垂直作用力。微观上根据分子运动论,气体的压力是气体分子运动撞击表面而在单位面积上所呈现的垂直于壁面的平均作用力。

$$p = F/A \tag{1.1.3}$$

式中 F 为垂直作用于面积 A 上的力。

(2)压力单位及换算

在国际单位制中,力的单位为 N,面积的单位为 m^2,压力的单位为 Pa(帕),$1\ Pa = 1\ N/m^2$。工程上因 Pa 太小,常采用 kPa(千帕)和 MPa(兆帕)作为压力的单位,它们之间的关系为:$1\ MPa = 10^6\ Pa$,$1\ kPa = 10^3\ Pa$。以前在工程上使用的压力单位还有 atm(标准大气压)、at(工程大气压)等。它们与 Pa(帕)的换算关系见表1.1.2。

表1.1.2　各种压力单位与帕的换算关系

单位名称	单位代号	与帕的换算关系
巴	bar	$1\ bar = 10^5\ Pa$ 或 0.1 MPa
标准大气压	atm	$1\ atm = 101\ 325\ Pa = 1.013\ 25\ bar$
毫米水柱	mmH_2O	$1\ mmH_2O = 9.806\ 65\ Pa$
毫米汞柱	mmHg	$1\ mmHg = 133.322\ 4\ Pa$
工程大气压	at	$1\ at = 98\ 066.5\ Pa$

(3)绝对压力、表压力和真空度

①绝对压力。工质的真实压力称为"绝对压力",以 p 表示。当地大气压力用 p_b 表示。

②表压力。当绝对压力大于当地大气压力时(正压状态),压力表指示的压力值称为"表压力",用 p_g 表示:

$$p = p_b + p_g \tag{1.1.4}$$

③真空度。当绝对压力低于当地大气压力时(负压状态),用真空表测得的数值,即绝对压力低于当地大气压力的数值,称"真空度",用 p_v 表示:

$$p = p_b - p_v \tag{1.1.5}$$

总之,即使绝对压力不变,由于大气压力变化,表压力和真空度也会变化。因此,只有绝对压力才能表征工质所处的状态,才是状态参数。各压力之间的关系如图1.1.9所示。

(4)压力的测量

工程上测量压力常采用弹簧管式压力表,当压力不高时也可用 U 型管压力计来测定(如图1.1.10所示)。目前愈来愈多的采用电子技术的测压设备已进入工程领域。无论采用哪种压力计,因为测压元件本身都处在当地大气压力的作用下,因此测得的压力值都是工质的真实压力与当地大气压力间的差值。

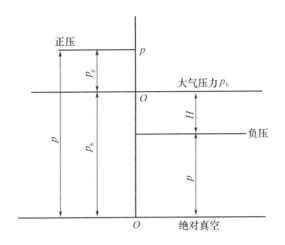

图 1.1.9　各压力之间的关系示意图

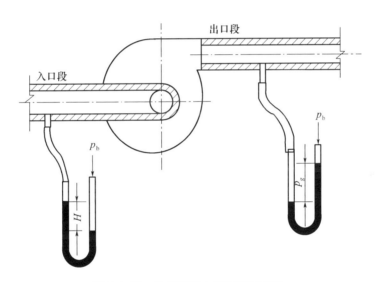

图 1.1.10　U 型管压力计测压示意图

①U 型管压力计

工作原理:在 U 型管压力计没有与测压点连通前,U 型玻璃管内两侧的液面在零刻度线处相平。当 U 型管的一端与测压点连通后,U 型管内的液面会发生变化。若与测压点连通一侧的液面下降,说明测压点处的压力为正压,反之则为负压。

②弹簧管式压力表

弹簧管压力表又可以称作布尔登表。弹簧管压力表的主要组成部分为一弯成圆弧形的弹簧管,管的横切面为椭圆形。作为测量元件的弹簧管一端固定起来,并通过接头与被测介质相连;另一端封闭,为自由端。自由端与连杆与扇形齿轮相连,扇形齿轮又和机心齿轮咬合组成传动放大装置。弹簧管压力表通过表内的敏感元件(波登管、膜盒、波纹管)的弹性形变,再由表内机芯的转换机构将压力形变传到指针,引起指针转动来显示压力。

弹簧管式压力表的技术参数如下：

a. 精度等级　1级;1.6级;2.5级;

b. 安装方式　径向直接式(Ⅰ);轴向偏心直接式(Ⅱ);轴向同心直接式(Ⅲ);轴向偏心嵌装式(Ⅳ);轴向同心嵌装式(Ⅴ);径向凸装式(Ⅵ);轴向同心凸装式(Ⅶ);

c. 量程范围　（MPa）0.1～0;－0.1～0.06;－0.1～0.15;－0.1～0.3;－0.1～0.5;－0.1～0.9;－0.1～1.5;－0.1～2.4;0～0.1;0～0.16;0～0.25;0～0.4;0～0.6;0～1.0;0～1.6;0～2.5;0～4;0～6;0～10;0～16;0～25;0～40;0～60;0～100;0～160;

d. 使用工作温度　－40～70 ℃;

e. 执行标准:GB/T1226—2001。

图 1.1.11　弹簧管式压力表实物图

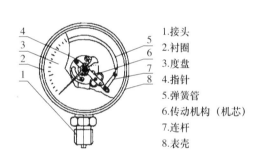

1.接头
2.衬圈
3.度盘
4.指针
5.弹簧管
6.传动机构（机芯）
7.连杆
8.表壳

图 1.1.12　弹簧管式压力表结构图

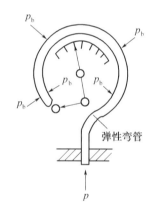

图 1.1.13　弹簧管压力表工作原理图

③气压计

根据托里拆利(Evangelista Torricelli,1608—1647)的实验原理而制成,用以测量大气压强的仪器。气压计的种类有水银气压计及无液气压计。其用途是:ⓐ可预测天气的变化,气压高时天气晴朗;气压降低时,将有风雨天气出现;ⓑ可测高度,每升高12 m,水银柱即降低大约1 mm,因此可测山的高度及飞机在空中飞行时的高度。

工程计算中,如果被测工质的压力很高,可将大气压力视为常数,一般近似地取为0.1 MPa。如果被测工质的压力较低,则须按当时当地大气压力的具体数值计算。

图 1.1.14　气压计实物图

3. 比容与密度(Specific Volume and Density)

(1)实质

宏观上比容为单位质量工质占有的体积。从微观意义上讲,对一定气体而言,密度、比体积为描绘分子聚集疏密程度的物理量。

$$v = \frac{1}{\rho}$$

（2）单位

比容 v，m^3/kg ；密度 ρ，kg/m^3。

比体积和密度都是说明工质在某一状态下分子疏密程度的物理量，二者互不独立，通常以比体积作为状态参数。总容积 V、总质量 m 为具有可加性的尺度量，但 v,ρ 则为强度量而不具有可加性。

单元3　平衡状态及状态方程

● 学习目的

　　1.牢固掌握和理解平衡状态、状态公理等热力学基本概念。

　　2.掌握热力学函数、状态方程及状态参数坐标图等描述状态参数间联系的方法。

● 重点内容

　　状态公理和状态方程。

一、平衡状态(Equilibrium State)

1.平衡状态定义

系统在不受外界影响(重力场除外)的条件下,如果状态参数不随时间变化,称为热力平衡状态,简称平衡状态。此时,系统内外同时建立了热的和力的平衡状态。

处于平衡状态的热力系各处的温度、压力等参数是均匀一致的。试设想系统中各物体之间有温差存在而发生热接触,则必然有热自发地从高温物体传向低温物体,这时系统不会维持状态不变,而是不断产生状态变化直至温差消失而达到平衡。这种平衡称为热平衡。可见,温差是驱动热流的不平衡势,而温差的消失则是系统建立起热平衡的必要条件。同样,如果物体间有力的相互作用(例如由压力差引起),则将引起宏观物体的位形变化,这时系统的状态不断变化直至力差消失而建立起平衡。这种平衡称为力学平衡。所以,力差也是驱使系统状态变化的一种不平衡势,而力差的消失是使系统建立起力学平衡的必要条件。对于有相变或化学反应的系统,还可能出现由某些势差引起的相转变或化学组成变化,而在达到平衡时也应以相应的势差的消失作为平衡的必要条件(相平衡和化学平衡条件将在后续有关章节中讨论)。

2.平衡状态条件

(1)系统处于内部力平衡和热平衡,即内部的压力与温度均匀一致。无内部不平衡势差。

(2)系统内外达到力平衡和热平衡,即系统内部与外界的压力和温度相同。无外部不平衡势差。

平衡的本质:不存在不平衡势。

当系统各部分的温度和压力不一致时,各部分间将存在着能量的传递和相对位移,其状态将随时间而变化,这种状态称为非平衡状态。非平衡状态如果没有外界的影响,最后

将过渡到平衡状态。

稳定不一定平衡,但平衡一定稳定。

二、状态公理

热力系统的平衡状态可以用状态参数来描述。系统有多个状态参数,它们各自从不同的角度描写系统的某一宏观特性。状态参数不是相互独立的,必然存在某种联系,因此确定系统的状态不需要已知所有的状态参数。那么需要几个独立的状态参数来确定一个平衡状态呢?

热力系与环境之间由于不平衡势的存在将产生相互作用(即相互的能量交换),这种相互作用以热力系的状态变化为标志。每一种平衡将对应于一种不平衡势的消失,从而可得到一个确定的描述系统平衡特性的状态参数。由于各种能量交换可以独立地进行,所以决定平衡热力系状态的独立变量的数目应等于热力系与外界交换能量的各种方式的总数。对于组成一定的封闭系统而言,与外界的相互作用除表现为各种形式的功的交换外,还可能交换热量。

状态公理指出,确定物质系统平衡状态的独立状态参数个数为$(m-1)+(n+1)$。其中 m 为组成物质的成分数;n 为系统与外界传递可逆功的形式数;$(n+1)$ 中的"1"表示能量传递的热量形式。

三、描述状态参数间联系的方法

1. 热力学函数

$$U=f(T,v),H=f(T,p)$$

即称为热力学函数。函数具体形式取决于工质的种类性质及状态。

2. 状态方程

$$f(T,p,v)=0 \quad 或 v=f(p,t)$$

它描述了纯物质组成的简单可压缩系统在平衡状态下基本状态参数之间联系的内在规律。函数具体形式取决于工质的种类性质及状态。各种物质具有不同的状态方程式,所以状态方程式是物质个性的体现。热力学理论告诉我们,一切纯物质均存在着关系式 $f(p,v,T)=0$,但却不能给出任何物质这一关系式的具体形式,其具体形式的确定还需依赖于实验及对物质结构的认识。热力学只能用它的理论来指导这种实验,却不能代替这种实验。

3. 状态参数坐标图

状态参数的坐标图如 $p-v$ 图、$T-s$ 图等,如图 1.1.15 所示。

两个独立的状态参数就可以确定简单可压缩系统的状态。

注意:

(1)系统任何平衡状态可表示在坐标图上;

(2)图中任意一点为一确定的平衡状态;

(3)不平衡状态无法在图上表示。

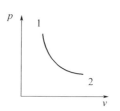

图 1.1.15 状态参数坐标图

思考与练习题

1. 宏观状况不随时间变化的物系是否一定处在平衡状态?
2. 高压气瓶中的氧气是否可看作处在平衡状态?

单元4 理想气体状态方程

● **学习目的**

1. 区分理想气体与实际气体。
2. 了解状态方程式及参数坐标图的物理意义及作用。
3. 应用理想气体状态方程解决实际问题。

● **重点内容**

熟练掌握理想气体状态方程的应用。

热机中的工质皆采用容易膨胀的气态物质,包括气体和蒸气。气体是指远离液态,不易液化的气态物质;而蒸气则是指离液态较近,容易液化的气态物质。两者之间并无严格的界限。

在工质的热力性质中,压力 p、比体积 v、温度 T 之间的关系具有特别重要的意义。对于实际气体,这种关系一般比较复杂。但是,通过大量实验发现,当密度比较小,也就是比容比较大的时候,处于平衡状态的气态物质的基本状态参数之间将近似地保持一种简单的关系。为此,人们提出了理想气体的模型。

一、理想气体与实际气体

1. 理想气体(Ideal Gas)

气体与液体、固体一样,都是由大量的、不停运动着的分子组成。气体分子本身具有一定的体积,而且分子之间存在着引力。由于气体的性质极其复杂;所以很难找出分子的运动规律。为了便于分析、简化计算,人们提出了理想气体这一概念。

理想气体是一种实际上不存在的假想气体,它必须符合两个假定条件:一是气体分子本身不占有体积;二是气体分子间没有相互作用力。根据这两个假定条件,可使气体分子的运动规律得以简化,不但可以定性地分析气体的热力学现象,而且可以定量地得出状态参数之间的简单函数关系式,从而从理论上推导气体工质的普遍规律。

2. 实际气体作为理想气体处理的判据

在实际应用中,实际存在的气体不可能完全符合理想气体的假定条件。但当气体温度不太低、压力不太高时,气体的比体积较大,使得气体分子本身的体积与整个气体的容积比较起来显得微不足道;而且气体分子间的平均距离相当大,以至于分子之间的引力小到可以忽略不计。这时的气体便基本符合理想气体模型,可以将其视为理想气体。例如氧气、氢气、氮气、一氧化碳、二氧化碳以及由这些气体组成的混合气体——空气、烟气等,均可视为理想气体。实践证明,按理想气体去研究这些气体所产生的偏差不大。

当气体处于很高的压力或很低的温度时,气体接近于液态,使得分子本身的体积及分子间的相互作用力都不能忽略。这时的气体就不能视为理想气体,这种气体称为实际气体。例如饱和水蒸气、制冷剂蒸气、石油气等,都属于实际气体;但空气及烟气中的水蒸气因其含量少、压力低、比体积大,又可视为理想气体。由此可见,理想气体与实际气体没有明显界限。气体能否被视为理想气体,要根据其所处的状态及工程计算所需要的误差范围而定。

单、双原子气体在常温条件下,$p = 1 \sim 2$ MPa 即可认为是 $p \to 0$。例如在常温下,只要压力不超过 5 MPa,工程上常用的 O_2,N_2,H_2,CO 等气体以及主要由这些气体组成的空气及燃气,都可以作为理想气体处理,不会产生很大误差。另外,大气或燃气中所含的少量水蒸气,由于其分压力很低,比体积很大,也可作为理想气体处理。但是火力发电厂中所使用的水蒸气,压力比较高,密度比较大,离液态不远,不能作为理想气体看待。

3. 实际意义

气体分子运动规律,尤其是状态方程式可以大为简化。一是在工程计算中,将实际气体完全可以当作理想气体看待,而不致引起太大的误差;二是由理想气体得到的结论,经过一定程度上的修正即可应用于实际气体。

理想气体是一种经过科学抽象的假想气体模型。尽管理想气体性质不能很精确地表达气体,特别是较高压力下气体的热力性质,但它在工程中还是具有很重要的实用价值和理论意义。这是因为:

第一,在通常的工作参数范围内,按理想气体性质来计算气体工质的热力性质具有足够的精确度,其误差在工程上往往是允许的。对于一般的气体热力发动机和热工设备中的气体工质,在无特殊精确度要求的情况下,多可按理想气体性质进行热力计算。

第二,理想气体性质是研究工质热力性质的基础。理想气体性质反映了气态工质的基本特性,更精确的气体、蒸气的热力性质表达式,往往可以在理想气体性质的基础上引入各种修正得出。

二、理想气体状态方程式(Ideal Gas State Function)

通过大量的实验,人们发现理想气体的三个基本状态参数之间存在着一定的函数关系,这就是物理学中波义耳 – 马略特定律、盖 – 吕萨克定律和查理定律所表达的内容,这三条定律可以被综合表达为理想气体状态方程式。另外,理想气体状态方程式亦可按理想气体模型由气体分子运动论导得。该式 1834 年由克拉贝龙(Clapeyron)首先导出,因此也称为克拉贝龙方程式。

理想气体状态方程式最早是由实验方法得到的,后来随着分子运动论的发展,人们又从理论上证明了它的正确性。

1. 理想气体状态方程式

根据分子运动论,有如下关系式:

$$pv = R_g T \tag{1.1.6}$$

式中　p——绝对压力,Pa;

　　　v——比体积,m^3/kg;

　　　T——热力学温度,K;

　　　R_g——气体常数,与气体的种类有关,而与气体的状态无关,$J/(kg \cdot K)$。

上式表明理想气体在任一平衡状态时 p,v,T 之间的关系,称为理想气体的状态方程。

2. 基本物理量

(1)通用气体常数 R

在国际单位制中,物质的量的单位为 mol(摩尔)或 kmol(千摩尔)。1 kmol 物质的质量称为千摩尔质量,以 M 表示,单位为 kg/kmol,其数值与气体的相对分子质量的数值相同。1 kmol 物质的体积称为千摩尔体积,以 V_m 表示,单位为 m^3/kmol,则 $V_m = Mv$。

对于理想气体,由 $pv = R_g T$ 可得

$$pV_m = MR_g T$$

令 $R = MR_g$ 则得

$$pV_m = RT$$

根据阿伏加德罗定律,在同温、同压下,任何气体的千摩尔体积都相等,所以由上式可得,对于任何气体,R 都等于常数,并且与气体所处的具体状态无关。R 称为通用气体常数,其值可由气体在任意一状态下的参数确定,通常取理想气体在标准状态下来计算其值。已知在标准状态(压力 $p_0 = 101\ 325$ Pa,温度 $t_0 = 0$ ℃)下,1 kmol 任何气体所占有的体积均为 $V_{m_0} = 22.4\ m^3$,故有

$$R = \frac{p_0 V_{m_0}}{T_0} = \frac{101\ 325 \times 22.4}{273.15} = 8\ 314\ [\text{J}/(\text{kmol} \cdot \text{K})]$$

(2)气体常数 R_g 的计算

有了通用气体常数 R,只要知道气体的千摩尔质量(或相对分子质量),任何一种气体的气体常数 R_g 就可按下式确定:

$$R_g = \frac{R}{M} = \frac{8\ 314}{M}\ \text{J}/(\text{kg} \cdot \text{K})$$

几种常见气体的气体常数见表 1.1.3。

表 1.1.3　几种常见气体的气体常数

物质名称	化学式	相对分子质量	气体常数 $R_g/[\text{J}/(\text{kg} \cdot \text{K})]$
氢	H_2	2.016	4 124.0
氦	He	4.003	2 077.0
甲烷	CH_4	16.043	518.3
氨	NH_3	17.031	488.2
水蒸气	H_2O	18.015	461.5
氮	N_2	28.013	296.8
一氧化碳	CO	28.011	296.8
二氧化碳	CO_2	44.010	188.9
氧	O_2	32.0	259.8
空气	—	28.97	287.0

(3)摩尔容积

对于 1 kmol 气体,则

$$Mpv = MR_g T \text{ 或 } PV_m = RT$$

式中　M——气体的千摩尔质量,kg/kmol;

V_m——气体的千摩尔体积，$m^3/kmol$，$V_m = Mv$；

R——通用气体常数，与气体的种类及状态均无关$[J/(kmol \cdot K)]$，$R_0 = MR$。

$$V_m = \frac{R_0 T}{p}$$

上式表明，在相同压力和相同温度下，1 kmol 的各种气体占有相同的体积。这一规律称为阿伏加德罗定律。

实验证明，在 $p_0 = 101.325$ kPa、$t_0 = 0$ ℃的标准状态下，1 kmol 任何气体占有的体积都等于 22.4 m^3。

归纳起来理想气体状态方程式主要有以下四种形式：

（1）对于 1 kg 工质：$pv = R_g T$

（2）对于 m kg 工质：$pV = mR_g T$

（3）对于 1 kmol 工质：$pV_m = RT$

（4）对于 n kmol 工质：$pV = nRT$

使用状态方程时应注意各量的单位，见表1.1.4。

表 1.1.4　各参数单位表

R_0	p	T	V	m	M	V_m
8 314 J/(kmol · K)	Pa	K	m^3	kg	kg/kmol	$m^3/kmol$

计算时，压力一定要用绝对压力，因为只有绝对压力才是状态参数。

理想气体状态方程一般可用于两种情况：

（1）已知两个基本状态参数，确定第三个未知基本状态参数；

（2）任意两个状态之间的未知基本状态参数的计算。

三、理想气体状态方程应用举例

1. 检查下面计算方法有哪些错误，如何改正？

已知某压缩空气储罐容积为 900 L，充气前罐内空气温度为 30 ℃，压力为 0.5 MPa；充气后罐内空气温度为 50 ℃，压力表读数为 2 MPa。则充入储气罐的空气质量为

$$\Delta m = m_2 - m_1 = \frac{p_2 V}{RT_2} - \frac{p_1 V}{RT_1} = \frac{2 \times 900}{8\,314 \times 50} - \frac{0.5 \times 900}{8\,314 \times 30} (g)$$

解　正确计算为

$$\Delta m = \left(\frac{pV}{RT}\right)_2 - \left(\frac{pV}{RT}\right)_1 = \frac{(2+B) \times 10^6 \times 0.9}{287 \times (50+273)} - \frac{0.5 \times 10^6 \times 0.9}{287 \times (30+273)} (kg)$$

2. 求 $p = 0.5$ MPa，$t = 170$ ℃时，N_2 的比容和密度。

解　$$v = \frac{RT}{p} = \frac{\dfrac{8\,314}{28} \times (170+273)}{0.5 \times 10^6}　m^3/kg$$

3. 鼓风机向锅炉炉膛输送空气，在 $t = 300$ ℃，$p_g = 15.2$ kPa 时流量为 1.02×10^5 m^3/h，锅炉房大气压力 $B = 101$ kPa，求鼓风机每小时输送的标准状态风量。

解　依据 $\dfrac{p_1 V_1}{T_1} = \dfrac{p_2 V_2}{T_2}$，得

$$V_0 = \frac{T_0}{T_1} \cdot \frac{p_1}{p_0} \cdot V_1$$

$$= \frac{273}{300 + 273} \times \frac{(15.2 + 101) \times 10^3}{101\,425} \times 1.02 \times 10^5$$

$$= 5.57 \times 10^4 \text{ m}^3/\text{h}$$

思考与练习题

1. 理想气体是一种抽象模型，所有气体在压力很高时都不能简化为理想气体。这种说法对吗，为什么？

2. 气体常数仅与气体的状态有关，摩尔气体常数与气体性质也无关。这种说法对吗，为什么？

3. 比容和摩尔体积仅与气体的状态有关。这种说法对吗，为什么？

4. 什么是系统？系统包括哪几类，各有何特点？

5. 热力学温标变化 1 K，摄氏温标变化多少 ℃？

6. 用来测量系统压力的压力表或真空计的读数不变，能否说明系统的压力保持不变？

7. U 型管测压计的管径对压力读数有无影响？

8. 平衡状态需要满足什么条件？

9. 气体常数的数值与状态有无关系？通用气体常数与工质的种类有无关系？

10. 当理想气体的温度和密度不变时，仅增加其数量，是否会导致其压力的提高？

11. 用气压计测得当地大气压 $p_b = 10^5$ Pa，求：

（1）绝对压力为 1.5 MPa 时的表压力。

（2）真空表读数为 8 kPa 时的绝对压力。

（3）表压力读数为 0.2 kPa 时的绝对压力。

（4）绝对压力为 20 kPa 时的真空度。

12. 某容器被一刚性壁分为两部分，如图 1.1.16 所示，容器上不同部位装有 3 个压力表，压力表 B 的读数为 110 kPa，压力表 C 的读数为 175 kPa，若当地大气压为 100 kPa，试求压力表 A 的读数。

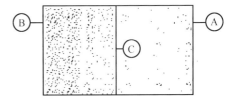

图 1.1.16

13. 已知氧气的分子量 $M = 32$，求：

（1）氧气在标准状态下的比体积和密度；

（2）$p = 0.2$ MPa，$t = 200$ ℃时的比体积和密度。

14. 有一容积为 0.5 m³、温度为 80 ℃的容器，盛有质量为 2.5 kg 的空气，当空气温度降至 30 ℃时，容器内的压力为多少？

15. 鼓风机送风量在标准状态为 600 m³/h，若空气温度升至 27 ℃，压力降至 0.1 MPa 时，鼓风机送风量不变，送风质量改变了多少？

16. 体积为 3 m³ 的容器内充有压力 $p = 1$ MPa、温度为 20 ℃的空气，抽气后容器的真空度 $p_v = 300$ mmHg，若抽气过程温度保持不变，求抽走空气的质量是多少？

知识链接

热工发展史

热现象是人类生活中最早接触的自然现象之一。远古时代的钻木取火,就是机械能转换为热能的例子。随着人类在生产、生活上的需要,对热的利用和认识,经历了漫长的岁月,从取暖、热食到制作金属工具,有过不少发明创造,我国在 12～13 世纪就有用火力来产生旋转运动的走马灯和使用火药向后喷气加速箭的飞行记载,这与现代燃气轮机和火箭等喷气推进原理是一致的。可是,由于历代王朝的封建统治,劳动人民的创造发明得不到重视,更谈不到总结经验,形成一整套的理论,来促进生产力的发展和人民生活的改善。

人类对热的本质的认识并逐渐形成热力学这门学科,只是近 300 年的事。18 世纪以前,动力的来源主要是人力、畜力以及风力、水力等自然动力。随着人类社会的发展,人们迫切地要求解决生产上动力不足的问题,因此在 18 世纪发明了蒸汽机,实现了热能向机械能的转换。蒸汽机在工业上的广泛使用,促进了工业的迅速发展。但是,由于蒸汽机笨重、效率不高等缺点,促使人们对于水和蒸汽以及其他物质的热力性质进行研究;与此同时,卡诺对如何提高热效率,迈耶、焦耳等人对热与功的转换规律进行了大量实验,从而建立了热力学两个基本定律,大大地促进了热力学这门学科的形成和发展,促使热力发动机不断地发展与改进以及新型动力机的创造与发明。由于蒸汽机不宜用于运输工具上,而且也不能满足因工业生产的不断发展与高度集中所需要的巨大动力,因此在热力学有关理论的指导下,于 19 世纪末期,发明了内燃机及蒸汽轮机。内燃机具有效率高、质量轻的优点,蒸汽轮机则具有效率高、功率大的优点。内燃机及蒸汽轮机的出现,极大地促进并发展了热力学中热力过程和热力循环的研究。而蒸汽轮机又推动了高参数蒸汽性质及高速气流等问题的研究,使热力学两个定律应用于工程实际中,形成了工程热力学学科。

第二次世界大战期间出现的喷气式飞机和远射程火箭所用的喷气发动机,由于能产生巨大的动力等优点,所以能满足高速高空飞行的要求,成为进入宇宙空间的主要动力。对航空燃气轮机作部分改造,即成为地面上所用的燃气轮机,在发电站、机车和船舶中已广泛使用,并在工程热力学中也发展了相应的研究内容。

近年来原子能动力装置的利用,为人类开辟了利用能源的新纪元。此外,还出现了能量直接转换的新技术,它既可提高转换的效率,又可免去庞大的热力机械,例如化学能直接转化成为电能的燃料电池,热能直接转化成电能的温差电池和磁流体发电等。这在热力学中也出现相应的研究课题。

任务二　热力学第一定律

▶ 任务提要

本章阐明热力学第一定律的实质——能量守恒;给出了热力学第一定律的基本表达式及其对开口系统的表达式;导出了工程上具有重要意义的稳定流动能量方程式;简单介绍了非稳定流动的能量方程;举例说明了热力学第一定律在不同工程问题上的具体应用。

▶ **任务要求** •• •

1. 深刻认识热力学第一定律的实质——能量守恒。

2. 了解热和功是系统与外界交换能量的两种方式,知道其定义、特性及计算方法。熟练掌握状态参数、热和功的计算方法。

3. 掌握热力学第一定律能量方程的基本表达式及稳定流动能量方程,并对非稳定流动能量方程有初步的认识。

4. 了解热力学第一定律对工程实践的指导作用,能灵活运用能量方程对实际工程中的能量转换过程进行分析、计算和研究。

能量转化与守恒定律是自然界的基本规律之一,它指出:自然界中一切物质都具有能量,能量不可能被创造,也不可能被消灭;能量可从一种形态转变为另一种形态,在能量的转化过程中,能量的总量保持不变。

热力学第一定律是能量转化与守恒定律在热现象上的具体应用。它指出了热能与其他形态的能量,诸如机械能、化学能和电磁能等,在相互转化时其数量上的守恒关系。在工程热力学的范围内则主要是热能和机械能之间的相互转化和守恒,它可表述如下:

"热是能的一种,机械能变热能或热能变机械能的时候,它们的比值是一定的"。也可表述为"热可变成功,功也可变成热;一定量的热消失时,必产生一定量的功;消耗一定量的功时,必出现与之对应的一定量的热"。

热力学第一定律是热力学的基本定律,它适用于一切工质和一切热力过程。当用于分析具体问题时,需要将它表示为数学解析式,即根据能量守恒的原则,列出参与过程的各种能量的平衡方程。对于任何热力系统,各项能量之间的平衡关系可一般表示为

$$进入系统的能量 - 离开系统的能量 = 系统储存能量的变化$$

热力学第一定律确定了热能和机械能可以相互转换,并在转换时存在着确定的数量关系,所以热力学第一定律也称为当量定律。

根据热力学第一定律,为使热力发动机输出机械功,必须以花费热能为代价。历史上曾有不少人试图制造一种不消耗能量而连续不断做功的所谓第一类永动机。实践证明,第一类永动机是造不成的。因为这种机器从根本上违反了热力学第一定律所描述的能量转换和守恒定律。因此,热力学第一定律也可表述为:第一类永动机是不存在的。

单元 1　准静态过程与可逆过程

● **学习目标**

(1)理解热力过程、准平衡过程和可逆过程的物理意义与联系。

(2)能正确判定准平衡过程和可逆过程。

● **重点内容**

识别准平衡过程和可逆过程。

热能与机械能的相互转换或热能的转移必须通过系统的状态变化来实现。我们把系统中工质从某一状态过渡到另一状态所经历的全部状态变化称为热力过程,或简称为过程。

一、准静态过程(准平衡过程)

当热力系统受到外界影响时,例如外界对系统加热,热力系统所处的平衡状态将遭到破坏,状态发生变化。从一个状态经过一系列的中间状态转变至另一个状态,称热力系统经历了一个热力过程。热力系统之所以会发生热力状态的变化,都是由一定的不平衡势引起的,而一切不平衡状态都会自发地向平衡状态过渡。若系统状态变化的速度(即平衡被破坏的速度)远远小于热力系统内部分子运动的速度(即恢复平衡的速度),则平衡状态的每一次破坏都偏离平衡状态非常近,而且很快又会恢复到新的平衡状态,则可认为状态变化过程的每一瞬间,系统都处于平衡状态。即认为热力系统可由一个平衡状态连续过渡到另一个平衡状态,状态变化过程由一连串平衡状态所组成。也就是说,热力系统内部的压力和温度随时都是均匀一致的,即随时都处于内部平衡状态。这种由无限多个非常接近平衡状态的状态所组成的热力过程就称为准平衡过程(或准静态过程)。若状态变化过程中某一瞬间,热力系统的状态和平衡状态有一定的偏离,则整个过程就称为非准静态过程。

下面观察由于力的不平衡而进行的气体膨胀过程。如图 1.2.1 所示,汽缸中有 1kg 气体,其参数为 p_1, v_1, T_1,若外界环境压力 p_{x_1} 和气体压力 p_1 相等,则活塞静止不动,气体的状态在坐标图上以点 1 表示。如外界环境压力突然减小为 p_{x_2},这时活塞两边压力不平衡,在压差作用下,将推动活塞右行,在右行过程中,接近活塞的一部分气体将首先膨胀,把自己的能量传递给了活塞。因此这一部分气体将具有较小的压力和较大的比体积,温度也会和远离活塞的气体不同,这就造成了气体内部不平衡。不平衡的产生,在气体内部引起传热和位移,最终气体的各部分又趋向一致,且活塞终止于某一位置,气体的压力与外界又重新建立平衡。此时外界环境压力 $p_{x_2} = p_2$,其状态如图中点 2。如再减小外界压力为 p_{x_3},则活塞继续右行,达到新的平衡

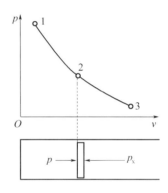

图 1.2.1 气体膨胀过程在 $P - v$ 图上表示

状态 3。气体在点 1,2,3 是平衡状态,而当气体从状态 1 变化到状态 2 和从状态 2 变化到状态 3 时,中间经历的状态则是不平衡的,这样的过程就是不平衡过程。外界环境压力每次改变的量越大,则造成气体内部的不平衡性越明显。但若外界环境压力每次只改变一个微量,而且在两次改变间有大于弛豫时间(恢复平衡所需时间)的时间间隔,则系统每次偏离平衡状态极少,而且很快又恢复了平衡,在整个状态变化中好像系统始终没有离开平衡状态,这样的过程就是准平衡过程。

由此可见,气体工质在压差作用下实现准平衡过程的条件是:系统和外界之间的压力差为无限小。即

$$\Delta p = (p - p_x) \to 0 \quad \text{或} \quad p \to p_x$$

上述例子只说明了力的平衡。其实在准平衡过程中还需要热的平衡,即系统内的温度也必须随时均匀一致,这要求在过程中气体的温度也必须与汽缸壁和活塞一致。如汽缸壁与温度较高的热源相接触,则接近汽缸壁的一部分气体温度将首先升高,同样引起压力和比体积的变化,以及气体内部的不平衡。随着分子的热运动和气体的宏观运动,这种影响再逐渐扩大到整个工质内部各处。此时若外界环境压力 p_x 未变,则由于气体压力的增大将

推动活塞右行,其现象同上。这一变化将进行到气体各部分都达到热源温度,压力则达到和外界压力相平衡,体积则对应于新的温度和压力下的数值,而后处于新的平衡。显然中间经过的各状态是不平衡的,这样的过程也是不平衡过程。只有当传热时热源和气体的温度始终保持相差为无限小时,其过程才是准平衡的。由此,气体工质在温差作用下实现准平衡过程的条件是:系统和外界的温度差为无限小,即

$$\Delta T = (T - T_x) \rightarrow 0 \text{ 或 } T \rightarrow T_x$$

热平衡和力平衡是相互关联的,只有系统与外界的压力差和温度差均为无限小的过程才是准平衡过程。如果在过程中还有其他不平衡势存在,实现准平衡过程还必须加上其他相应条件。

只有准平衡过程才可用状态参数坐标图上的一条连续曲线来表示,也只有准平衡过程才能用热力学的分析方法,准平衡过程是实际过程的理想化。由于实际过程都是在有限温差和压差作用下进行的,因而都是不平衡过程。但是在适当的条件下可将实际设备中进行的热力过程当作准平衡过程处理。这是因为不平衡态的出现常常是短暂的。例如,活塞式柴油机中,燃气和外界一旦出现不平衡,燃气也有足够的时间得以恢复平衡。实际上,活塞运动的速度(平衡被破坏的速度)通常不足 10 m/s,而气体分子的运动速度(恢复速度)极大,气体内的压力波的传播速度接近声速,即使气体内部存在某些不均匀性,也可以迅速得以消除,使气体变化过程比较接近准平衡过程。

二、可逆过程

图 1.2.2 表示一个由工质、机器和热源组成的系统。工质沿 1—3—4—5—6—7—2 进行准平衡的膨胀过程,同时自热源吸热。进一步观察准平衡过程,可以看到它有一个重要特性,即它是一个可逆过程。因在准平衡过程中工质随时都和外界保持热与力的平衡,热源与工质的温度是随时相等的,或只相差一个无限小的温差和压力差,则过程随时可以无条件地逆向进行,使外力压缩工质同时向热源放热。若过程是不平衡的,则当进行膨胀过程时工质的作用力一定大于反抗力,这时若不改变外力的大小就不能用这个较小的反抗力来压缩工质回行。同样,当工质自热源吸热时,热源温度高于工质,当然也不能让温度较低的工质向同一热源放热而使过程逆行。

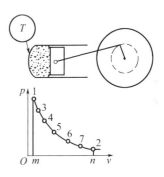

图 1.2.2　可逆过程示意图

由此可见,在上述准静态的膨胀过程中,工质对活塞做了机械功。若工质及整个系统中不存在摩擦等耗散效应,则机械功以动能的形态全部储存于飞轮中。此时利用飞轮的动能来推动活塞逆行,使工质沿 2—7—6—5—4—3—1 压缩,则压缩工质所消耗的功正好与膨胀所产生的功相等。此外,在压缩过程中工质同时向热源放热,所放出的热量与膨胀时所吸收的热量相等。当工质又回复到原来状态点 1 时,柴油机与热源也都回复到原来的状态。工质及过程所涉及的外界全部都回复到原来状态而不留下任何变化。

当系统经历某一过程后,如能使系统沿与原来相同的路径返回到原态,且不对外界产生任何影响,这种过程就称为可逆过程。相反,不满足上述条件的过程就是不可逆过程。

不平衡过程一定是不可逆过程。在图 1.2.2 所示的系统中,若工质进行的是不平衡的

膨胀过程,则飞轮所获得的动能一定小于工质所做的机械功。利用这一动能显然不足以压缩工质沿原来的路径 2—7—6—5—4—3—1 回复到原态。为压缩工质回复原态,必须由外界供给额外的机械能。此时,由于热的不平衡工质在吸热时温度随时低于热源的温度,故当逆向进行时温度较低的工质就不可能将热量交还给此热源,而只能向另一温度更低的热源放热。可见,工质进行了一个不平衡过程后必将产生一些不可逆复的后遗效果,无论如何也不可能使过程所涉及的整个系统全部都回复到原来的状态,或者说要使系统回复原态,必对外界留下一定的影响。所以这样的一个不平衡过程必定是不可逆过程。

另外,当存在任何种类的摩擦,必然会引起耗散效应(摩擦使功变成热的现象)。无论在正向过程还是逆向过程中都必将因摩擦引起部分机械功变成热量,而这部分热量是不可能再自发地转变为功的,这就必留下不可逆复的后遗效果。所以有摩擦的过程都是不可逆的。在工程上常见的不可逆因素,除摩擦外,还有有限温差下的热传递、自由膨胀、不同工质的混合等。

综上所述,要实现可逆过程必须同时满足以下两个条件:

(1)在过程进行中,系统内部以及系统和外界不存在不平衡势差,即同时保持热平衡和力平衡或过程应为准静态过程;

(2)在过程变化期间,无任何引起能量损失的耗散效应存在。

对于热力系统而言,准静态过程与可逆过程同由一系列平衡状态所组成,因此都能在热力状态参数坐标图上用一条连续曲线来描述,并用热力学方法对之进行分析。但准静态过程与可逆过程又有一定的区别,可逆过程不仅要求热力系统内部是平衡的,又要求热力系统与外界之间的相互作用也是可逆的,即可逆过程必须要保持系统内外的力平衡与热平衡,且又无任何能量耗散。总之,在过程进行中不存在任何能引起能量损失的不可逆耗散效应。而准静态过程只是着眼于热力系统内部的平衡,至于外部有无摩擦对热力系统内部的平衡并无关系。甚至当内部存在摩擦搅动而生热时,由于热力系统内部分子运动速度很大,也能使热力系统内部趋于平衡。即使稍有不平衡,只要在热力系统与外界间的平衡受到破坏时,并不引起热力系统内部平衡的显著破坏,且热力系统分子运动的速度超过状态改变的速度,则热力系统内部仍然来得及随时恢复平衡。由此可见,准静态过程的条件仅限于热力系统内部力的平衡和热的平衡,并不要求热力系统与外部保持平衡,更不要求没有摩擦等损失。也就是说,准静态过程进行时,外界可能发生能量的耗损。例如,气体在准静态膨胀过程中所做的功,并不一定全部为外界所得,可能因为摩擦等因素引起了部分机械功的损失。因此,准静态过程是内部平衡过程。而可逆过程则是分析热力系统与外界所产生的总效果,经过一个可逆过程后,要求系统的内部和外界均回到原态,即可逆过程是内部和外部都平衡的过程。因此,可逆过程必然是准静态过程,而准静态过程只是可逆过程的条件之一,可逆过程的另一个条件是"没有耗散效应"。只有无任何耗散效应的准静态过程才是可逆过程。

实际过程都是不可逆的,只是不可逆程度不同而已。有些过程虽是不可逆的,但热力系统内部却接近于准静态过程,因而热力系统的状态变化可在状态参数坐标图上描述,也就可以进行分析研究。热力学中有时将一些与过程有关的不可逆因素推之于系统之外,用一准静态过程代替不可逆过程,来研究热力系统状态变化的基本规律。因此,热力学中讲述准静态过程是具有实际意义的。可逆过程虽不能实现,由于过程中能量损耗为零,理论上热功转换效率应最高,也就是说它代表实际过程中可能获得的最大有用功。在工程热力学中,总是引用可逆过程的概念来研究热力系统与外界所产生的总效果,以此作为改进实际过程的一个准绳和努力的方向,并帮助人们识别造成不可逆的各种实际因素,判别其不利影响,以便抓住主要矛盾,提出最合理的工程方案。

单元 2　系统储存能

- **学习目标**

(1)了解热力学能的组成以及影响因素。

(2)熟悉外部储存能的组成。

(3)掌握系统储存能的数学表达式。

- **重点内容**

系统储存能的数学表达式。

运动是物质存在的形式,而能量是物质运动的量度,因此,任何物质都具有能量。物质存在不同形态的运动,相应地也就有不同形式的能量。系统储存能包括两部分:一是存储于系统内部的能量,称为内部储存能,或简称为内能;二是系统作为一个整体在参考坐标系中由于具有一定的宏观运动速度和一定的高度而具有的机械能,即宏观动能和重力位能,它们又称为外部储存能。

一、内能

内能是工质内部所具有的分子动能与分子位能的总和,主要包括以下几项:

(1)分子热运动而具有的内动能。内动能的大小取决于工质的温度,温度越高,内动能越大。

(2)分子间存在相互作用力而具有的内位能。内位能的大小与分子间距离有关,即与工质的比体积有关。

(3)为维持一定的分子结构和原子结构而具有的化学能和原子核能等。在讨论热能与机械能相互转换时,仅涉及内能的变化量。对于不涉及化学反应和核反应的系统,化学能和原子核能保持不变,即这两部分能量的变化量为零,可不必考虑。因此,工程热力学中的内能可以认为只包括内动能和内位能两项。

内能用符号 U 表示,单位为 J。1 kg 工质所具有的内能称为质量内能,也可称为比内能,用符号 u 表示,单位为 J/kg。由于内动能取决于工质的温度,而内位能取决于工质的比体积,所以工质的内能是其温度和比体积的函数,即

$$u = f(T,v) \qquad (1.2.1)$$

显然,内能也是状态参数,具有状态参数的一切数学特征。

对于理想气体,由于分子之间没有相互作用力,则不存在内位能,所以理想气体的内能仅包括内动能,是温度的单值函数,即

$$u = f(T) \qquad (1.2.2)$$

二、外部储存能

外部储存能包括宏观动能 E_k 和重力位能 E_p。

1. 宏观动能

质量为 m 的物体以速度 c 运动时具有的宏观动能为

$$E_k = \frac{1}{2}mc^2$$

2. 重力位能

在重力场中,质量为 m 的物体相对于系统外的参考坐标系的高度为 z 时具有的重力位能为

$$E_p = mgz$$

三、系统储存能

系统储存能为内部储存能与外部储存能之和,用符号 E 表示,即

$$E = U + E_k + E_p$$

或

$$E = U + \frac{1}{2}mc^2 + mgz \tag{1.2.3}$$

对于 1kg 工质,其储存能为

$$e = u + \frac{1}{2}c^2 + gz \tag{1.2.4}$$

对于没有宏观运动,并且高度为零的系统,系统储存能就等于内能,即

$$E = u$$

或

$$e = u$$

单元3 系统与外界传递的能量

- **学习目标**

  (1)了解系统与外界传递的能量的形式。

  (2)熟悉体积变化功的表达式。

  (3)熟悉轴功的机理和表达式。

  (4)掌握热量的数学表达式。

- **重点内容**

  (1)用示热图表示热量。

  (2)用压容图表示功量。

  系统与外界传递的能量可以通过两种方式来实现,即传热和做功。

一、功

做功是系统与外界传递能量的一种方式。在除温度差以外的不平衡势差的作用下系统与外界传递的能量称为功。不平衡势差的存在导致了过程的进行,因此,功只有在过程中才能发生,才有意义。过程停止了,系统与外界的功量传递也相应停止。

外界功源有不同的形式,如电、磁、机械装置等,相应地,功也有不同的形式,如电功、磁功、膨胀功、轴功等。工程热力学主要研究的是热能与机械能的转换,而膨胀功是热转换为功的必要途径。另外,热工设备的机械功往往是通过机械轴来传递的。因此,膨胀功与轴功是工程热力学主要研究的两种功量形式。

1. 体积变化功

在力学中,将力和沿力作用方向的位移的乘积定义为力所做的功。若在力 F 作用下物体发生微小位移 dx,则力 F 所作的微元功为

$$\delta w = Fdx$$

现设物体在力 F 作用下由空间某点 1 移动到点 2,则力所做的总功为

$$W_{12} = \int_1^2 Fdx$$

下面研究气体工质在可逆过程中所做的功。设质量为 m(kg)的气体工质在汽缸中做可逆膨胀,其变化过程以图 1.2.3 中连续曲线 1—a—2 表示。设工质的压力为 p,由于膨胀过程是可逆的,汽缸内工质压力应随时与外界对活塞的反作用力相差无限小,至于这个反作用力来源于何处无关紧要。这样,工质推动活塞移动距离 x 时,反抗外力所做的膨胀功为

$$\delta w = Fdx = pAdx = pdV$$

式中 A——活塞面积;

dV——工质体积变化量。

在工质从状态 1 到状态 2 的膨胀过程中,所做的膨胀功为

$$W_{12} = \int_1^2 pdW \tag{1.2.5}$$

由上式可见,可逆过程中工质所做的功只取决于工质的状态参数及其变化规律,而无须考虑外界情况。如已知过程 1—a—2 的方程式 $p = f(V)$,即可由积分求得膨胀功的数值。膨胀功 W_{12} 在 $p-V$ 图上可用过程线下方的面积 1—a—2—n—m—1 来表示。因此 $p-V$ 图也称为示功图。

如果工质质量是 1kg,体积可用比体积 v 代替,则单位质量工质所做的功为

$$\delta w = pdv \tag{1.2.6}$$

或

$$w_{12} = \int_1^2 pdv \tag{1.2.7}$$

如果过程按反向 2—a—1 进行时,同样可得

$$w_{21} = \int_2^1 pdv$$

此时 dv 为负值,故所得的功也是负值。因此,正值代表气体膨胀对外做功,而负值代表外力压缩气体所消耗的功,即膨胀功为正,压缩功为负。

膨胀功或压缩功都是通过工质体积的变化而与外界交换的功,因此统称为体积功。从功的计算式可看出,体积功只与气体体积的变化量有关,而与体积形状无关,无论气体是由汽缸和活塞包围的,还是由任一假想的界面包围,只要被界面包围的气体体积发生了变化,同时过程是可逆的,则在边界上克服外力所做的功,都可用式(1.2.5)和式(1.2.7)来计算,这两个公式是体积功的基本计算式。

从图 1.2.3 中还可看出,如工质沿另一曲线 1—b—2 进行膨胀,显然曲线下的面积不同,亦即做出的体积功不同。由此可得出结论:体积功的数值不仅取决于工质的初、终状态,还与过程中间经过的途径有关。或者说,体积功是过程函数,而不是状态参数。从数学

意义上讲,它不具有全微分,因而用 δw 来代表微元功。

【例 1.2.1】 2 kg 温度为 100 ℃的水,在压力为 0.1 MPa 下完全汽化为水蒸气。若水和水蒸气的比体积各为 0.001 m³/kg 和 1.673 m³/kg,汽化过程为可逆,试求此 2 kg 水因汽化膨胀而对外做的功(kJ)。

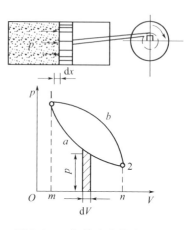

解 因为是可逆定压过程,单位质量水汽化过程中所做的体积功可由体积功的基本计算式(1.2.7)计算

$$w = \int_{v_2}^{v_1} p\,dv = p(v_2 - v_1)$$
$$= 0.1 \times 10^6 \times (1.673 - 0.001)\,\text{J/kg}$$
$$= 1.672 \times 10^5\,\text{J/kg}$$

图 1.2.3 气体膨胀做功示意图

所以 $\qquad W = mw = 2 \times 1.672 \times 10^5\,\text{J} = 334.4\,\text{kJ}$

由上述计算可看出,功为正值,表示热力系统对外界做功,即水汽化时体积膨胀所做的膨胀功。

2. 轴功

系统通过机械轴与外界传递的机械功称为轴功。如图 1.2.4(a)所示,外界功源向刚性绝热闭口系统输入轴功,该轴功转换成热量而被系统吸收,使系统的内能增加。由于刚性容器中的工质不能膨胀,热量不可能自动地转换成机械功,所以刚性闭口系统不能向外界输出轴功。但开口系可与外界传递轴功(输入或输出),如图 1.2.4(b)所示。工程上许多动力机械,如汽轮机、内燃机、风机、压气机等都是靠机械轴传递机械功,故可以说,轴功是开口系统与外界交换的机械功形式,它是过程量而不是状态量。

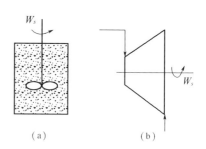

图 1.2.4 轴功示意图

轴功用符号 W_s 表示,单位为 J,1 kg 工质传递的轴功用符号 w_s 表示,单位为 J/kg。热力学中一般规定:系统向外输出的轴功为正值;外界输入的轴功为负值。

二、热量

当温度不同的两个物体相互接触时,高温物体会逐渐变冷,低温物体会逐渐变热。显然,有一部分能量从高温物体传给了低温物体。这种仅仅在温差作用下系统与外界传递的能量称为热量。

热量是系统与外界之间所传递的能量,而不是系统本身具有的能量,故不应该说"系统在某状态下具有多少热量",而只能说"系统在某个过程中与外界交换了多少热量"。也就是说,热量的值不仅与系统的状态有关,还与传热时所经历的具体过程有关,因此,热量是一个与过程特征有关的过程量而不是状态量。

热量用符号 Q 表示,单位为 J,1 kg 工质传递的热量用 q 表示,单位为 J/kg。热力学中一般规定:系统吸收的热量为正值;系统放出的热量为负值。

热量与功量都是系统与外界通过边界交换的能量,且都是与过程有关的量,因此,二者之间必定存在相似性。在可逆过程中,体积变化功可用 $\delta w = P\mathrm{d}v$ 表示,其中参数 P 是功量传递的推动力,$\mathrm{d}v$ 是有无体积变化功传递的标志;热量传递中参数 T 是推动力,与做功情况相应,热量可用下式表示:

$$\delta q = T\mathrm{d}s \tag{1.2.8}$$

对于可逆过程1—2,传递的热量为

$$q = \int_1^2 T\mathrm{d}s \tag{1.2.9}$$

式中 s 是熵,同 v 一样是一个状态参数。

与示功图 $p-v$ 相应,以热力学温标 T 为纵坐标,以熵 s 为横坐标构成 $T-s$ 图,如图 1.2.5 所示。

可以看出,在 $T-s$ 图中,热量 q 的值为过程曲线下的面积 12341,因此,又称 $T-s$ 图为示热图。从图中分析可知,系统的初、终状态相同,但经历的过程不同,其传热量也不相同,这也再次说明热量是过程量,它与过程特性有关。

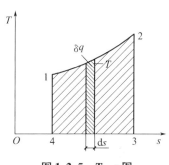

图 1.2.5 $T-s$ 图

单元4 热力学第一定律

● **学习目标**

(1)理解热力学第一定律的实质——能量守恒定律。

(2)掌握封闭热力系的能量方程,能熟练运用能量方程对封闭热力系进行能量交换的分析和计算。

(3)掌握开口热力系的稳定流动能量方程,能熟练运用稳定流动能量方程对简单的工程问题进行能量交换的分析和计算。

● **重点内容**

(1)某热力系统能量守恒的分析。

(2)运用热力学第一定律解决实际问题。

一、闭口系统能量方程

热力学第一定律解析式是热力系统在状态变化过程中的能量平衡方程式,也是分析热力系统状态变化过程的基本方程式。由于不同的系统能量交换的形式不同,所以能量方程有不同的表达形式,但它们的实质是一样的。

闭口系统与外界没有物质的交换,只有热量和功量交换。如图 1.2.6 所示,取汽缸内的工质为系统,在热力过程中,系统从外界热源吸取热量 Q,对外界做体积变化功(膨胀功)。根据热力学第一定律,系统总储存能的变化应等于进入系统的能量与离开系统的能量之差,即

$$E_2 - E_1 = Q - W$$

式中　E_1——系统初状态的储存能；

　　　E_2——系统终状态的储存能。

对于闭口系统涉及的许多热力过程而言，系统储存能中的宏观动能 E_k 和重力位能 E_p 均不发生变化，因此，热力过程中系统储存能的变化等于系统内能的变化，即

$$E_2 - E_1 = U_2 - U_1 = \Delta U$$

故

$$\Delta U = Q - W$$

或

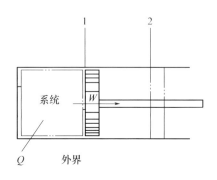

图 1.2.6　闭口系统的能量转换示意图

$$Q = \Delta U + W \qquad (1.2.10)$$

对于 1kg 工质

$$q = \Delta u + w \qquad (1.2.11)$$

对于微元热力过程

$$\delta q = du + \delta w \qquad (1.2.12)$$

以上各式均为闭口系统能量方程。它表明，加给系统一定的热量，一部分用于改变系统的内能，一部分用于对外做膨胀功。闭口系统能量方程反映了热功转换的实质，是热力学第一定律的基本方程。虽然该方程是由闭口系统推导而得，但因热量、内能和体积变化功三者之间的关系不受过程性质限制（可逆或不可逆），所以它同样适用于开口系统。

二、内能的计算

根据闭口系统能量方程

$$\delta q = du + \delta w$$

对于定容过程，$\delta w_V = 0, \delta q_V = c_V dT$，则闭口系统能量方程为

$$\delta q_V = du_V$$

故

$$du_V = \delta q_V = c_V dT$$

对于理想气体，由于内能是温度的单值函数，故

$$du = c_V dT \qquad (1.2.13)$$

对于有限过程 1—2

$$\Delta u = \int_{T_1}^{T_2} c_V dT$$

若取定值比热容，则

$$\Delta u = c_V (T_2 - T_1) \qquad (1.2.14)$$

虽然式（1.2.13）、式（1.2.14）是通过定容过程推导得出的，但由于理想气体的内能仅是温度 T 的单值函数，所以只要过程中温度的变化相同，内能的变化也就相同。因此，以上两式适用于理想气体的一切过程。

【例 1.2.2】　定量工质经历一个由四个过程组成的循环。试填充下表中所缺数据。

过程	Q/kJ	W/kJ	$\Delta U/\text{kJ}$
1—2	1 390	0	
2—3	0		− 395
3—4	− 1 000	0	
4—1	0		

解 根据式(1.2.10),可得

$$\Delta U_{12} = Q_{12} - W_{12} = (1\ 390 - 0)\ \text{kJ} = 1\ 390\ \text{kJ}$$

$$W_{23} = Q_{23} - \Delta U_{23} = [0 - (-395)]\ \text{kJ} = 395\ \text{kJ}$$

$$\Delta U_{34} = Q_{34} - W_{34} = (-1\ 000 - 0)\ \text{kJ} = -1\ 000\ \text{kJ}$$

由于

$$\oint \mathrm{d}U = 0$$

故

$$\Delta U_{41} = -(\Delta U_{12} + \Delta U_{23} + \Delta U_{34}) = [-(1\ 390 - 395 - 1\ 000)]\text{kJ} = 5\ \text{kJ}$$

再根据式(1.2.10),可得

$$W_{41} = Q_{41} - \Delta U_{41} = (0 - 5)\text{kJ} = -5\ \text{kJ}$$

【例1.2.3】 5 kg气体在热力过程中吸热70 kJ,对外膨胀做功50 kJ。该过程中内能如何变化? 每千克气体内能的变化为多少?

解 根据式(1.2.10),可得

$$\Delta U = Q - W(70 - 50)\text{kJ} = 20\ \text{kJ}$$

由于 $\Delta U = 20\ \text{kJ} > 0$,所以系统内能增加。

每千克气体内能的变化为

$$\Delta u = \frac{\Delta U}{m} = \frac{20}{5}\text{kJ/kg} = 4\ \text{kJ/kg}$$

【例1.2.4】 绝热刚性容器中有一隔板将其分成 A, B 两部分。开始时, A 中盛有 $T_A = 300\ \text{K}$、$p_A = 0.1\ \text{MPa}$、$V_A = 0.5\ \text{m}^3$ 的空气; B 中盛有 $T_B = 350\ \text{K}$、$p_B = 0.5\ \text{MPa}$、$V_B = 0.2\ \text{m}^3$ 的空气。求打开隔板后两容器达到平衡时的温度和压力。

解 取容器中的全部气体为系统,该系统为闭口系统。由题意可知 $Q = 0$, $W = 0$,根据式(1.2.10),可得

$$\Delta U = 0$$

即

$$\Delta U_A + \Delta U_B = 0$$

设空气的终态温度为 T,空气比热容为定值,则

$$m_A c_V (T - T_A) + m_B c_V (T - T_B) = 0$$

根据理想气体状态方程,可得

$$m_A = \frac{p_A V_A}{R T_A}; \quad m_B = \frac{p_B V_B}{R T_B}$$

将其代入上式,整理后可得

$$T = T_A T_B \left(\frac{p_A V_A + p_B V_B}{p_A V_A T_B + p_B V_B T_A} \right)$$

$$= \left(300 \times 350 \times \frac{0.1 \times 0.5 + 0.5 \times 0.2}{0.1 \times 0.5 \times 350 + 0.5 \times 0.2 \times 300} \right) \text{K}$$

$$= 332\ \text{K}$$

终态压力为

$$p = \frac{mRT}{V} = \frac{(m_A + m_B)RT}{V_A + V_B} = \frac{p_A V_A + p_B V_B}{V_A + V_B}$$

$$= \frac{0.1 \times 0.5 + 0.5 \times 0.2}{0.5 + 0.2} \text{ MPa}$$

$$= 0.214 \text{ MPa}$$

【例 1.2.5】 一闭口系统沿 a—c—b 途径由状态 a 变化到状态 b 时,吸收热量 84 kJ,对外做功 32 kJ,如图 1.2.7 所示。

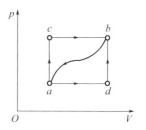

(1)若沿途径 a—d—b 变化时,对外做功 10 kJ,则进入系统的热量是多少?

(2)当系统沿着曲线途径从 b 返回到初始状态 a 时,外界对系统做功 20 kJ,求系统与外界交换热量的大小与方向。

图 1.2.7 例 1.2.5 用图

(3)若 $U_a = 0$,$U_d = 42$ kJ 时,过程 a—d 和 d—b 中交换的热量义是多少?

解 对途径 a—c—b,由闭口系统的能量方程式得

$$U_b - U_a = Q_{acb} - W_{acb} = 84 \text{ kJ} - 32 \text{ kJ} = 52 \text{ kJ}$$

(1)对途径 a—d—b,由于热力学能是状态参数,其变化量只与初、终状态有关,而与中间过程无关。所以过程 a—c—b 和 a—d—b 的热力学能变化量是相同的,均为 $U_b - U_a$。这样由闭口系统的能量方程式,得

$$Q_{adb} = (U_b - U_a) + W_{adb} = 52 \text{ kJ} + 10 \text{ kJ} = 62 \text{ kJ}$$

(2)对曲线 b—a 途径,由闭口系统能量方程式,得

$$U_a - U_b = Q_{ba} - W_{ba}$$

或 $$Q_{ba} = -(U_b - U_a) + W_{ba} = -52 \text{ kJ} + (-20) \text{ kJ} = -72 \text{ kJ}$$

即系统对外放出热量 72 kJ。

(3)当 $U_a = 0$,$U_d = 42$ kJ 时,由于 $W_{adb} = W_{ad} + W_{db}$,而 d—b 为定容过程,其做功量为零,则

$$W_{ad} = W_{adb} = 10 \text{ kJ}$$

由闭口系统能量方程式,得

$$U_d - U_a = Q_{ad} - W_{ad}$$

或 $$Q_{ad} = (U_d - U_a) + W_{ad} = (42 - 0) \text{ kJ} + 10 \text{ kJ} = 52 \text{ kJ}$$

即系统从外界吸入 52 kJ 的热量。

同理同法,对 d—b 过程,由闭口系统的能量方程式,得

$$U_b - U_d = Q_{db} - W_{db}$$

而 $$U_b - U_d = (U_b - U_a) - (U_d - U_a) = 52 \text{ kJ} - 42 \text{ kJ} = 10 \text{ kJ}$$

则 $$Q_{db} = (U_b - U_d) + W_{db} = 10 \text{ kJ} + 0 \text{ kJ} = 10 \text{ kJ}$$

即系统从外界吸入 10 kJ 的热量。

三、开口系统的稳定流动能量方程

工质在热动力装置中循环地流经各相互衔接的热力设备,完成不同的热力过程,才能

实现热功转换。分析这些热力设备的能量转换情况时,常将它们当作开口系统,如汽轮机、锅炉、冷凝器和压缩机等热力设备均有工质流入和流出。若工质流经热力设备时,单位时间内同外界交换的热量和功量随时间而变,各固定点的流速及工质的状态参数亦随时间而变,则这种流动称为不稳定流动。不稳定流动的分析较为困难,需要掌握流动随时间变化的规律才能进行。将实际的流动过程视为稳定流动过程可使分析研究大为简化。

开口系统能量方程以稳定流动为分析对象,即热力系统在任何流动截面上工质的一切参数都不随时间而变化。因此,要使流动达到稳定,必须满足下述条件:

(1)进、出口处工质的状态不随时间而改变;

(2)进、出口处工质质量流量相等且不随时间而变,满足质量守恒条件;

(3)系统和外界交换的热和功等一切能量不随时间而变,满足能量守恒条件。

1. 通过开口系统边界的能量传递

对于开口系统,通常选取控制体进行研究。控制体是在空间中用假想的界面包围的一定的空间体积,通过它的边界有物质的流入和流出,也有能量的流入和流出。开口系统与外界传递能量有以下特点:

(1)所传递能量的形式(热量和功)虽然与闭口系统相同,但由于所选取的控制体界面是固定的,所以开口系统与外界交换的功形式不是体积变化功而是轴功;

(2)由于有物质流入和流出界面,系统与外界之间又产生两种另外的能量传递方式。

①流动工质本身所具有的储存能将随工质流入或流出控制体而带入或带出控制体。这种能量转移既不是热量,也不是功,而是系统与外界间直接的能量交换。

$$E = U + \frac{1}{2}mc^2 + mgz$$

或

$$e = u + \frac{1}{2}c^2 + gz$$

②当工质流入和流出控制体界面时,后面的流体推开前面的流体而前进,这样后面的流体必须对前面的流体做功,从而系统与外界就会发生功量交换,这种功称为推动功或流动功。

如图 1.2.8 所示,设有质量为 m、体积为 V 的工质将要进入控制体。若控制体界面处工质的压力为 p、比体积为 v、流动截面积为 A,工质克服来自前方的抵抗力,移动距离 s 而进入控制体。这样工质对系统所做的流动功为

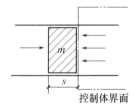

控制体界面

$$W_f = Fs = pAs = pV$$

或

$$w_f = \frac{W_f}{m} = pv \qquad (1.2.14)$$

图 1.2.8　流动功示意图

由上式可知,流动功的大小由工质的状态参数所决定。推动 1kg 工质进入控制体内所需要的流动功可以按照入口界面处的状态参数 $p_1 v_1$ 来计算;推动 1kg 工质离开控制体所需要的流动功可以按照出口界面处的状态参数 $p_2 v_2$ 来计算。则 1kg 工质流入和流出控制体的净流动功为

$$\Delta w_f = p_2 v_2 - p_1 v_1 \qquad (1.2.15)$$

流动功是一种特殊的功,其数值取决于控制体进、出口界面上工质的热力状态。

2. 焓

在许多热力学的计算公式中,内能 U 和压强与体积之积 pv 总是一起出现。为简化公式和计算,以符号 H 表示 U 与 pV 之和,并称之为"焓",其单位与热力学能的单位相同,即

$$H = U + pV \tag{1.2.16}$$

对于单位质量的物质

$$h = u + pv \tag{1.2.17}$$

式中 h 称为比焓,与内能一样,焓 H 与比焓 h 也统称为焓。因为在任一平衡状态下,u,p,v 都是状态参数,都有一定的值,故它们的组合量 h 也必有一定的值,也必为状态参数,而与达到这一状态的路径无关,并可写成任意两独立状态参数的函数,如

$$h = f(T, p)$$

$u + pv$ 的合并出现并不是偶然的。u 是 1 kg 工质所具有的热力学能,是储存于 1 kg 工质内部的能量。pv 是 1 kg 工质的推动功,即 1 kg 工质移动时所传输的能量。当 1 kg 工质经过一定的界面流入热力系统时,储存于它内部的热力学能 u 当然也随着带进了系统,同时还将从后面获得的推动功 pv 带进了系统,因此系统中因引进 1 kg 工质而获得的总能量是热力学能与推动功之和。所以在工质处于流动状态的特定情况下,焓代表工质发生迁移时所携带的总能量,并取决于工质所处的热力状态。

3. 开口系统能量方程

图 1.2.9 所示为一个典型的开口系统,取双点画线内空间为控制体来进行分析。通过控制体的界面有热量和功量(轴功)的交换,还有物质的交换。同时,由于物质的交换,又引起了控制体与外界之间能量的直接交换和流动功的交换。

系统经历某一热力过程时,由于系统与外界的质量交换和能量交换并非都是恒定的,有时是随时间发生变化的,所以控制体内既有能量的变化,也有质量的变化,一般来说能量变化往往是因质量变化而引起的。因此,在分析时,必须把控制体内的质量变化和能量变化同时考虑。根据质量守恒原理,控制体内质量的增减必等于进、出控制体的质量的差值,即

进入控制体的质量 – 离开控制体的质量 = 控制体内质量的变化

根据能量守恒原理,控制体内能量的增减必等于进、出控制体的能量的差值,即

进入控制体的能量 – 离开控制体的能量 = 控制体内能量的变化

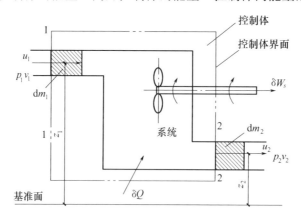

图 1.2.9 开口系统示意图

设控制体在某一瞬时进行了一个微元热力过程。在这段时间内,有 dm_1 和 dm_2 的工质分别流入和流出控制体,伴随单位质量的工质分别有能量 e_1 和 e_2 流入和流出控制体;同时还有微元热量 δQ 进入控制体,有微元轴功 δW_s 传出控制体,以及伴随单位质量的工质分别有流动功 p_1v_1 和 p_2v_2 流入和流出控制体。则可以写出

$$dm_1 - dm_2 = dm_{sys} \qquad (1.2.18)$$

式中 m_{sys} 为控制体内的质量。

$$dm_1e_1 + dm_1p_1v_1 + \delta Q - dm_2e_2 - dm_2p_2v_2 - \delta W = d(me)_{sys} \qquad (1.2.19)$$

式中 $(me)_{sys}$ 为控制体内的能量。

将式(1.2.18)代入上式,整理后可得

$$dm_1\left(u_1 + p_1v_1 + \frac{c_1^2}{2} + gz_1\right) - dm_2\left(u_2 + p_2v_2 + \frac{c_2^2}{2}gz_2\right) + \delta Q - \delta W_a$$

$$= d\left[m\left(u + \frac{c^2}{2} + gz\right)\right]_{sys} \qquad (1.2.20)$$

令

$$h = u + pv \qquad (1.2.21)$$

由于 u,p 和 v 都是状态参数,所以 h 必定也是状态参数,称其为质量焓,也可称为比焓,单位为 kJ/kg。对于质量为 m kg 工质的焓,用符号 H 表示,单位为 kJ。

$$H = mh = U + pV \qquad (1.2.22)$$

由此,式(1.2.20)可以写成

$$dm_1\left(h_1 + \frac{c_1^2}{2} + gz_1\right) - dm_2\left(h_2 + \frac{c_2^2}{2} + gz_2\right) + \delta Q - \delta W_a$$

$$= d\left[m\left(u + \frac{c^2}{2} + gz\right)\right]_{sys} \qquad (1.2.23)$$

式(1.2.20)、式(1.2.23)均为开口系统能量方程。由于它是在最普遍情况下得出的,所以对于稳定与不稳定流动、可逆与不可逆过程、开口系统与闭口系统都适用。

对于闭口系统,由于系统边界上没有物质的流入和流出,所以 $dm_1 = dm_2 = dm_{sys} = 0$,则式(1.2.23)可简化为

$$\delta Q - \delta W_a = md\left(u + \frac{c^2}{2} + gz\right)_{sys}$$

在闭口系统中,由于工质的动能和位能变化与内能变化相比很小,可以忽略,且闭口系统与外界交换的功量为体积变化功,故

$$\delta Q - \delta W = dU_{sys}$$

上式与闭口系统能量方程式形式一致。从以上分析可知,开口系统能量方程与闭口系统能量方程虽然表达形式不同,但实质是相同的。

4. 技术功

稳定流动能量方程中的动能变化 $\frac{1}{2}\Delta c^2$、位能变化 $g\Delta z$ 及轴功 w_s,都属于机械能,是热力过程中可被直接利用来做功的能量,统称为技术功,用符号 w_t 表示,即

$$w_t = \frac{1}{2}\Delta c^2 + g\Delta z + w_s \qquad (1.2.24)$$

对于微元热力过程

$$\delta w_s = \frac{1}{2}dc^1 + gdz + \delta w_s \qquad (1.2.25)$$

则稳定流动能量方程又可写为

$$q = \Delta h + w_\text{t} \tag{1.2.26}$$

或

$$\delta q = \mathrm{d}h + \delta w_\text{t} \tag{1.2.27}$$

由式(1.2.26),可得

$$w_\text{t} = q - \Delta h = (\Delta u + w) - (\Delta u + p_2 v_2 - p_1 v_1)$$
$$= w + p_1 v_1 - p_2 v_2 \tag{1.2.28}$$

上式表明,技术功等于体积变化功与流动功的代数和。

对于稳定流动的可逆过程

$$\delta w_\text{t} = \delta q - \mathrm{d}h = (\mathrm{d}u + p\mathrm{d}v) - \mathrm{d}(u + pv)$$
$$= \mathrm{d}u + p\mathrm{d}v - \mathrm{d}u - p\mathrm{d}v - v\mathrm{d}p$$
$$\delta w_\text{t} = -v\mathrm{d}p \tag{1.2.29}$$

对于可逆过程1—2

$$w_\text{t} = -\int_1^2 v\mathrm{d}p$$

可以看出,在 $p-v$ 图上,技术功 w_t 的值为过程曲线向纵坐标轴投射所得的面积12341。

技术功、体积变化功与流动功之间的关系,由式(1.2.28)及图1.2.10可知

$$w_\text{t} = w + p_1 v_1 - p_2 v_2$$

= 面积12561 + 面积41604 − 面积23052

显然,技术功也是过程量,其值取决于初、终状态及过程特性。

在一般的工程设备中,往往可以不考虑工质动能和位能的变化,则技术功就等于轴功,即

$$w_\text{t} = w_\text{s} = w + p_1 v_1 - p_2 v_2 \tag{1.2.30}$$

以上各式也是热力学第一定律能量方程的形式,在使用时应注意其使用条件。

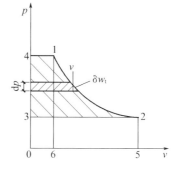

图1.2.10　技术功曲线图

四、稳定流动能量方程的应用

许多热力设备在不变的工况下工作时,工质的流动可视为稳定流动,此类问题可以应用稳定流动能量方程来分析其流动过程中能量的转换。对于一些具体的设备在不同条件下,稳定流动能量方程可简化为不同形式。下面列举几种工程应用实例。

1. 动力机

利用工质的膨胀而获得机械功的设备称为动力机,例如汽轮机、燃气涡轮机等。

根据稳态稳流能量方程

$$q = \Delta h + \frac{1}{2}\Delta c^2 + g\Delta z + w_\text{s} \tag{1.2.31}$$

如图1.2.11所示,当工质流过汽轮机时,由于进出口的速度变化不大,进出口的高度差一般很小,又由于工质很快流过汽轮机,系统与外界来不及进行热量交换,即散热很小,故可认为

$$\frac{1}{2}\Delta c^2 \approx 0$$

$$g\Delta z \approx 0$$

$$q \approx 0$$

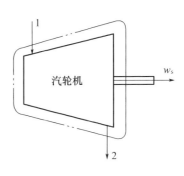

则式(1.2.31)可简化为

$$w_s = -\Delta h = h_1 - h_2$$

上式表明,在汽轮机等动力机中,系统所做的轴功等于工质的焓降。

2. 热交换设备

以热量交换为主要工作方式的设备称为热交换设备,例如锅炉、空气加热器、蒸发器、冷凝器等。如图1.2.12所示,当工质流过热交换设备时,系统与外界没有功量交换,且动能、位能的变化很小,故可认为

图 1.2.11　动力机原理图

$$w_s = 0$$

$$g\Delta z \approx 0$$

$$\frac{1}{2}\Delta c^2 \approx 0$$

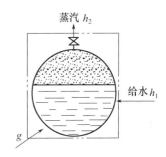

则式(1.2.31)可简化为

$$q = \Delta h = h_2 - h_1$$

图 1.2.12　锅炉热交换原理图

上式表明,在锅炉等热交换设备中,工质所吸收的热量等于焓的增加。

3. 压气机

消耗机械功而获得高压气体的设备称为压气机,这类设备类似于动力机的反方向作用。当工质流过压气机时,同动力机一样,可认为

$$\frac{1}{2}\Delta c^2 \approx 0$$

$$g\Delta z \approx 0$$

$$q \approx 0$$

则式(1.2.31)可简化为

$$-w_s = \Delta h = h_2 - h_1$$

上式表明,压气机绝热压缩所消耗的轴功等于工质焓的增加。

4. 喷管

用以使气流加速的一种短管称为喷管。如图 1.2.13 所示,工质流过喷管时,与外界没有功量交换,且工质流过喷管的时间短,系统与外界来不及交换热量,位能的变化也很小,故可认为

$$w_s \approx 0$$

$$g\Delta z \approx 0$$

$$q \approx 0$$

则式(1.2.31)可简化为

$$\frac{1}{2}\Delta c^2 = h_1 - h_2$$

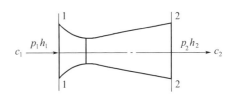

图 1.2.13　喷管示意图

即

$$\frac{1}{2}(c_2^2 - c_1^2) = h_1 - h_2$$

上式表明,在喷管中,工质动能的增加等于其焓降。

【例 1. 2. 6】 空气在某压气机中被压缩,压缩前空气的参数为 $p_1 = 100$ Pa、$v_1 = 0.845$ m³/kg;压缩后空气的参数为 $p_2 = 800$ kPa、$v_2 = 0.175$ m³/kg。在压缩过程中每 1 kg 空气的内能增加 150 kJ,同时向外界放出热量 50 kJ,压气机每分钟生产压缩空气 10 kg。试求:①压缩过程中对每 1 kg 气体所做的体积变化功(压缩功);②每生产 1 kg 压缩空气所需的轴功;③带动此压气机要用多大功率的电动机?

解 ①根据式(1. 2. 11),可得

$$w = q - \Delta u = (-50 - 150) \text{kJ/kg} = -200 \text{ kJ/kg}$$

②由式(1. 2. 30),可得

$$
\begin{aligned}
w_s &= w + p_1 v_1 - p_2 v_2 \\
&= (-200 + 100 \times 0.845 - 800 \times 0.175) \text{ kJ/kg} \\
&= -255.5 \text{ kJ/kg}
\end{aligned}
$$

③带动此压气机所需电动机的功率为

$$P = \dot{m} w_s = \frac{10 \times 255.5}{60} \text{ kW} = 42.6 \text{ kW}$$

单元 5　理想气体比热容

● **学习目标**

(1)牢固掌握比热容、定容比热容、定压比热容的概念及其单位。

(2)掌握比热容的确定方法及其适用条件。

(3)应用比热容计算热量。

● **重点内容**

(1)定容比热容和定压比热容的关系。

(2)理想气体的比热容及热量计算。

比热容是气体的重要热力性质之一。在热工计算中,利用比热容可以计算系统与外界交换的热量、工质的内能变化、焓的变化等。

一、比热容的定义

单位质量(1 kg)的气体,温度升高 1 K(℃)所吸收的热量称为该气体的比热容,也称为质量热容,用符号 c 表示,单位为 kJ/(kg·K)或 kJ/(kg·℃)。其定义式为

$$c = \frac{\delta q}{\mathrm{d} T} \tag{1. 2. 32}$$

单位体积(1 标准立方米)的气体,温度升高 1 K(℃)所吸收的热量称为体积热容,用符号 c' 表示,单位为 kJ/(m³·K)或 kJ/(m³·℃);单位物质的量(1 kmol)的气体,温度升高 1 K(℃)所吸收的热量称为摩尔热容,用符号 C_m 表示,单位为 kJ/(kmol·K)或 kJ/(kmol·℃)。

c, c', C_m 的换算关系为

$$c' = \frac{C_m}{22.4} = c\rho_0 \tag{1.2.33}$$

式中 ρ_0 为气体在标准状态下的密度,kg/m³。

二、比定容热容与比定压热容

1. 比定容热容(质量定容热容)

在定容情况下,单位质量的气体温度升高 1 K(℃)所吸收的热量,称为该气体的比定容热容,用符号 c_V 表示,其表达式为

$$c_V = \frac{\delta q_V}{dT} \tag{1.2.34}$$

选取不同的物量单位,相应地还有体积定容热容 c_V' 和摩尔定容热容 $C_{V,m}$。

2. 比定压热容(质量定压热容)

在定压情况下,单位质量的气体温度升高 1 K(℃)所吸收的热量,称为该气体的比定压热容,用符号 c_p 表示,其表达式为

$$c_p = \frac{\delta q_p}{dT} \tag{1.2.35}$$

相应地还有体积定压热容 c_p' 和摩尔定压热容 $C_{p,m}$。

3. 比定压热容与比定容热容的关系

理论和实践证明,比定压热容始终大于比定容热容,二者之间的关系为

$$c_p - c_V = R$$

或

$$C_{p,m} - C_{V,m} = MR = R_0 \tag{1.2.36}$$

上式称为梅耶公式,它适用于理想气体。

4. 比热容比

比定压热容与比定容热容的比值称为比热容比或等熵指数,用符号 κ 表示。其定义式为

$$\kappa = \frac{c_p}{c_V} \tag{1.2.37}$$

将梅耶公式两边同除以 c_V,可得

$$\kappa - 1 = \frac{R}{c_V}$$

则

$$c_V = \frac{R}{\kappa - 1} \tag{1.2.38}$$

$$c_p = \frac{\kappa R}{\kappa - 1} \tag{1.2.39}$$

三、真实比热容与平均比热容

1. 真实比热容

理想气体的比热容实际上并非定值,而是随着温度的升高而增大,即

$$c = f(t)$$

对应于每一温度下的比热容,称为该温度下的真实比热容。为了便于工程应用,通常将定压摩尔热容及定容摩尔热容与温度的关系整理为如下的关系式:

$$C_{p,m} = a_0 + a_1 T + a_2 T + a_2 T^2 + a_3 T^3 \qquad (1.2.40)$$

或 $$C_{V,m} = (a_0 - R_0) + a_1 T + a_2 T^2 + a_3 T^3 \qquad (1.2.41)$$

式中 a_0, a_1, a_2, a_3——因气体而异的实验常数；

T——热力学温度，K。

利用真实比热容计算热量时，要用到积分运算。

对于定压过程

$$Q = \frac{m}{M} \int_{T_1}^{T_2} C_{p,m} dT$$

$$= n \int_{T_1}^{T_2} (a_0 + a_1 T + a_2 T^2 + a_3 T^3) dT \qquad (1.2.42)$$

对于定容过程

$$Q = \frac{m}{M} \int_{T_1}^{T_2} C_{v,m} dT$$

$$= n \int_{T_1}^{T_2} (a_0 - R_0 + a_1 T + a_2 T^2 + a_3 T^3) dT \qquad (1.2.43)$$

表 1.2.1 列出了不同气体对应的关系式中各实验常数的值。

表 1.2.1 不同气体对应的关系式中各实验常数的值

气 体	分子式	a_0	$a_1 / \times 10^{-3}$	$a_2 / \times 10^{-6}$	$a_3 / \times 10^{-9}$	温度范围 /K	最大误差 /%
空气		28.106	1.966 5	4.802 3	-1.966 1	273 ~ 1 800	0.72
氢气	H_2	29.107	-1.911 5	-4.003 8	-0.870 4	273 ~ 1 800	1.01
氧气	O_2	25.477	15.202 2	-5.061 8	1.311 7	273 ~ 1 800	1.19
氮气	N_2	28.901	-1.571 3	8.080 5	-28.725 6	273 ~ 1 800	0.59
一氧化碳	CO	28.160	1.675 1	5.371 7	-2.221 9	273 ~ 1 800	0.89
二氧化碳	CO_2	22.257	59.808 4	-35.010 0	7.469 3	273 ~ 1 800	0.647
水蒸气	H_2O	32.238	1.923 4	10.554 9	-3.595 2	273 ~ 1 800	0.53
乙烯	C_2H_4	4.126 1	155.021 3	-81.545 5	16.975 5	298 ~ 1 500	0.30
丙烯	C_3H_6	3.745 7	234.010 7	-115.127 8	21.735 3	298 ~ 1 500	0.44
甲烷	CH_4	19.887	50.241 6	2.686 0	-11.011 3	273 ~ 1 500	1.33
乙烷	C_2H_6	5.413	178.087 2	-69.374 9	8.714 7	298 ~ 1 500	0.70
丙烷	C_3H_8	-4.223	306.264	-158.631 6	32.145 5	298 ~ 1 500	0.28

2. 平均比热容

比热容随温度的变化关系表示在 $c - t$ 图上为一条曲线，如图 1.2.14 所示。若将气体的温度由 t_1 升高至 t_2，则所需的热量为

$$q = \int_{t_1}^{t_2} c \, dt \qquad (1.2.44)$$

该热量在 $c-\iota$ 图上相当于面积 $DEFG$。为了简化运算，可以用一块大小相等的矩形面积 $MNFG$ 来代替面积 $DEFG$，即

$$q = \int_{t_1}^{t_2} c \mathrm{d}t = \overline{MG}(t_2 - t_1)$$

矩形高度就是在 ι_1 与 ι_2 温度范围内真实比热容的平均值，称为平均比热容，用符号 $c \Big|_{t_1}^{t_2}$ 表示，则上式可写为

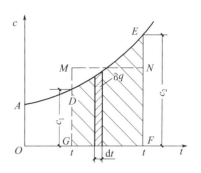

图 1.2.14 比热容与温度的关系

$$q = \int_{t_1}^{t_2} c \mathrm{d}t = c \Big|_{t_1}^{t_2} (t_2 - t_1) \tag{1.2.45}$$

为了应用方便，可将各种常用气体的平均比热容计算出来，并列成表格，用时可以直接查表。然而 $c \Big|_{t_1}^{t_2}$ 值随温度范围的变化而变化，要列出任意温度范围的平均比热容表将非常烦琐。为了解决这一问题，可选取某一参考温度（通常取 0 ℃），这样表中的数值即由 0 ℃到任意温度 t 的平均比热容。则上式可改写为

$$
\begin{aligned}
q &= \int_{t_1}^{t_2} c \mathrm{d}T = \int_0^{t_2} c \mathrm{d}T - \int_0^{t_1} c \mathrm{d}T \\
&= c \Big|_0^{t_2} (t_2 - 0) - c \Big|_0^{t_1} (t_1 - 0) \\
&= c \Big|_0^{t_2} t_2 - c \Big|_0^{t_1} t_1
\end{aligned} \tag{1.2.46}
$$

表 1.2.2 列出了几种气体在理想状态下的平均比定压热容 $c_p \Big|_0^t$ 的值。

表 1.2.2　常用气体的平均比定压热容　　　　　　　[kJ/(kg·K)]

$t/℃$	O_2	N_2	H_2	CO	空气	CO_2	H_2O
0	0.915	1.039	14.195	1.040	1.004	0.815	1.859
100	0.923	1.040	14.353	1.042	1.006	0.866	1.873
200	0.935	1.043	14.421	1.046	1.012	0.910	1.894
300	0.950	1.049	14.146	1.054	1.019	0.949	1.919
400	0.965	1.057	14.477	1.063	1.028	0.983	1.948
500	0.979	1.066	14.509	1.075	1.039	1.013	1.978
600	0.993	1.076	14.542	1.086	1.050	1.040	2.009
700	1.005	1.087	14.587	1.098	1.061	1.064	2.042
800	1.016	1.097	14.641	1.109	1.071	1.085	2.075

表 1. 2. 2(续)

$t/℃$	O_2	N_2	H_2	CO	空气	CO_2	H_2O
900	1.026	1.108	14.706	1.120	1.081	1.104	2.110
1 000	1.035	1.118	14.776	1.130	1.091	1.122	2.144
1 100	1.043	1.127	14.853	1.140	1.100	1.138	2.177
1 200	1.051	1.136	14.934	1.149	1.108	1.153	2.211
1 300	1.058	1.145	15.023	1.158	1.117	1.166	2.243
1 400	1.065	1.153	15.113	1.166	1.124	1.178	2.274
1 500	1.071	1.160	15.202	1.173	1.131	1.189	2.305
1 600	1.077	1.167	15.294	1.180	1.138	1.200	2.335
1 700	1.083	1.171	15.383	1.187	1.144	1.209	2.363
1 800	1.089	1.180	15.472	1.192	1.150	1.218	2.391
1 900	1.094	1.186	15.561	1.198	1.156	1.236	2.417
2 000	1.099	1.191	15.649	1.203	1.161	1.233	2.442
2 100	1.104	1.197	15.736	1.208	1.166	1.241	2.466
2 200	1.109	1.201	15.819	1.213	1.171	1.247	2.489
2 300	1.114	1.206	15.902	1.218	1.176	1.253	2.512
2 400	1.118	1.210	15.983	1.222	1.180	1.559	2.533
2 500	1.123	1.214	16.064	1.226	1.182	1.264	2.554

四、定值比热容

由分子运动论可知,理想气体的比热容值仅与其分子结构有关,而与其所处的状态无关。分子中原子数目相同的气体,它们的摩尔比热容值都相等。这种由分子结构决定的比热容称为定值比热容,从理论上可以推导出其近似值。表 1.2.3 列出了各种气体的定值摩尔热容和比热容比。

表 1.2.3　气体的定值摩尔热容和比热容比

	单原子气体	双原子气体	多原子气体
$C_{V,m}$	$\frac{3}{2}R_0$	$\frac{5}{2}R_0$	$\frac{7}{2}R_0$
$C_{p,m}$	$\frac{5}{3}R_0$	$\frac{7}{2}R_0$	$\frac{9}{2}R_0$
比热容比 $\kappa = \dfrac{c_p}{c_V}$	1.66	1.40	1.29

实验表明,以上定值比热容比的值只能近似地符合实际。对于单原子气体,其定值比热容比与实际值是基本一致的;而对于双原子气体,其定值比热容比与实际值就有明显的偏差;对于多原子气体,其内部原子振动能更大,实验数据与理论值的偏差也就更大,而且随着温度的升高,这些偏差将更加显著。因此,在工程计算中,只有当温度不太高或计算精度要求不太高的情况下,才能将气体的比热容比视为定值。

【例 1.2.7】 烟气在锅炉的烟道中温度从 900 ℃ 降低到 200 ℃,然后从烟囱排出。求标准状态下 1 m³ 烟气所放出的热量。烟气的成分接近于空气,可将其当作空气来考虑,而且在放热过程中烟气的压力变化很小,可认为该过程为定压过程。比热容取值按以下三种情况:①定值比热容;②真实比热容;③平均比热容。

解 (1)用定值比热容计算热量

将空气视为双原子气体,其定压摩尔热容为

$$C_{p,m} = \frac{7}{2} R_0 = \left(\frac{7}{2} \times 8.314 \right) kJ/(kmol \cdot K)$$

$$= 29.10 \ kJ/(kmol \cdot K)$$

其标准状态下的定压体积热容为

$$c_p' = \frac{C_{p,m}}{22.4} = \frac{29.10}{22.4} \ kJ/(m^3 \cdot K)$$

$$= 1.299 \ kJ/(m^3 \cdot K)$$

标准状态下 1 m³ 烟气放出的热量为

$$Q_p = V c_p' (t_2 - t_1) = [1 \times 1.299 \times (200 - 900)] kJ$$

$$= - 909.3 \ kJ$$

(2)用真实比热容计算热量

查表 1.2.1,得到以下数据

$$a_0 = 28.106, a_1 = 1.966\ 5 \times 10^{-3}, a_2 = 4.802\ 3 \times 10^{-6}, a_3 = -1.966\ 1 \times 10^{-9}$$

标准状态下 1 m³ 烟气放出的热量为

$$Q_P = n \int_1^2 C_{p,m} dT = n \int_{T_1}^{T_2} (a_0 + a_1 T + a_2 T^2 + a_3 T^3) dT$$

$$= \left\{ \frac{1}{22.4} \times \left[a_0(T_2 - T_1) + \frac{a_1}{2}(T_2^2 - T_1^2) + \frac{a_2}{3}(T_2^3 - T_1^3) + \frac{a_3}{4}(T_2^4 - T_1^4) \right] \right\} kJ$$

$$= \left\{ \frac{1}{22.4} \left[28.106 \times (473 - 1\ 173) + \frac{1.966\ 5 \times 10^{-3}}{2} \times (473^2 - 1\ 173^2) + \right. \right.$$

$$\left. \left. \frac{4.802\ 3 \times 10^{-6}}{3} \times (473^3 - 1\ 173^3) - \frac{1.966\ 1 \times 10^{-9}}{4} \times (473^4 - 1\ 173^4) \right] \right\} kJ$$

$$= - 996.22 \ kJ$$

(3)用平均比热容计算热量

查表 1.2.2,得到以下数据

$$c_p \Big|_0^{900} = 1.081 \ kJ/(kg \cdot K)$$

$$c_p \Big|_0^{200} = 1.012 \ kJ/(kg \cdot K)$$

将其换算成平均体积定压热容,查得空气在标准状态下的密度 $\rho_0 = 1.293\ 2 \ kg/m^3$,则

$$c'_p \Big|_0^{900} = c_p \Big|_0^{900} \rho_0 = (1.081 \times 1.293\,2)\,kJ/(m^3 \cdot K) = 1.398\,kJ/(m^3 \cdot K)$$

$$c'_p \Big|_0^{200} = c_p \Big|_0^{200} \rho_0 = (1.012 \times 1.293\,2)\,kJ/(m^3 \cdot K) = 1.309\,kJ/(m^3 \cdot K)$$

标准状态下 1 m³ 烟气放出的热量为

$$Q_p = c'_p \Big|_0^{200} t_2 - c'_p \Big|_0^{900} t_1 = (1.309 \times 200 - 1.398 \times 900)\,kJ/m^3 = -996.4\,kJ/m^3$$

思考与练习题

1. 准平衡过程与可逆过程有何区别?

2. 热力设备没有体积变化,就不能对外输出功。这种说法对吗,为什么?

3. 气体吸热后体积一定膨胀,热力学能一定增加。这种说法对吗,为什么?

4. 热力学第一定律表达式 $\delta q = du + \delta w$ 和 $\delta q = du + pdv$ 分别适用于什么条件?

5. 理想气体的 $(c_p - c_V)$ 以及 $\dfrac{c_p}{c_V}$ 是否在任何温度下都是常数?

6. 利用平均比热容计算所得热量与真实比热容是否一致?

7. 单位质量气体的系统从初态 $p_1 = 0.1\,MPa, v_1 = 0.2\,m^3$ 压缩至终态 $p_2 = 0.3\,MPa$。压缩过程满足 $pv^{1.2} =$ 常数。试求该过程的压缩功。

8. 闭口系统经历一热力过程,从外界吸取热量 60 kJ,同时热力学能增加了 100 kJ,此过程是膨胀过程还是压缩过程?

9. 某闭口系统完成由两个热力过程组成的循环。在其中的一个热力过程中吸热 200 kJ,对外做功 40 kJ,经历另一个热力过程返回原态时,放热 80 kJ。该过程功的变化为多少?

10. 如图 1.2.15 所示,闭口系统中工质沿 acb 由 a 状态变化到 b 状态时,吸热 80 kJ,对外做功 30 kJ。则:

(1) 工质沿 adb 由 a 到达 b 时,对外做功 20 kJ,求该过程的换热量;

(2) 工质沿曲线由 b 返回 a 时,外界对系统做功 25 kJ,求该过程工质与外界交换的热量;

(3) 如果 $U_a = 0$ kJ,$U_d = 40$ kJ,分别求 a—d、d—b 过程系统与外界的换热量。

11. 采暖用锅炉的水蒸发量为 0.5 kg/s,水进入锅炉时的焓 $h_1 = 60$ kJ/kg,水蒸气的焓 $h_2 = 2\,700$ kJ/kg,若煤的发热量为 2 500 kJ/kg,锅炉的热效率 $\eta = 60\%$。求锅炉每小时的耗煤量。

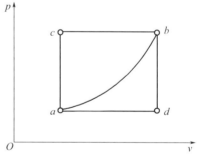

图 1.2.15 习题 10 图

12. 已知稳定流动的系统进口处的气体参数为 $h_1 = 3\,000$ kJ,$c_1 = 150$ m/s,出口参数为 $h_2 = 1\,800$ kJ,$c_2 = 60$ m/s。气体的质量流量为 4 kg/s,流过系统时对外放热量为 150 kJ/kg,忽略进、出口重力位能的变化。求气体流过系统时对外输出的轴功率。

13. 标准状态下 1 000 m³ 的 CO_2 由 $t_1 = 20$ ℃ 加热至 $t_2 = 300$ ℃。分别用定值比热容和平均比热容计算其加热量及热力学能和焓的变化。

14. 质量为 50 kg、压力为 0.1 MPa、温度为 27 ℃ 的空气被定温压缩至 0.25 MPa。求该过程系统的熵变。

热力学第一定律发展历史

卡诺：法国物理学家卡诺（Nicolas Leonard Sadi Carnot，1796—1832）（图1）生于巴黎。其父 L·卡诺是法国有名的数学家、将军和政治活动家，学术上很有造诣，对卡诺的影响很大。

卡诺身处蒸汽机迅速发展、广泛应用的时代，他看到从国外进口的尤其是英国制造的蒸汽机，性能远远超过自己国家生产的，便决心从事热机效率问题的研究。他独辟蹊径，从理论的高度上对热机的工作原理进行研究，以期得到普遍性的规律。1824年他发表了名著《谈谈火的动力和能发动这种动力的机器》，书中写道："为了以最普遍的形式来考虑热产生运动的原理，就必须撇开任何的机构或任何特殊的工作介质来进行考虑，就必须不仅建立蒸汽机原理，而且建立所有假想的热机的原理，不论在这种热机里用的是什么工作介质，也不论以什么方法来运转它们。"

图1　卡诺

卡诺出色地运用了理想模型的研究方法，以他富于创造性的想象力，精心构思了理想化的热机——后称卡诺可逆热机（卡诺热机），提出了作为热力学重要理论基础的卡诺循环和卡诺定理，从理论上解决了提高热机效率的根本途径。

卡诺在这篇论文中指出了热机工作过程中最本质的东西：热机必须工作于两个热源之间，才能将高温热源的热量不断地转化为有用的机械功；明确了"热的动力与用来实现动力的介质无关，动力的量仅由最终影响热量传递的物体之间的温度来确定"，指明了循环工作热机的效率有一极限值，而按可逆卡诺循环工作的热机所产生的效率最高。实际上卡诺的理论已经深含了热力学第二定律的基本思想，但由于受到热质说的束缚，他当时未能完全探究到问题的底蕴。

1832年8月24日卡诺因染霍乱症在巴黎逝世，年仅36岁。按照当时的防疫条例，霍乱病者的遗物一律付之一炬。卡诺生前所写的大量手稿被烧毁，幸得他的弟弟将他的小部分手稿保留了下来，其中有一篇是仅有21页纸的论文——《关于适合于表示水蒸气的动力的公式的研究》，其余内容是卡诺在1824—1826年间写下的23篇论文。

后来，卡诺的学术地位随着热功当量的发现，热力学第一定律、能量守恒与转化定律及热力学第二定律相继被揭示的过程慢慢形成了。

热力学第一定律与能量守恒定律有着极其密切的关系。

迈尔：德国物理学家、医生迈尔（Julius Robert Mayer，1814—1878）（图2）1840年2月到1841年2月作为船医远航到印度尼西亚。他从船员静脉血的颜色的不同，发现体力和体热来源于食物中所含的化学能，提出如果动物体能的输入同支出是平衡的，所有这些形式的能在量上就必定守恒。他由此受到启发，去探索热和机械功的关系。他将自己的发现写成《论力的量和质的测定》一文，但他的观点缺少精确的实验论证，论文没能发表（直到1881年他逝世后才发表）。迈尔很快觉察到了这篇论文

图2　迈尔

的缺陷,并且发奋进一步学习数学和物理学。1842 年他发表了《论无机性质的力》的论文,表述了物理、化学过程中各种力(能)的转化和守恒的思想。迈尔是历史上第一个提出能量守恒定律并计算出热功当量的人。但 1842 年发表的这篇科学杰作当时未受到重视。

以后英国杰出的物理学家焦耳(James Prescortt Joule,1818—1889)(图 3)、德国物理学家亥姆霍兹(Helmholtz Hermannvon,1821—1894)等人又各自独立地发现了能量守恒定律。

1843 年 8 月 21 日焦耳在英国科学协会数理组会议上宣读了《论磁电的热效应及热的机械值》论文,强调了自然界的能量是等量转换、不会消灭的,哪里消耗了机械能或电磁能,总在某些地方能得到相当的热。焦耳用了近 40 年的时间,不懈地钻研和测定了热功当量。他先后用不同的方法做了 400 多次实验,得出结论:热功当量是一个普适常量,与做功方式无关。他自己 1878 年与 1849 年的测验结果相同。后来公认值是 427 千克重·米每千卡。这说明了焦耳不愧为真正的实验大师。他的这一实验常数,为能量守恒与转换定律提供了无可置疑的证据。

图 3 焦耳

1847 年,亥姆霍兹(图 4)发表《论力的守恒》,第一次系统地阐述了能量守恒原理,从理论上把力学中的能量守恒原理推广到热、光、电、磁、化学反应等过程,揭示其运动形式之间的统一性,它们不仅可以相互转化,而且在量上还有一种确定的关系。能量守恒与转化使物理学达到空前的综合与统一。

图 4 亥姆霍兹

将能量守恒定律应用到热力学上,就是热力学第一定律。

任务三 理想气体的热力过程

▶ 任务提要

本章依据作为普遍规律的热力学第一、第二定律的能量方程和熵方程,以及作为理想气体特性的状态方程和比热容关系式。分析了一些具体的热力过程,得到了对这些过程的具体结论。介绍了应用热力学理论分析实际问题的基本方法。

▶ 任务要求

1. 掌握典型热力过程的特征、状态变化的规律和能量交换的计算方法。
2. 掌握多变过程的特点和分析计算方法,理解多变过程和典型的热力过程的关系。

单元 1 理想气体的基本热力过程

● 学习目的

(1)熟练掌握定容、定压、定温和绝热过程的特点、过程方程式、功和热量的计算以及过程中状态变化的规律。

（2）在 $p-v$ 和 $T-s$ 图上的表示及热量、功量的计算方法。

● **重点内容**

（1）掌握热力过程的分析方法，尤其是利用 $p-v$ 图和 $T-s$ 图定性分析热力过程的方法。

（2）掌握四种基本热力过程的状态参数变化及能量传递与转换的规律和相关的计算公式。

分析和计算热力过程的目的在于揭示过程中工质状态参数的变化规律，以及该过程中热能与机械能之间的转化情况，进而找出影响它们转化的主要因素。热力设备中的实际过程都是很复杂的。首先，实际过程都是不可逆的；其次，工质的各种状态参数都在变化，不易找出其规律，故实际过程不易分析。但仔细观察热力设备中常见的一些过程，发现它们却又往往近似地具有某些简单的特征。例如，汽油机汽缸中工质的燃烧加热过程，燃烧速率很快，压力急剧上升而比体积几乎保持不变，接近定容过程；燃气轮机动力装置燃烧室中的燃烧加热过程，燃气压力波动甚微，近似定压过程；燃气流过燃气涡轮的喷嘴和叶片，或空气流过叶轮式压气机时，流速很快，流量较大，经机壳向外散失的热量相对来说极少，都可近似当作绝热过程。工程热力学中将热力设备的各种过程近似地概括为几种典型的过程，即为本节将要讨论的定容、定压、定温、绝热过程。同时，为使问题简化，这里不考虑实际过程中能量的耗损而作为可逆过程对待。这些典型的可逆过程都可用较简单的热力学方法进行分析计算，所以称其为基本热力过程。

本节主要讨论理想气体的热力过程，对于那些不能当作理想气体的工质，如水蒸气、氨蒸气等，其热力过程的分析计算一般可借助图表进行。

分析研究热力过程的一般步骤如下：

（1）根据过程进行的条件，导出过程方程式，即 $P=f(v)$ 及 $T=f(s)$ 形式的方程式。

（2）将过程方程式描绘在 $p-v$ 图和 $T-s$ 图上，分析过程中工质状态变化规律。

（3）计算热力过程中能量交换情况：

①热力学能和焓的计算。由于理想气体的热力学能和焓都是温度的单值函数，对于定比热容理想气体的任何过程都可用下式计算其热力学能和焓的变化量。

$$\Delta u = c_V \Delta T \qquad \Delta h = c_p \Delta T$$

对变比热容的情况，应将以上两式中的质量定容比热容和质量定压比热容以平均质量比热容代替。

②功的计算。按定义式结合过程方程式确定比体积功的大小，即

$$w = \int_{v_1}^{v_2} p \, dv = \int_{v_1}^{v_2} f(v) \, dv$$

③确定热力过程中系统与外界所交换的热量。计算时可用热力学第一定律的解析式

$$q = \Delta u + w$$

也可根据比热容的公式

$$q = c(T_2 - T_1)$$

或者，根据可逆过程熵的定义式

$$q = \int_{t_1}^{t_2} T \, ds = \int_{v_1}^{v_2} f(s) \, ds$$

若对 m kg 工质求上述各参数的总量,只需再乘以 m 即可。

一、定容过程

定容过程是指在状态变化中工质体积保持不变的过程,通常为一定量的气体在体积固定的容器内进行定容加热(或放热),故比体积保持不变,即 $\mathrm{d}v = 0$。显然其过程方程为

$$v = 常数$$

初、终状态参数的关系根据 $v = 常数$ 及 $pv = R_g T$,可得

$$v_1 = v_2, \quad \frac{p_2}{p_1} = \frac{T_2}{T_1} \tag{1.3.1}$$

上式表明,定容过程中工质的压力与绝对温度成正比。

因 $v = 常数$,故定容过程在 $p-v$ 图上应是垂直于横轴的直线,如图 1.3.1(a)所示。定容加热时,压力随温度的升高而增加,过程曲线如 1—2 所示;定容放热时,压力随温度的降低而减小,过程曲线如 1—2′所示。

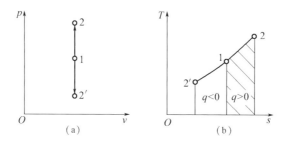

图 1.3.1 定容过程在 $p-v$、$T-s$ 图上的表示

由理想气体熵的计算式有

$$\mathrm{d}s = \frac{\delta q}{T} = \frac{c_v \mathrm{d}T + p \mathrm{d}v}{T}$$

对于定容过程 $\mathrm{d}v = 0$,因而

$$\mathrm{d}s = c_v \frac{\mathrm{d}T}{T}$$

取比热容为定值时,对上式取不定积分得

$$s = c_v \ln T + C$$

式中 C 为不定积分的积分常数,其具体取值可根据取定的计算基准来确定。

对上式求反函数得

$$T = \exp\left(\frac{s-C}{c_v}\right)$$

所以定容过程在 $T-s$ 图上为一指数曲线,如图 1.3.1(b)所示,且其斜率为

$$\left(\frac{\partial T}{\partial s}\right)_V = \frac{T}{c_v} \tag{1.3.2}$$

向工质加热,则温度升高,熵增加,过程曲线向右上方延伸,如 1—2 线所示,过程曲线与 s 轴间的面积为定容加热量。工质放热,则温度下降,熵减小,过程曲线向左下方延伸,如 1—2′线所示,过程曲线下的面积相应为定容放热量。

对于闭口系统,由于比体积不变,即 $\mathrm{d}v = 0$,所以定容过程的体积功为

$$w = \int_{v_1}^{v_2} p\mathrm{d}v = 0 \tag{1.3.3}$$

可见,闭口系统经历定容过程时系统与外界无体积功的交换。若为开口系统,则工质除做体积功外,还做流动功,当不考虑工质的宏观动能和位能时,工质所做的总功(技术功)为

$$w_t = -\int_{p_1}^{p_2} \mathrm{d}p = v(p_1 - p_2) \tag{1.3.4}$$

又根据热力学第一定律解析式可得到定容过程中热量为

$$q_V = \Delta u = u_2 - u_1 \tag{1.3.5}$$

由此可见,定容过程中系统不做体积功,加给系统的热量未转变为机械能,而是全部用于增加系统的热力学能;反之,系统放出的热量则全部来自于系统热力学能的减少。式(1.3.5)是直接根据热力学第一定律得出的,而未涉及工质的种类,因此,无论理想气体还是实际气体均适用。

对于理想气体或实际气体,定容过程中的热量或热力学能差还可按比热容计算,当取比热容为定值时,则有

$$q_V = \Delta u = c_V(T_2 - T_1) \tag{1.3.6}$$

当考虑温度对气体比热容的影响时,应将上式中的 c_V 换成平均比热容 $c_{V_m}\big|_{t_1}^{t_2}$。

二、定压过程

定压过程是工质在状态变化过程中压力保持不变的过程。过程方程为

$$p = 常数$$

初、终状态参数的关系可由 $p = 常数$ 和 $pv = R_g T$ 得出

$$p_2 = p_1 \qquad \frac{v_2}{v_1} = \frac{T_2}{T_1}$$

即定压过程中工质的比体积与绝对温度成正比。

定压过程在 $p-v$ 图上是一平行于横轴的水平线,如图1.3.2(a)所示。1—2线表示温度升高时,比体积增大,工质膨胀;1—2′线表示温度降低时,比体积减小,工质被压缩。

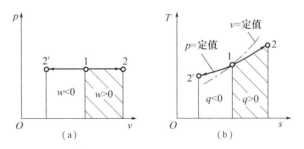

图 1.3.2 定压过程在 $p-v$、$T-s$ 图上的表示

定压过程曲线在 $T-s$ 图上的表示可仿照定容过程的方法来确定。由于

$$\mathrm{d}s = c_p \frac{\mathrm{d}T}{T} - R_g \frac{\mathrm{d}p}{p}$$

因为 $\mathrm{d}p = 0$，故

$$T = \exp \frac{s - C}{c_p} \qquad \left(\frac{\partial T}{\partial s}\right)_p = \frac{T}{c_p}$$

式中 C 为积分常数。因 T 与 c_p 都不会是负值，即曲线斜率 $(\partial T / \partial s)_p > 0$，所以定压线在 $T - s$ 上是一条斜率大于零的指数曲线，如图 1.3.2（b）所示。$T - s$ 图上的定容线和定压线都是指数曲线，但两者的斜率是不同的。对同一理想气体，由于 $c_p > c_V$，所以有

$$\left(\frac{\partial T}{\partial s}\right)_p = \frac{T}{c_p} < \left(\frac{\partial T}{\partial s}\right)_V = \frac{T}{c_V}$$

即 $T - s$ 图上定压线的斜率较定容线的斜率小，或者说定容线比定压线陡。如图 1.3.2（b）所示。

由于过程中压力保持不变，工质所做的体积功为

$$w = \int_{v_1}^{v_2} p \mathrm{d}v = p \int_{v_1}^{v_2} \mathrm{d}v = p(v_2 - v_1)$$

对于理想气体，由于 $pv = R_g T$，故

$$w = p(v_2 - v_1) = R_g(T_2 - T_1) \tag{1.3.7}$$

$$R_g = \frac{w}{T_2 - T_1}$$

即气体常数 R 数值上等于 1 kg 理想气体在定压过程中温度升高 1 K 所做的功，故其单位为 J/（kg·K）。对于开口热力系统，工质所做的技术功为

$$w_t = -\int_{p_1}^{p_2} v \mathrm{d}p = 0 \tag{1.3.8}$$

根据热力学第一定律解析式可得定压过程的热量为

$$q_p = u_2 - u_1 + p(v_2 - v_1) = h_2 - h_1 \tag{1.3.9}$$

即任何工质在定压过程中吸入的热量等于其焓增，放出的热量等于其焓降。

对于理想气体，式（1.3.9）还可演化为

$$q_p = \Delta h = c_p(T_2 - T_1) \tag{1.3.10}$$

从上述定压过程的能量分析计算中可看出，定压过程中加给系统的热量将分为两部分，一部分用来增加系统的热力学能，另一部分用来对外做功。热力学能增量与吸热量之比为

$$\frac{\Delta u}{q} = \frac{c_V \Delta T}{c_p \Delta T} = \frac{1}{\kappa} \tag{1.3.11}$$

式中 κ 为等熵指数。可见，等熵指数 κ 代表了理想气体定压过程中能量的分配情况。例如，对双原子理想气体，$\kappa = 1.4$，则有

$$\frac{\Delta u}{q} = \frac{1}{\kappa} = \frac{5}{7} \qquad \frac{w}{q} = 1 - \frac{1}{\kappa} = \frac{2}{7}$$

这说明加入的热量有 5/7 变成了气体热力学能，2/7 转变成了系统的对外做功量，即热功转换效率为 28.6%。

【例 1.3.1】 某盛有氮气的汽缸中，活塞上承受一定的重力，试计算当气体从外界吸入 3 349 kJ 的热量时，气体对活塞所做的功及热力学能的变化量。已知氮气的 $c_p = 0.741$ kJ/（kg·K），气体常数 $R_g = 0.297$ kJ/（kg·K）。

解 在压力较低，密度较小的情况下，氮气可视为理想气体，按理想气体迈耶方程有

$$c_p = c_V + R_g = (0.741 + 0.297) \text{ kJ/(kg·K)} = 1.038 \text{ kJ/(kg·K)}$$

按题意可知氮气进行的是定压过程,故

$$Q_{12} = mc_p(T_2 - T_1)$$

得

$$m(T_2 - T_1) = Q_{12}/c_p = 3\,349/1.038 \text{ kg·K} = 3\,326.4 \text{ kg·K}$$

理想气体的热力学能变化量为

$$\Delta U_{12} = mc_V(T_2 - T_1) = 0.741 \times 3\,226.4 \text{ kJ} = 2\,391 \text{ kJ}$$

按闭口系统能量方程式

$$Q = \Delta U + W$$

则气体对活塞所做的功为

$$W = Q - \Delta U = 3\,349 \text{ kJ} - 2\,391 \text{ kJ} = 958 \text{ kJ}$$

三、定温过程

工质在状态变化过程中温度保持不变的过程称为定温过程。用数学式表示为

$$T = 常数$$

将这一关系结合理想气体状态方程式 $pv = R_g T$,可得理想气体定温过程的方程式为

$$pv = 常数 \tag{1.3.12}$$

该式说明,理想气体定温过程中,压力与比体积成反比。

定温过程在 $p-v$ 图上是一条等边双曲线,如图 1.3.3(a) 所示。由于温度不变,当工质膨胀,即比体积增加时,压力下降,过程曲线(图中 1—2 线)向右下方延伸;当工质被压缩,即比体积减小时,压力增加,过程曲线(图中 1—2′线)向左上方延伸。由过程方程取微分可得该等边双曲线的斜率为

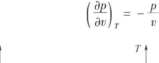

$$\left(\frac{\partial p}{\partial v}\right)_T = -\frac{p}{v}$$

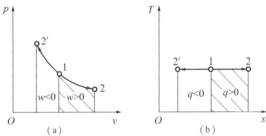

图 1.3.3 定温过程在 $p-v$、$T-s$ 图上的表示

定温线在 $T-s$ 图上应是一条平行于 s 轴的水平线,如图 1.3.3(b) 所示。熵增加时,工质吸热;熵减少时,工质放热。

由于定温过程中 $pv = 常数$,故体积功为

$$w = \int_{v_1}^{v_2} p\,dv = \int_{v_1}^{v_2} pv\,\frac{dv}{v} = pv\int_{v_1}^{v_2}\frac{dv}{v} = pv\ln\frac{v_2}{v_1} = R_g T\ln\frac{p_1}{p_2} \tag{1.3.13}$$

技术功为

$$w_1 = -\int_{p_1}^{p_2} v\,dp = -pv\int_{p_1}^{p_2}\frac{dp}{p} = pv\ln\frac{p_1}{p_2} = R_g T\ln\frac{p_1}{p_2} \tag{1.3.14}$$

由式(1.3.13)、式(1.3.14)可见,在定温过程中,理想气体的体积功和技术功相等。

由于理想气体的热力学能只是温度的单值函数,因而对理想气体定温过程必有 $\Delta u = 0$,由热力学第一定律可得热量计算公式为

$$q_T = w = R_g T \ln \frac{v_2}{v_1} = R_g T \ln \frac{p_1}{p_2} = p_1 v_1 \ln \frac{p_1}{p_2} \qquad (1.3.15)$$

上式表明:在定温下,加给理想气体的热量全部转变为对外的膨胀功。反之,在压缩时,外界所消耗的机械功,全部转变为气体的放热量。即理想气体定温过程的热功转换效率为100%。

在已知定温过程的熵变 Δs 时,其热量也可根据可逆过程熵的定义式求得,即

$$q_T = \int_{s_1}^{s_2} T \mathrm{d}s = T(s_2 - s_1) = T\Delta s \qquad (1.3.16)$$

四、绝热过程

绝热过程是状态变化的任何一段微元过程中,系统与外界都不发生热量交换的过程,即过程进行的每一瞬时都有 $\delta q = 0$。整个过程与外界交换的热量亦等于零,即 $q = 0$。

绝对绝热的物体是不存在的,系统无法与外界完全隔热,所以理想化的绝热过程是不能实现的。但当实际热机中的某些膨胀或压缩过程进行得很快时,系统与外界来不及交换热量或热交换量很少时,可将过程近似当成是绝热过程。过程进行得非常迅速,往往是非准平衡的和不可逆的,所以本节所讨论的可逆绝热过程只是实际过程的一种近似。近似于绝热的过程在热机中是很多的,如内燃机和蒸汽机汽缸中工质的膨胀过程;压气机汽缸中工质的压缩过程;汽轮机喷管中工质的膨胀过程等。

绝热过程的过程方程式可根据热力学第一定律解析式及绝热过程的特征导出。其由闭口系统和开口系统热力学第一定律的微分关系可得

$$\delta q = c_V \mathrm{d}T + p \mathrm{d}v = 0 \quad \text{或} \quad p \mathrm{d}v = -c_V \mathrm{d}T$$
$$\delta q = c_p \mathrm{d}T - v \mathrm{d}p = 0 \quad \text{或} \quad v \mathrm{d}p = c_p \mathrm{d}T$$

将后式除以前式,得到

$$\frac{v}{p} \frac{\mathrm{d}p}{\mathrm{d}v} = -\frac{c_p}{c_V} = -\kappa$$

或

$$\kappa \frac{\mathrm{d}v}{v} + \frac{\mathrm{d}p}{p} = 0 \qquad (1.3.17)$$

此式即是可逆绝热过程的过程方程的微分形式。在上式推导过程中已假设质量定压比热容和质量定容比热容都取定值或平均值。对式(1.3.17)积分后得

$$\ln p + \kappa \ln v = 常数 \quad \text{或} \quad \ln p v^\kappa = 常数$$

即

$$p v^\kappa = 常数 \qquad (1.3.18)$$

由式(1.3.18)可得到绝热过程初、终两态参数之间的关系,即

$$\frac{p_2}{p_1} = \left(\frac{v_1}{v_2}\right)^\kappa \qquad (1.3.19)$$

以 $pv = R_g T$ 代入上式,消去 p_1, p_2,则得

$$\frac{T_2}{T_1} = \left(\frac{v_1}{v_2}\right)^{\kappa-1} \qquad (1.3.20)$$

若消去 v_1, v_2,则得

$$\frac{T_2}{T_1} = \left(\frac{p_2}{p_1}\right)^{\frac{\kappa-1}{\kappa}} \qquad (1.3.21)$$

由 $pv^\kappa = $ 常数可见,绝热过程线在 $p - v$,图上是一条不等边双曲线。由式(1.3.19)可得其斜率为

$$\left(\frac{\partial p}{\partial v}\right)_s = -\kappa \frac{p}{v}$$

前述定温过程在 $p - v$ 图上为一等边双曲线,将上式与前述定温过程的斜率 $\left(\frac{\partial p}{\partial v}\right)_T = -\frac{p}{v}$ 比较,由于 $\kappa > 1$,所以,$|(\partial p/\partial v)_s| > |(\partial p/\partial v)_T|$,且它们的斜率均为负值。因此,定温线和绝热线在 p—v 图上都是双曲线,但绝热线的斜率大于定温线的斜率,或者说 $p - v$ 图上绝热线比定温线陡,如图1.3.4(a)所示。

由熵的定义式 $ds = \delta q/dT$ 可知,对可逆的绝热过程,$\delta q = 0$,$ds = 0$ 或 $s_1 = s_2$,即熵不变,所以可逆的绝热过程又称为定熵过程,在 $T - s$ 图上是一条垂直于 s 轴的直线,如图1.3.4(b)所示。

由 $\frac{T_2}{T_1} = \left(\frac{p_2}{p_1}\right)^{\frac{\kappa-1}{\kappa}}$ 可见,温度与压力的 $(\kappa-1)/\kappa$ 次方成正比,所以气体绝热膨胀时 $(dv > 0)$,p 和 T 均降低,如图中曲线 1—2 所示;反之,气体被压缩时 $(dv < 0)$,p 和 T 均升高,如图中曲线 1—2′所示。

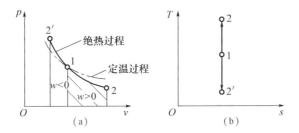

图1.3.4 绝热过程在 $p - v$、$T - s$ 图上的表示

将绝热过程特征式 $q = 0$ 代入热力学第一定律解析式中得

$$w = -\Delta u = u_1 - u_2 \qquad (1.3.22)$$

该式表明:系统在绝热过程与外界无热量交换,体积功只能来自系统本身的能量。绝热膨胀时,系统的热力学能减少;绝热压缩时,系统的热力学能增加。式(1.3.22)直接由热力学第一定律导出,故普遍适用于可逆和不可逆的绝热过程、理想气体和实际气体。

对于理想气体,取比热容为定值时,有

$$w = c_V(T_1 - T_2) \qquad (1.3.23)$$

将 $c_V = \frac{R_g}{\kappa-1}$ 代入,还可得到

$$w = \frac{R_g}{\kappa-1}(T_1 - T_2) = \frac{1}{\kappa-1}(p_1 v_1 - p_2 v_2) = \frac{R_g T_1}{\kappa-1}\left[1 - \left(\frac{p_2}{p_1}\right)^{\frac{\kappa-1}{\kappa}}\right] \qquad (1.3.24)$$

将绝热过程特征式 $g = 0$ 代入开口系统热力学第一定律解析式,可得到绝热过程的技术功为

$$w_1 = - \Delta h = h_1 - h_2 \qquad\qquad (1.3.25)$$

该式表明:系统在绝热过程所做的技术功等于焓变量。式(1.3.25)对理想气体和实际气体的可逆和不可逆的绝热过程都普遍适用。

对于理想气体,取比热容为定值时,还有

$$w_1 = c_p(T_1 - T_2) \qquad\qquad (1.3.26)$$

对照式(1.3.23)和式(1.3.26)可看出,绝热过程中的技术功是体积功的 κ 倍,即 $w_t = \kappa w$。

【例1.3.2】 2 kg 空气分别经过定温膨胀 1—2 和绝热膨胀 1—2′的可逆过程,从初态 $p_1 = 9.807$ bar,$t_1 = 300$ ℃膨胀到终态容积为初态容积的 5 倍。试计算不同过程中空气的终态参数、对外界所做的功和交换的热量以及过程中热力学能、焓、熵的变化量。设空气 $c_p = 1.004$ kJ/(kg·K),$R_g = 0.287$ kJ/(kg·K),$\kappa = 1.4$。

解 将空气取作闭口系统。

(1)对可逆定温过程 1—2,由过程中参数间关系,得

$$p_2 = p_1 v_1 / v_2 = 9.807/5 \text{ bar} = 1.961 \text{ bar} = 1.961 \times 10^5 \text{ Pa}$$

按理想气体状态方程式,得

$$v_1 = \frac{R_g T}{p_1} = \frac{0.287 \times 10^3 (273 + 300)}{9.807 \times 10^5} \text{ m}^3/\text{kg} = 0.167\ 7 \text{ m}^3/\text{kg}$$

$$v_2 = 5v_1 = 5 \times 0.1677 \text{ m}^3/\text{kg} = 0.838\ 5 \text{ m}^3/\text{kg}$$

$$T_2 = T_1 = 573 \text{ K}$$

气体对外做的膨胀功及交换的热量为

$$W_T = Q_T = p_1 V_1 \ln \frac{v_2}{v_1} = 9.807 \times 10^5 \times 2 \times 0.167\ 7 \times \ln 5 \text{ J} = 529\ 387\text{J} = 529.4 \text{ kJ}$$

过程中热力学能、焓、熵的变化量为

$$\Delta U_{12} = 0; \Delta H_{12} = 0$$

$$\Delta S_{12} = \int_1^2 \frac{\mathrm{d}Q}{T} = \frac{Q_{12}}{T} = \frac{529.4}{573} \text{ kJ/K} = 0.923\ 9 \text{ kJ/K}$$

或

$$\Delta S_{12} = mR_g \ln \frac{v_2}{v_1} = 2 \times 0.287 \times \ln 5 \text{ kJ/K} = 0.923\ 9 \text{ kJ/K}$$

(2)可逆绝热过程 1—2′,由可逆绝热过程参数间关系可得

$$p_{2'} = p_1 \left(\frac{v_1}{v'_2}\right)^{\kappa} = 9.807 \times \left(\frac{1}{5}\right)^{1.4} \text{ bar} = 1.03 \text{ bar}$$

$$T_{2'} = \frac{p_{2'} v_{2'}}{R_g} = \frac{1.03 \times 10^5 \times 0.838\ 5}{0.287 \times 10^3} \text{ K} = 301 \text{ K 或 } t_2 = 28 \text{ ℃}$$

气体对外做的膨胀功及交换的热量为

$$W_S = \frac{1}{\kappa - 1}(p_1 V_1 - p_{2'} V_{2'}) = \frac{1}{\kappa - 1} mR_g(T_1 - T_{2'})$$

$$= \frac{2 \times 0.287 \times 10^3}{1.4 - 1}(573 - 301)\text{J} = 390 \text{ kJ}$$

$$Q_S = 0$$

过程中热力学能、焓、熵的变化量为

$$\Delta U_{12'} = mc_V(T_{2'} - T_1)$$

其中 $\qquad c_V = c_p - R_g = 1.004 \text{ kJ}/(\text{kg} \cdot \text{K}) - 0.287 \text{ kJ}/(\text{kg} \cdot \text{K}) = 0.717 \text{ kJ}/(\text{kg} \cdot \text{K})$

故 $\qquad\qquad\qquad \Delta U_{12'} = 2 \times 0.717(301 - 573) \text{ kJ} = -309 \text{ kJ}$

或 $\qquad\qquad\qquad \Delta U_{12'} = -W_s = 390 \text{ kJ}$

$$\Delta H_{12'} = mc_p(T_{2'} - T_1) = 2 \times 1.004(301 - 573) \text{ kJ} = -546.2 \text{ kJ}$$

$$\Delta S_{12'} = 0$$

单元2 多变过程的综合分析

● **学习目的**

(1)熟练掌握多变过程的特点、过程方程式、功和热量的计算以及过程中状态变化的规律。

(2)在 $p-v$ 和 $T-s$ 图上的表示及热量、功量的计算方法。

● **重点内容**

(1)掌握多变过程的分析方法,尤其是利用 $p-v$ 图和 $T-s$ 图定性分析热力过程的方法。

(2)掌握多变过程的状态参数变化及能量传递与转换的规律和相关的计算公式。

一、多变过程的特点

前面讨论的四种典型的理想气体热力过程,是几个特殊的过程,即在状态变化过程中某一状态参数保持不变或系统与外界没有热量交换。现将四种典型过程中状态参数之间的变化关系归纳成表1.3.1。

从表1.3.1可看出,四种典型热力过程中 p,v 间的关系具有共同特征,可统一表示成如下形式:

$$pv^n = 常数 \tag{1.3.27}$$

式中指数 n 称为多变指数。工程热力学中将工质状态按式(1.3.27)变化的热力过程称为多变过程。理论上讲,多变指数 n 可在 $-\infty \sim +\infty$ 之间变化,而四种典型过程可当成是多变过程的四种特殊情况。

表1.3.1 四种典型过程状态参数的关系

过 程	过程方程	p,v 的关系	指数
定压过程	$p = 常数$	$pv^0 = 常数$	0
定温过程	$pv = 常数$	$pv = 常数$	1
绝热过程	$pv^\kappa = 常数$	$pv^\kappa = 常数$	κ
定容过程	$v = 常数$	$pv^{\pm\infty} = 常数$	$\pm\infty$

实际过程大部分都是多变过程,且要比理论的多变过程更为复杂。例如,柴油机汽缸中空气的压缩过程和燃气的膨胀过程,在整个过程中指数 n 是变化的。以压缩过程为例,

压缩开始时,工质温度低于缸壁温度,工质是吸热的,随着对工质不断地压缩,温度升高,高于缸壁温度后开始放热,过程中瞬时多变指数从 1.6 左右变化到 1.2 左右。至于膨胀过程,由于存在后燃及高温时被分离气体的复合放热现象,情况更为复杂,这时散热规律的研究已不属于工程热力学范围。多变指数 n 是变化的实际过程,热工计算中为简便起见常常这样处理:若 n 的变化范围不大,则用一个不变的平均多变指数近似地代替实际变化的 n。内燃机中的压缩过程和膨胀过程都是这样处理的,而理论循环计算时近似按绝热过程处理。如果 n 的变化较大,可将实际过程分段,每段近似为 n 值不变,各段的 n 值可不相同。

由于多变过程的过程方程式的数学形式与绝热过程相同,因此多变过程中的初、终状态参数之间的关系在形式上均与绝热过程的公式完全相同,只是以 n 值代替各式中的 k 值,故不做重复推导,只将公式的结果分列如下:

$$\frac{p_2}{p_1} = \left(\frac{v_1}{v_2}\right)^n \qquad \frac{T_2}{T_1} = \left(\frac{v_1}{v_2}\right)^{n-1} \qquad \frac{T_2}{T_1} = \left(\frac{p_2}{p_1}\right)^{\frac{n-1}{n}}$$

二、多变过程中的能量计算

多变过程的体积功为

$$w = \int_{v_1}^{v_2} p\mathrm{d}v = p_1 v_1^n \int_{v_1}^{v_2} \frac{\mathrm{d}v}{v^n} = \frac{1}{n-1}(p_1 v_1 - p_2 v_2) \tag{1.3.28}$$

$$= \frac{1}{n-1} R_g(T_1 - T_2) \tag{1.3.29}$$

$$= \frac{1}{n-1} R_g T_1 \left[1 - \left(\frac{p_2}{p_1}\right)^{\frac{n-1}{n}}\right] \tag{1.3.30}$$

$$= \frac{\kappa-1}{n-1} c_V(T_1 - T_2) \tag{1.3.31}$$

如果是开口热力系统,同时还要考虑气体流入和流出机器时的推动功,则气体流经机器时总共做出的是技术功。多变过程的技术功为

$$w_t = -\int_{p_1}^{p_2} v\mathrm{d}p = p_1 v_1 + \int_{v_1}^{v_2} p\mathrm{d}v - p_2 v_2$$

$$= \frac{n}{n-1}(p_1 v_1 - p_2 v_2) = \frac{n}{n-1} R_g(T_1 - T_2)$$

即

$$w_t = \frac{n}{n-1} R_g T_1 \left[1 - \left(\frac{p_2}{p_1}\right)^{\frac{n-1}{n}}\right] \tag{1.3.32}$$

可见

$$w_t = nw \tag{1.3.33}$$

即多变过程的技术功是体积功的 n 倍。

取比热容为定值时,理想气体多变过程的热力学能变化量可表示成 $\Delta u = c_V(T_2 - T_1)$,所以多变过程的热量为

$$q = \Delta u + w = c_V(T_2 - T_1) + \frac{R_g}{n-1}(T_1 - T_2)$$

$$= c_V(T_2 - T_1) - \frac{\kappa-1}{n-1} c_V(T_2 - T_1) = \frac{n-\kappa}{n-1} c_V(T_2 - T_1) \tag{1.3.34}$$

根据比热容的定义式,定值比热容时,热量可按 $q = c_n(T_2 - T_1)$ 计算,将它与式 (1.3.34)比较,显然,多变过程的比热容为

$$c_n = \frac{n - \kappa}{n - 1}c_V \qquad (1.3.35)$$

可见,当 n 取不同数值时,q 有不同的数值。以四个基本热力过程为例:

当 $n = 0$ 时,为定压过程,$c_n = \kappa c_V = c_p$;

当 $n = 1$ 时,为定温过程,$c_n = \infty$(无意义),这是因为在定温过程中,外界无论与系统交换多少热量,气体的温度均不发生变化;

当 $n = \kappa$ 时,为绝热过程,$c_n = 0$,这是因为绝热过程中,气体温度的升高仅是外界做功的结果;

当 $n = \pm \infty$ 时,为定容过程,$c_n = c_V$。

从式(1.3.35)还可看出,因为 $c_V > 0$,当 $1 < n < \kappa$ 时,c_n 为负值。这说明气体吸热而温度下降,这是因为对外界做的功大于气体吸收的热量,因而气体的热力学能减少;或者气体放热而温度升高,这是因为外界对气体做的功大于气体放出的热量,因而气体的热力学能增加。

下面考察多变过程能量关系规律,即过程中功和热量的比值 w/q。由式(1.3.31)和式(1.3.34)可知:

$$\frac{w}{q} = \frac{\frac{\kappa - 1}{n - 1}c_V(T_1 - T_2)}{\frac{n - \kappa}{n - 1}c_V(T_2 - T_1)} = -\frac{\kappa - 1}{n - \kappa} \qquad (1.3.36)$$

由式(1.3.36)可得到多变过程中热功转换的程度。如已知某双原子理想气体($\kappa = 1.4$)多变过程的多变指数 $n = 0.4$,则有 $w/q = 0.4$,相当于热功转换效率为 40%。

三、多变过程在 $p - v$ 图和 $T - s$ 图上的表示

将前述四种典型热力过程绘在同一 $p - v$ 图和 $T - s$ 图上,如图 1.3.5 所示。不难发现多变指数 n 在坐标图上的分布是有规律的,由 $n = 0$ 开始沿顺时针方向看,n 由 $0 \to 1 \to \kappa \to \infty$,是逐渐增大的,因而,对于任意一多变过程,只要知道其多变指数的值,就能确定该过程在 $p - v$ 图和 $T - s$ 图上相对位置。原则上 n 可为 $-\infty \sim +\infty$ 之间的任意实数。

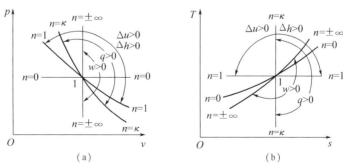

图 1.3.5 多变过程在 $p - v$ 图和 $T - s$ 图上的表示

在 $p-v$ 图上各热力过程曲线的斜率可由式(1.3.27)的微分求导得到,即

$$npv^{n-1}dv + v^n dp = 0$$

故

$$\left(\frac{\partial p}{\partial v}\right)_n = -n\frac{p}{v}$$

由此可见,多变指数 n 值越大,多变过程在 $p-v$ 图上的斜率的绝对值也越大。当 $n=0$ 时,斜率 $dp/dv=0$,此即定压过程,在 $p-v$ 图上是一平行于 v 轴的水平直线。当 n 值逐渐增大时,斜率的绝对值也逐渐增大,直到 $n=\infty$ 时,斜率 $dp/dv=\infty$,此即定容过程,在 $p-v$ 图上是一条垂直于 v 轴的直线。又因定熵过程 $n=\kappa$ 与定温过程 $n=1$ 相比,n 值较大,因此,$\left|\left(\frac{\partial p}{\partial v}\right)_s\right| > \left|\left(\frac{\partial p}{\partial v}\right)_T\right|$,在 $p-v$ 图上,定熵线比定温线要陡些。

在 $T-s$ 图上,各过程线的斜率可由 $\delta q = Tds$ 和 $\delta q = c_n dT$ 求得,显然

$$\frac{dT}{ds} = \frac{T}{c_n} = \frac{T}{c_v}\frac{n-1}{n-\kappa}$$

由上式可见,当 $n=1$ 时,$dT/ds=0$,即定温过程,在 $T-s$ 图上为一平行于 s 轴的水平直线。当 $n=\kappa$ 时,$dT/ds=\infty$,即定熵过程,在 $T-s$ 图上为一垂直于 s 轴的直线。对于定容过程 $n=\pm\infty$,$c_v=c_n$,故 $dT/ds=T/c_v$。对于定压过程 $n=0$,$c_n=c_p$,故 $dT/ds=T/c_p$。又因为 $c_p > c_v$,所以 $(\partial T/\partial s)_v > (\partial T/\partial s)_p$。因此,在 $T-s$ 图上定容线比定压线要陡些。

根据过程线在 $p-v$,$T-s$ 上所处的位置,可从坐标图上判断过程中 $w,q,\Delta u$(或 Δh)的正负(见图1.3.5)。

过程中体积功的正负以定容线为分界,位于定容线右侧区域($p-v$ 图)或右下方区域($T-s$ 图)的各过程,$w>0$ 为膨胀过程;反之,$w<0$ 为压缩过程。

过程热量 q 的正负以定熵线为分界,位于定熵线右上方区域($p-v$)或右侧区域($T-s$ 图)的各过程,$\Delta s>0$,$q>0$ 为吸热过程;反之,$\Delta s<0$,$q<0$ 为放热过程。

热力学能、焓的增减以定温线为分界线,因为理想气体 $\triangle T$ 的正负亦即 Δu,Δh 的正负。位于定温过程线右上方区域($p-v$ 图)或上方区域($T-s$ 图)的各过程,$\Delta T>0$,则有 $\Delta u>0$,$\Delta h>0$,热力学能、焓是增大的过程;反之,则 $\Delta T<0$,故 $\Delta u<0$,$\Delta h<0$,热力学能、焓是减小的过程。

根据以上的分析,明确了多变指数 n 在热力参数坐标图上的分布是有一定规律的。根据此规律,对某一已知热力过程,就可大致确定它在 $p-v$ 图和 $T-s$ 图上的位置,且不必经过计算,即可定性指出过程中能量转换的关系。例如,已知某一过程的 n 值为 $\kappa > n > 1$,则在 $p-v$ 图和 $T-s$ 图上对应的曲线位置应在定熵线 $n=\kappa$ 与定温线 $n=1$ 之间。若又知该过程中工质的终态压力低于初态,则该过程曲线位置必然自左向右延伸。因此,由图不难看出该过程中能量转换关系应为 $w>0$,$\Delta u<0$,$q>0$,意即工质经历该过程时,不仅由外界吸热,同时又降低本身的热力学能,全部转变为对外膨胀所做的功。

在已知热力过程中能量交换的方向时,利用多变过程的 $p-v$ 图和 $T-s$ 图上也可确定多变指数的取值范围。例如,若已知理想气体某多变过程中,气体膨胀且放热,则根据 $w>0$ 可知该过程应在定容线的右侧($p-v$ 图上)或右下方($T-s$ 图上),再根据 $q<0$ 可知该过程曲线应在绝热线的左上方($p-v$ 图上)或左侧($T-s$ 图上)。两者的交叉区域即为多变指数的取值范围,即有 $\kappa < n$。

【例1.3.3】 1 kg 空气在多变过程中吸收 41.87 kJ 的热量后,其体积增大为原来的 10

倍,压力降低为原来的 1/8。设空气 $c_V = 0.716\ \text{kJ}/(\text{kg}\cdot\text{K})$,$\kappa = 1.4$,求:

(1)过程中空气的热力学能变化量;

(2)空气对外所做的膨胀功及技术功。

解 (1)由理想气体状态方程式

$$p_1 v_1 = R_g T_1,\quad p_2 v_2 = R_g T_2$$

得

$$\frac{T_2}{T_1} = \frac{p_2}{p_1},\quad \frac{v_2}{v_1} = \frac{10}{8}$$

多变指数

$$n = \frac{\ln(p_1/p_2)}{\ln(v_2/v_1)} = \frac{\ln 8}{\ln 10} = 0.903$$

多变过程中气体吸取的热量为

$$q_n = c_n(T_2 - T_1) = c_V \frac{n-\kappa}{n-1}(T_2 - T_1)$$

$$= c_V \frac{n-\kappa}{n-1}\left(\frac{10}{8} T_1 - T_1\right) = \frac{1}{4} c_V \frac{n-\kappa}{n-1} T_1$$

故

$$T_1 = 4\frac{n-1}{n-\kappa}\frac{q_n}{c_V} = \frac{4 \times (0.903 - 1) \times 41.87}{(0.903 - 1.4) \times 0.716}\ \text{K} = 45.7\ \text{K}$$

$$T_2 = \frac{10}{8} T_1 = 57.1\ \text{K}$$

气体热力学能变化量为

$$\Delta u_{12} = c_V(T_2 - T_1) = 0.716 \times (57.1 - 45.7)\ \text{kJ/kg} = 8.16\ \text{kJ/kg}$$

(2)由闭口系统能量方程可得膨胀功为

$$w_{12} = q_n - \Delta u_{12} = 41.87\ \text{kJ/kg} - 8.16\ \text{kJ/kg} = 33.71\ \text{kJ/kg}$$

技术功为

$$w_1 = n w = 0.903 \times 33.71\ \text{kJ} = 30.44\ \text{kJ/kg}$$

思考与练习题

1. 状态参数热力学能、焓、熵如何计算? 它们都是温度的单值函数吗?

2. 如果某气态物质的状态方程式遵循 $pv = RT$,这种物质的比热容一定是常数吗? 这种物质的比热容仅仅是温度的函数吗?

3. 理想气体的 c_p 与 c_V 哪个大,为什么? c_p 与 c_V 之差和 c_p 与 c_V 之比是否在任何温度下都等于一个常数?

4. 如果理想气体的真实比热容 c 是温度的单调增函数,当 $t_1 > t_2$ 时,则平均比热容 $c_{\text{m}}\big|_0^{t_1}$,$c_{\text{m}}\big|_0^{t_2}$,$c_{\text{m}}\big|_{t_1}^{t_2}$ 三者中哪个最大,哪个最小?

5. 在 $T - s$ 图上,当比体积和压力增加时,定容线和定压线分别向什么方向移动? 请说明理由。

6. 定容过程中的热量等于过程终态与初态的热力学能差,定压过程中的热量等于过程终态与初态的焓差,这些结论适用于什么工质? 与过程的可逆与否有无关系,为什么?

7. 如图 1.3.6 所示,今有两个任意过程 1—2 及 1—3,2 点及 3 点在同一绝热线上,试问 Δu_{12} 与 Δu_{13} 哪个大? 若设 2 点及 3 点在同一定温线上,结果又如何?

8. 如图 1.3.7 所示,1—2、4—3 为定容过程,2—3、1—4 为定压过程。试画出相应的 $T-s$ 图,并确定 q_{123} 和 q_{143} 哪个大。

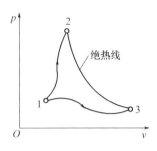

图 1.3.6 题 7 用图

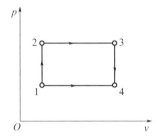

图 1.3.7 题 8 用图

9. 试讨论 $1 < n < \kappa$ 的多变膨胀过程中气体温度的变化方向以及气体与外界热传递的方向,并用热力学第一定律加以解释。

10. 试分别在 $p-v$ 图和 $T-s$ 图上画出下列几个变化过程的相应过程曲线,并注明多变指数的取值范围。(1)工质膨胀又升压;(2)工质受压缩,又升温,又放热;(3)工质受压缩,又升温,又吸热;(4)工质受压缩,又降温,又降压;(5)工质又吸热,又降温,又降压;(6)工质又放热,又膨胀,又降温。

11. 某船从气温为 23 ℃ 的港口领来一瓶体积为 0.04 m^3 的氧气,氧气瓶上压力表的读数为 150 bar。该氧气瓶长期未经使用,检查时发现氧气瓶上压力表所示压力升到 152 bar,当时储气室的温度为 17 ℃,当时当地的大气压为 760 mmHg。问该氧气瓶是否漏气? 如果漏气,试计算漏去的氧气量。

12. 某活塞式压气机向体积为 9.5 m^3 的储气箱中充入压缩空气。压气机每分钟从压力为 $p_0 = 760$ mmHg,温度为 $t_0 = 15$ ℃ 的大气中吸入 0.2 m^3 的空气。若充气前储气箱压力表的读数为 0.5 bar,温度为 $t_1 = 17$ ℃。问经过多少分钟后压气机才能将储气箱内气体的压力提高到 $p_2 = 7$ bar,温度升为 $t_2 = 50$ ℃。

13. 有一种理想气体,初始时 $p_1 = 520$ kPa,$v_1 = 0.142$ m^3,经过某种状态变化过程,终态 $p_2 = 170$ kPa,$v_2 = 0.274$ m^3,过程中焓值降低了,$\Delta H = -67.95$ kJ,设比热容为定值,$c_v = 3.123$ kJ/(kg·K)。求:(1)过程中热力学能的变化;(2)质量比定压热容;(3)气体常数 R_g。

14. 氧气在体积为 0.5 m^3 的容器中。从温度为 27 ℃ 被加热到 327 ℃,设加热前氧气压力为 0.6 MPa,求加热量 Q_v。(1)按定值比热容计算;(2)按比热容直线关系式进行计算;(3)按平均比热容曲线关系进行计算。

知识链接

《2013—2017 年锅炉行业竞争格局与投资战略研究咨询报告》摘要

伴随我国国民经济的蓬勃发展,近年来工业燃煤锅炉制造业取得了长足的进步。其突出成效是,行业标准日益规范,技术水平逐步提高,产品品种不断增加,经济规模显著扩大。然而,在行业高速发展的过程中,也付出了很大的资源和环境代价。随着我国对安全、节能和环保方面的要求逐年提高,如何在推进行业健康稳步发展、确保工业燃煤锅炉安全运行的形势下,进一步加速推进节能减排工作的开展,已成为工业锅炉行业未来发展面临的新课题和严峻挑战。

我国立式锅炉制造业经历了数十年的发展,特别是改革开放推进行业驶上发展的快车道。由于市场需求的不断加大,生产企业数量增加较快,行业规模不断扩大。据统计,截至2011 年底,全国持有各级锅炉制造许可证的企业为 1 555 家,其中国家质检总局批准的达1 205 家,地方省、局批准的达 350 家,可以提供各种不同压力等级和容量的锅炉,满足当前我国市场的需求。纵观工业锅炉行业的发展,虽成绩斐然,但仍有隐忧。

首先,行业总体技术水平有待提高。目前行业中仍存在生产厂家过多、生产分散,多数企业生产能力较为低下、企业间发展不均衡、生产集中度不高等问题。经调查,虽然大部分企业通过转换经营机制,使企业活力有效提升、市场反应能力明显增强,但部分企业仍然缺少长期发展战略,致使企业自主开发和创新能力不强、投入不足,导致产品开发的档次和水平依然不高,产品性能质量没有显著提高。显而易见的问题是,市场竞争处于低级化,行业总体技术水平、经济效益提高不快。其次,能源浪费现象严重。我国的能源结构以煤为主,量大面广的工业燃煤锅炉要消耗大量的煤炭,同时也是我国主要的煤烟型污染源。据中国电器工业协会工业燃煤锅炉分会调查分析:我国目前在用燃煤工业燃煤锅炉 47 万余台,每年消耗标准煤约 4 亿吨,约占我国煤炭消耗总量的四分之一。然而,燃煤工业燃煤锅炉平均运行效率仅达 65% 左右,这一指标比国际先进水平低 15 ~ 20 个百分点。行业节能潜力巨大,着眼未来发展,节能减排既是工业锅炉行业的当务之急,更是长远战略要务。

工业燃煤锅炉在国民经济和社会发展中的地位和重要性尽人皆知。但同时,全行业所耗用的能源量之大,烟尘、二氧化硫、二氧化碳、氧化物排放量占全国相应排放量比例之高的现状,不仅说明目前工业燃煤锅炉行业的节能、环保指标与建设资源节约型和环境友好型社会的目标有较大差距,而且充分说明行业节能潜力巨大。节能减排是一个世界性难题,也是全世界共同关注的话题。近年来,在我国经济的高速发展进程中,能源利用率低、消费结构不合理、供需矛盾加剧等问题日益突出,生态环境恶化与经济发展的矛盾加剧,在很大程度上制约了经济持续快速健康发展。长期以来,太康县永兴锅炉有限责任公司与相关院校、设计院所密切合作,形成了从产品开发、制造销售、设备选型、工程项目策划、设计及设备安装、系统调试、维护保养到操作人员培训等完整的经营体系,可为用户提供方便快捷的全方位服务。

"十二五"规划之后,国家对环保产业的要求逐渐严格起来,许多行业企业开始淘汰传统粗放型的生产模式,转向环保设备的研发推广中,环保设备一度成为促进行业发展的关键因素。传统燃煤工业锅炉已被广泛应用在国民经济的发展中,但是由于燃煤锅炉在使用过程中会产生大量的废尘废气,对环境有着负面的影响,各地市加快了治理与改造高污染低效率锅炉设备的步伐。例如,燃煤锅炉、小型煤炭锅炉。此类锅炉分散广泛,且价格低廉,在短时间内实现更新换代并不现实,一并去除也不合理。多数地市按照了"引逼结合"的原则,以控制使用高污染燃料等措施为主,综合采用严格的执法与监管,以及发放相应资金补贴,加快此类锅炉的更新与淘汰。

从未来的发展来看,节能减排是锅炉行业发展的当务之急,锅炉从业人员和新能源锅炉企业将成为此次大规模整改中的受益群体。在社会大环境趋势下,我国新能源锅炉科研有了显著成绩,但离行业需求还有很大一段距离。在并不理想的锅炉市场中,进口产品来势汹汹,大有抢滩中原之势,要想稳定企业市场,必然要加强新产品的研发力度,同时提升产品的技术水平,以增加经济效益,促进行业企业稳步发展。目前锅炉行业面临的发展瓶颈以引起相关从业人员的重视,提高锅炉品质,增强环保性能,找出符合中国国情的整改道路,已成为迫在眉睫的要事。中国锅炉网认为,锅炉改造不仅承担着完成环保"十二五"规划的重要任务,并且有着巨大的潜在经济利益,更是相关自主品牌壮大的大好时机。

本研究咨询报告由中研普华咨询公司领衔撰写,在大量周密的市场调研基础上,主要依据了国家统计局、国家发改委、国务院发展研究中心、国家海关总署、国家商务部、中国工业联合会、中国机械工业联合会、中国通用机械工业协会、中国行业研究网以及国内外相关报纸杂志等公布和提供的大量资料,着重对我国锅炉行业的发展态势,包括市场供给与需求情况、进出口情况、锅炉重点子行业、市场需求特点、行业竞争态势以及世界锅炉市场发展状况等进行了分析,对锅炉行业的市场需求及技术发展趋势进行了研判。报告数据丰富及时、图文并茂,还对国家相关产业政策进行了介绍和趋向研判,是锅炉生产企业、科研单位、经销企业等单位准确了解当前中国锅炉市场发展动态,把握企业定位和发展战略方向不可多得的决策参考资料,同时对银行信贷部门也具有极大的参考价值。

循环流化床锅炉的历史、现状及发展趋势

一、循环流化床锅炉的发展历程

新一代的循环流化床锅炉真正得到应用始于 20 世纪 70 年代末 80 年代初。1979 年,芬兰奥斯龙(Ahlsltrom)公司开发的世界首台 20 t/h 商用循环流化床锅炉投入运行。随后,1982 年,德国鲁奇(Lurgi)公司开发的世界上首台用于产汽与供热的循环流化床(84MWth)建成投运。至此,循环流化床技术开始迅速发展。2009 年,即发展到 460 MW 超临界参数锅炉。可见这种技术的巨大经济效益、环保效益,以及各国政府对此项技术的重视。

我国对循环流化床锅炉的研究方面,虽然起步较晚,但政府高度重视,所以,发展非常迅速。1987 年,中科院工程热物理所与原开封锅炉厂联合,生产出中国第一台循环流化床锅炉,并在原开封中药厂(现在的天地药业)投入运行,取得了循环流化床锅炉在中国零的突破。20 多年后的今天,该台锅炉还在稳定运行,对该企业的发展起到了巨大的推动作用。1987 年之后,几乎所有与热工程有关的科研院校,如清华大学、浙江大学、华中理工大学、西安交通大学和西安热工研究院等,都投入到循环流化床锅炉的研发当中,各锅炉制造厂先后开发出 20 t/h、35 t/h、65 t/h、75 t/h、130 t/h 及 220 t/h 等中、小型循环流化床锅炉,通过多年的发展,我国在中、小型循环流化床技术方面已经相当成熟,并相继开发出具有自主知识产权的 100 MW、135 MW、150 MW 及 200 MW 等级的循环流化床锅炉,并在全国范围内大量投运。

从中可以看出,循环流化床锅炉,是中国锅炉行业的发展趋势,其他类型的锅炉,必将被循环流化床锅炉所取代。对此,国家有较为明确的表述。《中华人民共和国国民经济和社会发展第十一个五年规划纲要》明确要求:"低效燃煤工业锅炉(窑炉)改造——采用循环流化床、粉煤燃烧等技术改造或替代现有中小燃煤锅炉(窑炉)"。

二、我国能源的基本构成决定了其地位

我国是产煤大国,也是用煤大国,一次能源结构中,煤炭占70%左右,优中质煤、劣质煤均丰富。全国煤产量的25%是含硫量超过2%的高硫煤。优质煤集中在华北、西北,劣质煤多分布在中南、西南地区。目前积存下来的煤矸石达14亿吨,并以每年6千万吨到7千万吨的数量增加。与此同时,因煤燃烧每年有大量的SO_2和NO_x排入大气,造成严重的环境污染。另一方面,由于中国仍然是一个发展中国家,其经济条件决定它不能保证所有电站都能安装占电站总投资的1/5到1/4的昂贵的除硫及除硝设备,结果导致了严重的大气污染。

因此发展高效、低污染的清洁燃烧技术是当今社会持续发展的必然要求。

三、"循环""流化床"的基本含义

燃料随床料在炉内多次循环,反复燃烧。这是"循环"二字的来历。煤预先经破碎加工成一定大小的颗粒(一般为<8 mm)而置于布风板上,空气通过布风板由下向上吹送,当气流速度增大并达到某一较高值时,气流对煤粒的推力恰好等于煤粒的重力,煤粒开始飘浮移动。如气流速度继续增大,所有的煤粒、灰渣纷乱混杂,上下翻腾不已,颗粒和气流之间的相对运动十分强烈,处于"流动状态"。这是"流化"二字的由来。循环流化床锅炉原理图如图1所示。

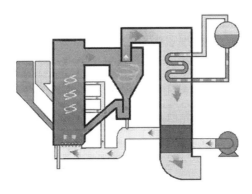

图1 循环流化床锅炉原理图

四、环保、节能的效果是如何实现的

1. 几乎适应所有煤种

在循环流化床锅炉中按质量计,燃料仅占床料的1%~3%,其余是不可燃的固体颗粒,如脱硫剂、灰渣等。因此,加到床中的新鲜煤颗粒被相当于一个"大蓄热池"的灼热灰渣颗粒所包围。由于床内混合剧烈,这些灼热的灰渣颗粒实际上起到了无穷的"理想拱"的作用,把煤料加热到着火温度而开始燃烧。在这个加热过程中,所吸收的热量只占床层总热容量的千分之几,因而对床层温度影响很小,而煤颗粒的燃烧,又释放出热量,从而能使床层保持一定的温度水平,这也是流化床一般着火没有困难,并且煤种适应性很广的原因所在。

所以循环流化床锅炉几乎可以燃用一切种类的燃料并达到很高的燃烧效率。其中包括高灰分、高水分、低热值的劣质燃料,如泥煤、褐煤、油页岩、炉渣、木屑、洗煤厂的煤泥、洗矸、煤矿的煤矸石等以及难于点燃和燃尽的低挥发分燃料,如贫煤、无烟煤、石油焦和焦

岩等。

2. 脱硫效果明显

循环流化床锅炉正常运行时床温控制在 850 ℃ ~950 ℃,同时根据燃煤特性以一定的 Ca/S 向炉内加入石灰石粉作为脱硫剂,在燃烧的过程中脱去燃烧生成的 SO_2,而石灰石粉在 850 ℃ ~950 ℃ 范围内脱硫效率最高,所以循环流化床锅炉采用 850 ℃ ~950 ℃ 燃烧温度可以达到较高的脱硫效率。同时循环流化床在 850 ℃ ~950 ℃ 燃烧温度下能有效地抑制热反应型 NO_x 的生成,再加上采用了分级燃烧方式送入二次风,又有效地控制了燃料型 NO_x 的生成。只要操作得当,运行平稳,可以控制 NO_x 的排放量小于 200 ~300 mg/Nm^3,其生成量仅为煤粉炉的 1/4 ~1/3。

3. 燃烧效率高

由于循环床内气 - 固间有强烈的炉内循环扰动,强化了炉内传热和传质过程,使刚进入床内的新鲜燃料颗粒在瞬间即被加热到炉膛温度(≈850 ℃),并且燃烧和传热过程沿炉膛高度基本可在恒温下进行,因而延长了燃烧反应时间。燃料通过分离器多次循环回到炉内,更延长了颗粒的停留和反应时间,减少了固体不完全燃烧损失,从而使循环床锅炉可以达到 88% ~95% 的燃烧效率,可与煤粉锅炉相媲美。

4. 负荷调节快

由于其物料循环量可调节,所以循环流化床锅炉具有良好的负荷调节性能和低负荷运行性能。

5. 操作简单

循环流化床锅炉的给煤粒度一般小于 10 mm,因此与煤粉锅炉相比,燃料的制备破碎系统大为简化。循环流化床锅炉燃料系统的转动设备少,主要有给煤机、冷渣器和风机,较煤粉炉省去了复杂的制粉、送粉等系统设备,较链条炉省去了故障频繁的炉排部分,给燃烧系统稳定运行创造了条件。

6. 不易磨损

循环流化床锅炉的床内不布置埋管受热面,因而不存在埋管受热面易磨损的问题。此外,由于床内没有埋管受热面,启动、停炉、结焦处理时间短,可以长时间压火等。

任务四　热力学第二定律

▶任务提要

本任务阐明由大量现象总结出来的有关热过程的共同特性——实际热过程不可逆。这一结论反映了热力学第二定律的实质。本任务介绍了历史上关于这一定律的不同表述及由此做出的一些重要推论,用熵函数给出了它的数学表达式,介绍了熵方程并举例说明了该定律的应用。

▶任务要求

(1)充分认识和理解热力学第二定律的实质是说明"任何涉及热现象的宏观过程都是不可逆的"。这是热过程区别于其他物理过程的重要特征,也是热力学能成为一门独立学科的依据。

（2）明确历史上关于热力学第二定律的种种说法具有一致性，且由此做出的种种推论与这些说法完全等效。

（3）充分认识卡诺循环的意义，了解热功转换的效率是由卡诺循环效率限制的。

（4）了解熵函数的含义、性质，利用熵函数所做出的热力学第二定律的数学表达式 dS_{iso} ≥0，及熵增能量贬值原理。懂得在不同情况下如何正确地写出过程的熵方程，计算熵变化、熵流和熵产，并用它进行过程的热力学分析。

（5）了解热力学第二定律对实践的指导意义及其工程应用。掌握运用理论分析解决实际问题的方法。

自然界中的一切热力过程在发生时，必然遵循热力学第一定律，即能量的传递和转换必然满足能量在"数量"上的守恒。然而任何一个不违反热力学第一定律的热力过程是否都是能够实现的呢？事实并非如此，遵循热力学第一定律的热力过程未必一定都能够发生，这是因为涉及热现象的热力过程都具有方向性。在生产实践中，不仅需要分析热力过程中能量转换的数量关系，而且往往首先需要判断过程能否进行。揭示热力过程进行的方向、条件和限度这一普遍规律的是独立于热力学第一定律之外的热力学第二定律，它和热力学第一定律一起共同构成热力学的理论基础。

本任务将阐明热力学第二定律的基本内容，并将热力学第二定律用于研究热功转换，研究如何预测热功转换的最佳效果，由此所得的结论对于研究能量的有效利用有很重要的指导意义。

单元 1　热力循环

● **学习目标**

（1）了解热力循环的分类。

（2）掌握正向循环及其效率、逆向循环和工作系数。

（3）能正确判定可逆过程和不可逆过程。

● **重点内容**

识别可逆过程和不可逆过程。

热力学第二定律是人们根据使用热机的实践以及对热现象的研究，总结所得的经验定律。为便于理解这个定律，先讨论有关热机循环的一些知识。

由前面的学习我们知道，通过工质的膨胀，可以使热能转换为机械能，但要使热能连续不断地转变为机械能，仅有一个膨胀过程是没有任何实用意义的，任何一个膨胀过程都不可能无休止地进行下去，随着工质的膨胀，其参数将变化到不宜再做功的地步，而且机器的尺寸总是有限的，也不允许工质无限制地膨胀。因此，为了能持续不断地做功，必须在工质膨胀做功到某一地步后，设法使它回到原来的状态重新获得做功能力，然后再膨胀做功，这样一再重复这些过程，循环不止，才能连续不断地将热能转变成机械能。如绪论中所述的蒸汽动力装置，水先在锅炉中吸热变成高温高压的过热蒸汽，然后被送入汽轮机内膨胀做功，做功后的乏汽排入凝汽器中放热凝结成水，最后水经水泵升压，重新回到锅炉，再按相

同的路径经历吸热、膨胀、放热、压缩等一系列过程,周而复始地循环工作,就可连续不断地对外输出功。

工质从某一初态出发,经历一系列的状态变化后又回到初态的热力过程,称为热力循环,简称循环。

对于循环来说,由于工质回复到原来的状态,所以整个循环在参数坐标图上表示为一条封闭的曲线,如图 1.4.1 所示。而且,经历一个循环后,工质的任意一个状态参数的变化量都等于零,可用数学式表示为

$$\oint \mathrm{d}x = 0$$

式中,x 为任意一个状态参数,$\oint$ 为循环积分符号。

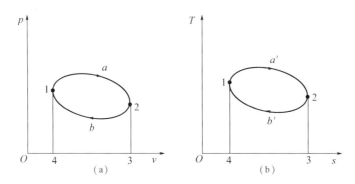

图 1.4.1 正向循环在 $p-v$ 图和 $T-s$ 图上的表示

如果组成循环的全部热力过程都是可逆过程,则该循环就称为可逆循环;如果循环中包含有不可逆过程,则该循环就称为不可逆循环。

根据循环进行的方向和效果不同,可以将循环分为正向循环和逆向循环两大类。

一、正向循环

正向循环的任务是将热转变为功。各种热机中所实施的循环都是正向循环,故也称为热机循环。

如图 1.4.1(a)所示的 $p-v$ 图,设有 1kg 工质先从状态 1 经 1a2 膨胀过程到达状态 2,过程中工质对外做膨胀功 W_{1a2},其大小可以用 1a2 过程线下的面积 1a2341 来表示。为使工质回复到初态,再对工质进行压缩,使其从状态 2 经历 2b1 压缩过程回到状态 1,过程中工质消耗压缩功 W_{2b1},其大小也可用 2b1 过程线下的面积 2b1432 来表示。

显然,为了使循环能对外输出功量,正向循环中膨胀过程所做的膨胀功 W_{1a2} 应大于压缩过程所消耗的压缩功 W_{2b1},也就是使工质在较高的压力下膨胀,在较低的压力下被压缩,因此,在组织循环的热力过程时,可令工质在膨胀前吸热,在压缩前放热,这样,正向循环在 $p-v$ 图上的膨胀线便高于压缩线,循环按顺时针方向进行。

膨胀功 W_{1a2} 与压缩功 W_{2b1} 之差才是正向循环可供输出利用的功,称其为循环净功 W_0,也称为循环的有用功。在 $p-v$ 图上,循环净功的大小为循环曲线 1a2b1 所包围的面积。

正向循环也可用 $T-s$ 图表示。如图 1.4.1(b)所示,图中吸热过程线和放热过程线下的面积 1a'2341、2b'1432 分别代表工质在吸热过程中的吸热量 Q_1 和放热过程中的放热量

Q_2,二者之差称为循环的净热量,也称为循环的有效热,用 Q_0 表示。即

$$Q_0 = Q_1 - Q_2$$

在 $T-s$ 图上,循环曲线所包围的面积为循环净热量 Q_0 的大小。

对于一个循环,由于工质回复到原来的状态,所以热力学能的变化量应为零,即 $\Delta U = 0$,故根据热力学第一定律,则有

$$W_0 = Q_1 - Q_2 \qquad (1.4.1)$$

对于正向循环,$Q_0 = W_0 > 0$,则 $Q_1 > Q_2$。因此,在 $T-s$ 图上,吸热过程线必高于放热过程线,即工质在高温下吸热,在低温下放热,循环按顺时针方向进行。

综上所述,在正向循环中,工质从热源吸热 Q_1,将其中的一部分热量 $Q_0 = Q_1 - Q_2$ 转换为有用功 W_0,其余部分热量 Q_2 则由工质传递给冷源。上述能量转换关系可概括为图1.4.2。

显然,正向循环中工质从热源吸收的热量不可能全部转变为机械能,我们把正向循环变热能为机械能的有效程度称为循环的热效率,用 η_t 表示。循环的热效率 η_t 等于循环净功 W_0 与循环中工质从热源吸入的热量 Q_1 之比,即

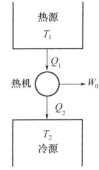

图1.4.2 热机的能量
转换关系图

$$\eta_t = \frac{W_0}{Q_1} = \frac{Q_1 - Q_2}{Q_1} \qquad (1.4.2)$$

循环的热效率是衡量正向循环热经济性的重要指标,其值越大表示循环的经济程度越高。

在 $T-s$ 图上,η_t 可用相应的面积之比来表示,如图 1.4.1(b) 所示。η_t 等于循环曲线所包围的面积 $1a'2b'1$ 和吸热过程线下的面积 $1a'2341$ 之比。在后面的学习中,我们将继续利用 $T-s$ 图,定性地分析和比较各种热力循环的热效率。

二、逆向循环

如果循环中压缩过程所消耗的功大于膨胀过程所做的功,循环的总效果不是产生功而是消耗外界的功,这样的循环称为逆向循环。在 $p-v$ 图上,逆向循环的压缩线高于膨胀线,循环按逆时针方向进行,如图 1.4.3(a) 所示。

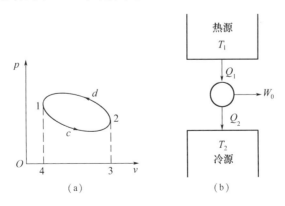

图1.4.3 逆向循环示意图

逆向循环消耗外界的功的目的,是把热量从低温物体取出并排向高温物体。

如图 1.4.3 (b)所示为按逆向循环工作的机器,循环消耗功 W_0,从冷源吸取热量 Q_2,连同循环净功转换而来的热($Q_0 = W_0$)一起传给热源,即 $Q_1 = Q_2 + W_0$。

制冷装置和热泵都是按逆向循环来工作的。

逆向循环用于制冷机时,制冷机消耗机械能使热量从温度较低的冷藏库或冰箱中排向温度较高的大气。

逆向循环用于热泵时,热泵消耗机械能使热量从温度较低的大气中排向温度较高的室内以供暖。

单元2　热力学第二定律

● **学习目标**

(1)了解热力过程的方向性与不可逆性。

(2)掌握热力学第二定律的几种表述的实质。

● **重点内容**

热力学第二定律的几种表述的实质。

一、自发过程的方向性和不可逆性

在工程实践和日常生活中,经常见到这样一些过程,它们不需要任何补充条件,就可以自发地进行。这种不需任何外界帮助就能自动进行的过程称为自发过程,反之为非自发过程。

自发过程都具有一定的方向性,都是不可逆的。

例如,一个烧红了的铁块,放在空气中便会逐渐冷却。显然,热能从铁块散发到周围空气中了,周围空气获得的热量等于铁块放出的热量,这完全遵守热力学第一定律。现在设想这个已经冷却了的铁块自发地从周围空气中收回那部分散失的热量,重新炽热起来。这样的反过程虽然并不违反热力学第一定律,但经验告诉我们,它是不会实现的。这说明,热量可以自发地从高温物体传向低温物体,但其逆向过程却不会自动发生,即一定温差作用下的传热过程是不可逆的。

又如,一个转动的飞轮,如果没有外力作用,它的转速就会逐渐减低,最后停止转动。显然飞轮原先具有的动能由于摩擦变成了热能散发到周围空气中去了,飞轮失去的动能等于周围空气获得的热能,这完全遵守热力学第一定律。但是反过来,周围空气是否可以自动将原先获得的热能重新变为动能还给飞轮使它再次转动起来呢?经验告诉我们,尽管这样的过程并不违反热力学第一定律,但却是不可能实现的。这说明,机械能可以通过摩擦自发地全部变为热能,但其逆向过程却不能自发进行,即热能不能自发地全部转换为机械能。

实践证明,不仅热量传递、热功转换具有方向性,自然界的一切过程都具有方向性。如气体可以自动地由高压区流向低压区,水可以自动地由高处流向低处等,而其逆向过程则不能自发进行。这就是自发过程进行的方向性和它的不可逆性。

但这并不是说,这些自发过程的逆过程根本无法实现。事实上,制冷装置就可以将热量从低温物体传向高温物体,冰箱的压缩机就是消耗机械能而将热量从温度较低的冰箱排向温度较高的大气。但是实现这个非自发过程是需要一定代价的,即需要制冷机消耗一定的功,并使之转变为热量排给大气。同样,在热机中也是可以实现热能变为机械能的,这一非自发过程的实现是以一部分热量从热源传向冷源作为代价的。这说明,一个非自发过程的进行必须付出某种代价作为补偿条件。

二、热力学第二定律的表述

反映自发过程具有方向性和不可逆性这一规律的定律称为热力学第二定律。由于热过程的种类很多,人们可以由任意一种热力过程来阐述自发过程进行的方向性和不可逆性,因此,针对各种具体过程,热力学第二定律可有不同的表述形式。这里,只介绍关于热量传递和热功转换的几种说法。

1. 克劳修斯(R. Clausius)说法　不可能将热量自发地、不付代价地从低温物体传送到高温物体

这种说法从热量传递的角度表述了热力学第二定律,指出了传热过程的方向性。它说明热量从低温物体传至高温物体是一个非自发过程,要使之实现,必须付出一定的代价作为补偿条件。将热从低温物体传到了高温物体,其代价就是消耗功,将功变为热一起传给了高温物体。要是没有这一功变为热的补偿过程,制冷机是不可能使热量从低温物体传到高温物体的。

2. 开尔文(L. Kelvin)－普朗克(M. Plank)说法　不可能制造出一种循环工作的热机,它从单一热源吸热,使之全部转变为有用功而不产生其他任何变化

这种说法从热功转换的角度表述了热力学第二定律,指出了热功转换过程的方向性以及热转换为功所需的补偿条件。它说明,热机从热源吸取的热量中,只有一部分可以变为功,而另一部分热量必然要向外排出。也就是说,循环热机工作时不仅要有供吸热用的热源,还要有供放热用的冷源,在一部分热变为功的同时,另一部分热要从热源移至冷源。因此,热变功这一非自发过程的进行,是以热从高温移至低温来作为补偿条件的,即热机的热效率不可能达到100%。

在热力学第二定律确立以前,有人曾设想制造出一种只需要一个热源就能连续工作的机器,它试图把从单一热源吸取的热量全部转变为功,而不引起其他变化。这种机器不同于第一类永动机,它并不违反热力学第一定律的能量守恒原则,如果制造成功,就可利用海洋、大气作为单一热源,使机器无穷尽地从中吸取热量而使之全部转变为功,因此,人们称之为第二类永动机。但热力学第二定律明确指出,循环工作的热机至少要有高温、低温两个热源(即要有温度差)。所以,单一热源的热机是不可能制造成功的,热力学第二定律又可表述为"第二类永动机是不可能制成的"。

上述两种热力学第二定律的表述都是利用自发过程的逆过程来阐明自发过程的不可逆性,克劳修斯表述针对的是热量自高温物体向低温物体传递的自发过程是不可逆的,开尔文表述针对的是功转变为热的自发过程是不可逆的。虽然表述方式不同,但在指出自发过程具有方向性和不可逆性这一点上,它们是等效的。

三、热过程的方向性和能量品质的变化

考察热力学第二定律的两种热过程中能量的质的变化,可以发现,不同形式的能量具有不同的品质,能量传递与转换的方向性本身就说明了不同形式的能之间存在着质的差异。能量品质的高低,体现在它的转换能力上。如机械能或电能可以自发地全部转换为热能,说明这种形式的能转换能力较强,是品质较高的能,有时也称为高级能。热能却不能自发地全部转换为机械能或电能,说明这种形式的能转换能力较差,是品质较低的能,有时也称热能为低级能。

当机械能转换为等量的热能时,虽然能量的数量不变,但随着能量形式的变化,能的品质却下降了,即能量贬值了。即使同为热能,在不同温度水平下,其品质也不相同,高温水平下的热能的品质就较高,做功能力较强,这就是目前火电厂采用高温高压蒸汽的道理。低温水平下的热能的品质则较低,如汽轮机的乏汽在凝结时,大量的汽化潜热被循环水带走所造成的冷源损失是很大的,但由于汽轮机乏汽的温度很低,已接近环境温度,这种低温水平下的工质做功能力极小,因而这部分热能的实用价值不大。

显然,热力学第一定律只描述了热力过程进行时能量在数量上的守恒,并不涉及能量品质的高低,而热力学第二定律则通过阐明过程的方向性,对能量的质的变化加以限制,它告诉我们,凡是自发进行的过程,其结果均使能量的品质下降。

热力学第二定律与热力学第一定律一样,是建立在长期积累的无数事实的基础上的,是人类长期实践经验的总结,是符合客观实际的基本规律。

单元3 卡诺循环与卡诺定理

- **学习目标**

    (1)充分认识卡诺循环的意义,了解热功转换的效率是由卡诺循环效率限制的。

    (2)熟悉热功转换的效率与卡诺循环效率的关系。

- **重点内容**

    根据卡诺定理判断热机效率能否达到设计值。

    热力学第二定律的开尔文 – 普朗克说法说明,任何热机循环的热效率都不可能达到百分之百,那么人们自然就会提出这样一系列问题:在一定的具体条件下,热机循环的热效率最高可以达到多少? 这个热效率的最高极限取决于什么因素? 提高循环热效率的根本途径义是什么? 卡诺循环和卡诺定理回答了这些问题。

一、卡诺循环及其热效率

为了提高热机的热效率,早在1824年卡诺就提出了一种最理想的热机循环,即著名的卡诺循环。该循环是工作在两个恒温热源间的热机循环,由两个可逆的定温过程和两个可逆的绝热过程组成。如图1.4.4所示,1—2为可逆定温吸热过程,2—3为可逆绝热膨胀过程,3—4为可逆定温放热过程,4—1为可逆绝热压缩过程。

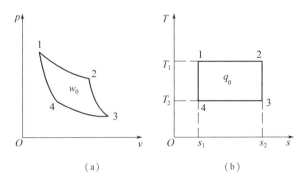

图 1.4.4　卡诺循环的 $p-v$ 图和 $T-s$ 图

设热源温度为 T_1，冷源温度为 T_2，1 kg 工质在循环中从热源吸收热量 q_1，向冷源放出热量 q_2。

根据过程特征，可得

$$q_1 = T_1(s_2 - s_1)，q_2 = T_2(s_2 - s_1)$$

循环净功和净热为

$$w_0 = q_0 = q_1 - q_2 = (T_1 - T_2)(s_2 - s_1)$$

则卡诺循环的热效率为

$$\eta_{t,c} = \frac{w_0}{q_1} = 1 - \frac{T_2}{T_1} \tag{1.4.3}$$

二、卡诺定理

卡诺循环是在两个温度不同的恒温热源间工作的最简单的可逆循环，除卡诺循环外还可以有其他可逆循环，其热效率都与卡诺循环的热效率相等，并与所采用的工质无关，这已为卡诺定理一所证明。卡诺定理除定理一外，还有定理二。现分述如下：

定理一：在两个温度不同的恒温热源之间工作的一切可逆热机，都具有相同的热效率，且与工质性质无关。

定理二：在两个温度不同的恒温热源之间工作的可逆热机的热效率恒高于不可逆热机的热效率。

综合以上结论，卡诺定理可表述为：工作在两个恒温热源 T_1 和 T_2 之间的循环，不管采取什么工质，如果是可逆的，其热效率 $\eta_{t,c} = 1 - \frac{T_2}{T_1}$；如果是不可逆的，其热效率 $\eta_{t,c} < 1 - \frac{T_2}{T_1}$。

通过分析卡诺循环和卡诺定理的内容，可得出以下重要结论：

（1）在两个恒温热源间工作的一切可逆循环，其热效率都相等，都等于相同温限间卡诺循环的热效率。其值只与热源和冷源的温度有关，而与工质的性质无关。

（2）提高热源的温度 T_1 和降低冷源的温度 T_2 是提高可逆循环热效率的根本途径。

（3）由于热源温度 T_1 不可能为无限大，冷源温度 T_2 也不可能为零，因而循环的热效率不可能达到 100%。或者说，不可能把从高温热源吸收的热量全部转变成有用功。

（4）若 $T_1 = T_2$，即热源温度和冷源温度一致（单一热源），则 $\eta_{t,c} = 0$，这说明只有一个热源的热机是不可能制造成功的，温度差是一切热机循环的必不可少的条件。

（5）在两个恒温热源间工作的一切不可逆循环，其热效率恒小于相应可逆循环的热效率。因此，尽量减少循环中的不可逆因素也是提高循环热效率的重要方法。

卡诺循环是一种理想循环，实际的循环中，不可能在等温下进行热量交换，另外还存在摩擦等不可逆损失，故实际热机不可能完全按卡诺循环工作，其热效率不可能达到卡诺热机的热效率。

尽管如此，卡诺循环和卡诺定理从理论上确定了循环中实现热变功的条件，提供了在一定的温差范围内热变功的最大限度，从原则上指明了提高实际热机热效率的基本方向，因此，对实际热力循环的完善与发展有着极重要的指导意义。

三、变温热源的可逆循环

实际循环中热源的温度常常并非恒温，而是变化的。例如，锅炉中烟气的温度在炉膛中、过热器和尾部烟道处都是不相同的。

考察如图 1.4.5 所示的变温热源的可逆循环。该循环中高温热源的温度和低温热源的温度都在连续变化之中，工质的温度在吸热和放热过程中也在连续变化，并随时保持与热源温度相等，以进行无温差的传热，保证循环可逆。为了分析和比较方便起见，对变温热源的可逆循环引入平均吸热温度和平均放热温度的概念，将其转换成等效卡诺循环进行分析。

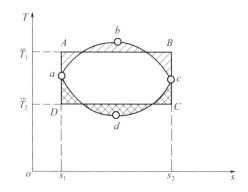

图 1.4.5　变温热源的可逆循环

如图 1.4.5 所示，循环中 abc 为吸热过程，cda 为放热过程。现针对循环的变温吸热过程 abc，假想一个温度为 $\overline{T}_1$ 的定温吸热过程 AB，使该过程的吸热量以及熵变量都和变温吸热过程 abc 的相同，即在 $T-s$ 图上，在与变温吸热过程 abc 相同的熵变之间，定温吸热过程线 AB 下的面积与变温吸热过程线 abc 下的面积相等，则该定温吸热过程的温度 $\overline{T}_1$ 就可称为变温吸热过程 abc 的平均吸热温度。显然

$$\overline{T}_1 = \frac{Q_1}{\Delta S} = \frac{\int_{abc} T \mathrm{d}S}{\Delta S}$$

同样，针对循环的变温放热过程 cda，也可以假想一个温度为 $\overline{T}_2$ 的定温放热过程 CD，使该过程的放热量以及熵变量都和变温放热过程 cda 的相同，则该定温放热过程的温度 $\overline{T}_2$ 就可称为变温放热过程 cda 的平均放热温度，即

$$\overline{T}_2 = \frac{Q_2}{\Delta S} = \frac{\int_{cda} T \mathrm{d}S}{\Delta S}$$

通常把在平均吸热温度 $\overline{T}_1$ 和平均放热温度 $\overline{T}_2$ 之间工作的相应的卡诺循环 $ABCDA$ 称为该任意变温热源的可逆循环 $abcda$ 的等效卡诺循环。因为该循环的吸热量和放热量分别与原循环的相等，故其热效率也与原循环的相等。即一个任意变温热源的可逆循环的热效率可用其等效卡诺循环的热效率来代替。

$$\eta_t = 1 - \frac{Q_2}{Q_1} = 1 - \frac{\overline{T}_2 \Delta S}{\overline{T}_1 \Delta S}$$

得
$$\eta_t = 1 - \frac{\overline{T}_2}{\overline{T}_1} \tag{1.4.4}$$

分析上式不难得到:对于任意可逆循环,工质的平均吸热温度 $\overline{T}_1$ 越高,平均放热温度 $\overline{T}_2$ 越低,则循环的热效率就越高。因此,对于实际的可逆循环,在可能的条件下,尽量提高工质的平均吸热温度 $\overline{T}_1$、降低工质的平均放热温度 $\overline{T}_2$,是提高循环热效率的根本途径。

平均温度概念的引入,使得两任意可逆循环热效率的比较十分方便,在做定性比较时无须计算,仅比较两循环的平均吸热温度和平均放热温度即可判定。

【例 1.4.1】 某热机在循环中从 $t_1 = 1\,227\ ℃$ 的恒温热源可逆吸热 $1\,200\ kJ/kg$,向 $t_2 = 27\ ℃$ 的恒温冷源可逆放热 $700\ kJ/kg$。试求:

(1)循环的热效率;

(2)循环净功;

(3)热机以卡诺循环方式工作时的热效率;

(4)该循环是否为卡诺循环?

解 (1)循环的热效率为

$$\eta_t = \frac{w_0}{q_1} = 1 - \frac{q_2}{q_1} = 1 - \frac{700}{1\,200} = 0.416\,7 = 41.67\%$$

(2)循环净功为

$$w_0 = q_1 - q_2 = 1\,200 - 700 = 500(kJ/kg)$$

(3)以卡诺循环方式工作时,循环的热效率为

$$\eta_{t,c} = 1 - \frac{T_2}{T_1} = 1 - \frac{27 + 273}{1\,227 + 273} = 0.8 = 80\%$$

(4)根据卡诺定理,因为 $\eta_t = 41.67\% < \eta_{t,c} = 80\%$,故该循环不是卡诺循环。

在火电厂的热力循环中,高温热源(炉膛内烟气)温度一般为 $1\,500\ ℃$ 左右,低温热源(凝汽器内冷却水)的温度一般在 $20\ ℃$ 左右。在上述温度范围内工作的卡诺循环的热效率为

$$\eta_{t,c} = 1 - \frac{T_2}{T_1} = 1 - \frac{20 + 273}{1\,500 + 273} = 0.835 = 83.5\%$$

而实际的热力循环中,因受金属材料性能的限制,加热不可能很高。如国产 $300\ MW$ 汽轮发电机组,蒸汽最高压力为 $17\ MPa$,蒸汽最高温度为 $565\ ℃$,循环中平均加热温度只有 $553\ K$;而凝汽器内蒸汽压力为 $0.005\ MPa$,冷却水温度受环境温度的限制,使循环中的平均放热温度为 $303\ K$ 左右。故这个实际热力循环的理论热效率仅为 45% 左右。且实际循环还存在着各种不可逆损失,其实际热效率必然更低。

通过上述分析可以发现,由于存在温差传热和各种不可逆损失,实际循环的热效率远低于相同温度范围内的卡诺循环的热效率。因此,为了提高实际循环的热效率,除了尽可能采用高参数工质外,还应采取措施,尽量减少各种不可逆损失。

【例 1.4.2】 某种工质在 $2\,000\ K$ 的高温热源与 $300\ K$ 的低温热源间进行热力循环。循环中 $1\ kg$ 工质从高温热源吸取热量 $100\ kJ$,求:

（1）此热量最多可转变成多少功？热效率为多少？

（2）若该工质虽在 T_1，T_2 下可逆吸热、放热，但在膨胀过程中内部存在摩擦，使循环功减少 5 kJ，此时的热效率又为多少？

（3）若吸热过程中工质与高温热源存在 125 K 的温差，循环中其他过程与（1）相同，则此循环中 100 kJ 的热量可转变为多少功？热效率又将为多少？

解 （1）由卡诺定理可知，在温度不同的两热源间工作的热机以卡诺循环的热效率为最高，故

$$\eta_{t,c} = 1 - \frac{T_2}{T_1} = 1 - \frac{300}{2\,000} = 0.85 = 85\%$$

根据 $\eta_t = \frac{w_0}{q_1}$ 可得 100 kJ 热量最多能转变的功量为

$$w_0 = q_1 \eta_{t,c} = 100 \times 0.85 = 85(\text{kJ/kg})$$

（2）

$$w = w_0 - 5 = 80(\text{kJ/kg})$$

$$\eta_t = \frac{w}{q_1} = \frac{80}{100} = 0.8 = 80\%$$

（3）由题意，工质在温度 $T'_1 = T_1 - 125 = 1\,875(\text{K})$ 下吸热，在温度 T_2 下放热，无其他内部不可逆性。则可用一个 T_2 和 T'_1 之间工作的卡诺循环代替原来的不可逆循环，其效率为

$$\eta'_{t,c} = 1 - \frac{T_2}{T'_1} = 1 - \frac{300}{1\,875} = 0.84 = 84\%$$

循环功为
$$w'_0 = q_1 \eta'_{t,c} = 100 \times 0.84 = 84(\text{kJ/kg})$$

由（2）及（3）可见，具有任何不可逆性的循环，其热效率总低于在相同两热源间工作的可逆循环的热效率。

思考与练习题

1. 自发过程是不可逆过程，则非自发过程是可逆过程。这样的说法对吗，为什么？

2. 热力学第二定律能不能说成"机械能可以全部转变为热能，而热能不能全部转变为机械能"，为什么？

3. 第二类永动机是否违反热力学第一定律？它与第一类永动机有何区别？

4. 试指出循环热效率公式 $\eta_t = 1 - \frac{Q_2}{Q_1}$ 和 $\eta_t = 1 - \frac{T_2}{T_1}$ 各自适用的范围。

5. 如图 1.4.6 所示的 $T-s$ 图上，两个循环所包围的面积相等，它们的有用功是否相等，热效率是否相等？

6. 设有一可逆热机，工作在温度为 1 200 K 和 300 K 的两个恒温热源之间。试问热机每做出 1 kW·h 功需从热源吸取多少热量，向冷源放出多少热量？热机的热效率为多少？

7. 一卡诺热机工作在 600 ℃ 和 20 ℃ 的两恒温热源

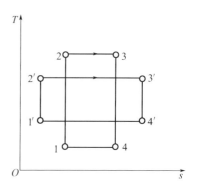

图 1.4.6 习题 5 用图

之间。设卡诺机每分钟从高温热源吸热1 000 kJ,试求:(1)卡诺机的热效率。(2)卡诺机的净输出功率为多少 kW?(3)每分钟向低温热源排出的热量。

8. 两台卡诺热机串联工作。A 热机工作在700 ℃和 t 之间;B 热机工作在 t 和 20 ℃ 之间。试计算在下述情况下的 t 值:(1)两热机输出的功相同;(2)两热机的热效率相同。

9. 一卡诺热机的热效率为40%,若它自热源吸热 4 000 kJ/h,而向 27 ℃冷源放热,试求热源的温度及循环净功。

10. 某热机在 $T_1 = 2 000$ K 的热源与 $T_2 = 300$ K 的冷源之间循环工作,在下列条件下,试根据卡诺定理判断该热机循环可能否,可逆否? (1)$Q_1 = 2 000$ kJ,$W_0 = 1 800$ kJ;(2)$Q_2 = 2 000$ kJ,$Q_1 = 2 400$ kJ;(3)$Q_1 = 3 000$ kJ,$W_0 = 2 550$ kJ。

 **知识链接**

热力学第二定律的发展与应用

热力学第二定律是人们在生活实践、生产实践和科学实验中的经验总结,它们既不涉及物质的微观结构,也不能用数学加以推导和证明,但它的正确性已被无数次的实验结果所证实。有关该定律的发现和演变历程是本文讨论的重点。热力学第二定律是有关热和功等能量形式相互转化的方向与限度的规律,进而推广到有关物质变化过程的方向与限度的普遍规律。由于在生活实践中,自发过程的种类极多,热力学第二定律的应用非常广泛。

一、热力学第二定律及发展

1. 热力学第二定律建立的历史过程

19 世纪初,巴本、纽可门等人发明的蒸汽机经过许多人特别是瓦特的重大改进,已广泛应用于工厂、矿山、交通运输,但当时人们对蒸汽机的理论研究还是非常缺乏的。热力学第二定律就是在研究如何提高热机效率问题的推动下,逐步被发现的,并用于解决与热现象有关的过程进行方向的问题。

1824 年,法国陆军工程师卡诺在他发表的论文《论火的动力》中提出了著名的"卡诺定理",找到了提高热机效率的根本途径,但卡诺在当时是采用"热质说"的错误观点来研究问题的。从 1840 年到 1847 年间,在迈尔、焦耳、亥姆霍兹等人的努力下,热力学第一定律以及更普遍的能量守恒定律建立起来了。"热动说"的正确观点也普遍为人们所接受。1848 年,开尔文爵士根据卡诺定理,建立了热力学温标。它完全不依赖于任何特殊物质的物理特性,从理论上解决了各种经验温标不相一致的缺点。这些为热力学第二定律的建立准备了条件。

1850 年,克劳修斯从"热动说"出发重新审查了卡诺的工作,考虑到热传导总是自发地将热量从高温物体传给低温物体这一事实,得出了热力学第二定律的初次表述。后来历经多次简练和修改,逐渐演变为现行物理教科书中公认的"克劳修斯表述"。与此同时,开尔文也独立地从卡诺的工作中得出了热力学第二定律的另一种表述,后来演变为更精炼的现行物理教科书中公认的"开尔文表述"。上述对热力学第二定律的两种表述是等价的,由一种表述的正确性完全可以推导出另一种表述的正确性。

2. 热力学第二定律的实质

（1）可逆过程与不可逆过程

一个热力学系统，从某一状态出发，经过某一过程达到另一状态。若存在另一过程，能使系统与外界完全复原，则原来的过程称为"可逆过程"。反之，如果用任何方法都不可能使系统和外界完全复原，则称之为"不可逆过程"。

可逆过程是一种理想化的抽象，严格来讲现实中并不存在。大量事实告诉我们：与热现象有关的实际宏观过程都是不可逆过程。

（2）开氏与克氏的两种表述

开尔文从热功转换的角度表述了第二定律：不可能从单一热源吸取热量使之完全转变为功而不产生其他影响。也就是说：自然界中任何形式的能都可以变成热，而热却不能在不产生其他影响的条件下完全变成其他形式的能。德国物理学家克劳修斯从热量传递的方向性角度，提出了热力学第二定律的另一种表述：热量可以自发地从较热物体传递至较冷物体，但不能自发地从较冷物体传递至较热物体。在自然条件下这个转变过程是不可逆的，要使热传递方向倒转，只有靠消耗功来实现。

3. 热力学第二定律的含义

热力学第二定律，热力学基本定律之一，内容为不可能把热从低温物体传到高温物体而不产生其他影响；不可能从单一热源取热使之完全转换为有用的功而不产生其他影响；不可逆热力过程中熵的微增量总是大于零。

热力学第二定律，也可以确定一个新的态函数——熵。可以用熵来对第二定律作定量的表述。第二定律指出在自然界中任何的过程都不可能自动地复原，要使系统从终态回到初态必须借助外界的作用，由此可见，热力学系统所进行的不可逆过程的初态和终态之间有着重大的差异，这种差异决定了过程的方向。在孤立系统内对可逆过程，系统的熵总保持不变；对不可逆过程，系统的熵总是增加的。这个规律叫作熵增加原理。这也是热力学第二定律的又一种表述。

二、热力学第二定律的应用

1. 热力学第二定律的适用范围

（1）热力学第二定律是宏观规律，对少量分子组成的微观系统是不适用的。

（2）热力学第二定律适用于"绝热系统"或"孤立系统"，对于生命体是不适用的。早在1851年开尔文在叙述热力学第二定律时，就曾特别指明动物体并不像一架热机一样工作，热力学第二定律只适用于无生命物质。

（3）热力学第二定律是建筑在有限的空间和时间所观察到的现象上，不能被外推应用于整个宇宙。19世纪后半期，有些科学家错误地把热力学第二定律应用到无限的、开放的宇宙，提出了所谓"热寂说"。

2. 热力学第二定律的一些典型应用

（1）对时间的理解

我们已经知道，热力学第二定律事实上是所有单向变化过程的共同规律，而时间的变化就是一个单向的不可逆过程，对每个人都一样，时间一去不复还，因此还可以这样理解：时间的方向，就是熵增加的方向。这样，热力学第二定律就给出了时间箭头。物理学的进一步研究表明，能量守恒与时间的均匀性有关。这就是说，热力学第一定律告诉我们，时间是均匀流逝的。结果我们看到：热力学第一定律指出，时间是均匀的；热力学第二定律指出,时间是有方向的。这两条定律合在一起告诉我们:时间在向着特定的方向均匀地流逝着。

(2)黑洞温度的发现

1972 年,30 岁的英国青年物理学家霍金,提出了黑洞的"面积定理"。证明了黑洞的面积 A 随时间变化只能增加,不能减少,即 $\delta A \geqslant 0$。

这个定理认为,物质落入黑洞、两个黑洞相撞等导致黑洞面积增加的过程,是可以发生的。而一个黑洞分裂为两个黑洞的情况,由于会导致黑洞面积减少,因而是不可能发生的。面积定理,不由使人想起热力学中的"熵"。几乎与此同时,青年物理学家贝根斯坦和斯马尔,各自独立得出了关于黑洞的一个重要公式。这个公式把黑洞的一些参量组合成了类似于热力学第一定律的形式

$$\delta M = \frac{k}{8\pi}\delta A + \delta \Omega J + \delta V \Omega$$

式中 M,J,Q 分别是黑洞的总质量、总角动量、总电荷;A,Ω,V 分别是黑洞的表面积、转动角速度和表面上的静电势。k 称为黑洞的表面重力。此公式与普通转动物体的热力学第一定律表达式非常相似。

$$\delta U = \delta TS + \delta \Omega J + \delta VQ$$

式中 U,T,S 分别是系统的内能、温度和熵;Ω,J,V,Q 等物理意义与前式类似。比较这两个公式不难看出,黑洞面积 A 确实像熵 S,而黑洞的表面重力 k 非常像温度 T。

(3)热力学第二定律在化学反应中的应用

根据热力学第二定律,一切自发过程都是不可逆过程。而一切不可逆过程的发展总是朝着使系统及有关周围物质的熵的总和趋于增大,只有在理想的可逆过程中两者熵的总和保持不变。即有

$$dS + dS_0 \geqslant 0$$

把热力学第二定律应用于化学反应,就是要判断化学反应进行的方向以及确定达到化学平衡的条件。

大多数的化学反应可以按定温－定压反应或定温－定容反应分析。对于这类反应过程,系统的温度一定要与周围环境温度相同,因而有

$$dS_0 = \partial Q/T_0 = -\partial Q/T$$

代入熵增原理的表达式便可得到

$$TdS - \partial Q \geqslant 0$$

化学反应过程有用功的表达式为

$$\delta W_u \leqslant -(dU - TdS) - \delta W$$

在定温－定压反应中,$G = H - TS$,状态参数 G 称为吉布斯自由能,也称为吉布斯函数。把吉布斯自由能引入上述定温－定压反应过程的有用功的关系式,就可得

$$\delta W_u \leqslant -dG$$

对于可逆的定温－定压反应,反应系统可做出最大的有用功。按式 $\delta W_u \leqslant -dG$,

$$(\delta W_u)_{max} = -dG$$

即在可逆的定温－定压过程中,系统所做的最大有用功等于系统吉布斯自由能的降低。

对于不可逆定温－定压反应,$W_u < G_1 - G_2 = (W_u)_{max}$,即由于不可逆因素的影响,系统所做的有用功小于最大有用功。

在定温－定容反应过程中,反应系统的容积保持不变,故容积变化功为零。反应系统的有用功可表示为

$$\delta W_u \leqslant -\mathrm{d}(U - TS) = -\mathrm{d}F$$

式中 $F = U - TS$ 为一个状态参数,称为亥姆霍兹自由能,或称为亥姆霍兹函数。该式说明,在可逆的定温－定容反应过程中,反应系统所做的最大有用功等于系统亥姆霍兹自由能的降低;而在不可逆的定温－定容反应过程中,系统所做的有用功小于系统亥姆霍兹自由能的降低。

任务五　水　蒸　气

▶ **任务提要** ···•

本章主要讲述蒸汽的热力性质及蒸汽热力性质图表的应用;也介绍了液态工质的性质以及液－气相转变过程的性质。

▶ **任务要求** ···•

1. 了解单元工质的相图与相转变,知道 $p - T$ 相图的特点。

2. 了解饱和液与饱和蒸汽表的特点、参数范围、使用方法。

3. 了解未饱和液与过热蒸汽表的结构及使用方法。

4. 掌握水蒸气热力性质图表的使用,能灵活应用蒸汽的热力性质图表对实际工程中的能量转换过程(如蒸汽热力过程的热量和功量)进行分析、计算和研究。

水和水蒸气具有分布广,易于获得,价格低廉,无毒无臭,化学性质稳定,环境友好等特点,同时具有较好的热力学特性。因此,它们是当前火力发电厂使用最普遍的工质。

在某些条件下,水蒸气可以当成理想气体处理。例如,燃气轮机及内燃机燃气中的水蒸气、湿空气中的水蒸气等。这是因为在上述场合中,水蒸气的含量相对较少,水蒸气的分压力低,或者温度高,距离液态较远,按理想气体处理不会引起太大的偏差。另外,在工程计算中,这种偏差是允许的。但是当水蒸气离液态不远时,分子间的吸引力和分子本身的体积不能忽略,此时水蒸气不能被当作理想气体看待。

水蒸气的热力性质比理想气体要复杂得多。多年的研究表明,迄今为止不能用一个代数方程同时很精确地描述它们的性质。通常是将水和水蒸气所处的状态分段,每段都有各自很复杂的状态方程,经过计算机计算,计算结果经实验验证后,编制成各种水蒸气热力性质图表,供直接查取,使计算简捷方便。工程上常用到的其他工质的蒸气(如氨、氟利昂等蒸气)的特性及物态变化规律与水蒸气基本相同,学好水蒸气的性质可以举一反三。因此,在弄清水蒸气热力性质特点的基础上,掌握水和水蒸气热力性质图表的构成和应用是接下来的主要任务。

单元 1　水的相变与相图

● **学习目标**

(1)了解物质三相点的温度和压力。

(2)掌握蒸发、沸腾的概念。

● **重点内容**

凝固时体积膨胀、缩小的物质的 $p-t$ 图。

自然界中大多数纯物质以三种聚集态存在:固相、液相和气相。所谓相是指系统内物理和化学性质完全相同的均匀体。下面介绍纯净水的三种状态变化。

在一定压力下,对固态冰加热,冰的温度升高至熔点温度,开始熔化成液态水,在全部熔化之前保持熔点温度不变,此过程称为熔解过程。对水继续加热,温度升至沸点温度时,水开始沸腾汽化,直到全部变为水蒸气,在汽化过程中温度亦保持不变。再进一步加热,温度逐渐升高为过热水蒸气。上述过程在 $p-t$ 图上用水平线 $abel$ 表示,如图 1.5.1 所示。线段 ab,be 和 el 相应为冰、水和水蒸气的等压加热过程,b 点为固 – 液共存点(凝固点或熔化点),e 点为液 – 气共存点(沸点或凝结点)。AB 线为固液共存线(熔化曲线),它反映了熔点与压力的关系。水在凝固时体积膨胀,从而使它的 AB 线斜率为负,其他纯净物质的 AB 线的斜率均为正,如图 1.5.2 所示。从图 1.5.1 中可以看出,当压力增加时,冰的熔点降低。滑冰的冰刀比较锋利,在很小作用面上受到很大压力,根据冰的上述特点,冰在较低的温度下可以溶化为水,水的润滑作用好,使冰刀滑动流畅,冰刀使用一段时间变钝后,就需要重新磨砺。

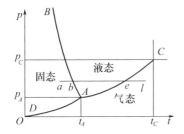

图 1.5.1　凝固时体积膨胀的物质的 $p-t$ 图

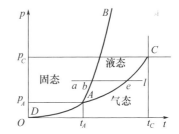

图 1.5.2　凝固时体积缩小的物质的 $p-t$ 图

AC 线为液 – 气态共存线(汽化线或凝结线)。AC 线上端点 C 是临界点,AC 线显示了沸点与压力的关系。所有纯物质的汽化曲线斜率为正,说明饱和压力随饱和温度升高而增大。

当压力降低时,AB 线和 AC 线逐渐接近,最后相交于 A 点。A 点是固、液、气三态共存的状态点,称为三相点。每种纯物质的三相点的压力和温度都是唯一确定的。一些物质的三相点温度和压力见表 1.5.1。

表 1.5.1　一些物质的三相点温度和压力

物　　　质		温度/K	压力/Pa	物　　　质		温度/K	压力/Pa
氢气	H_2	13.84	7 039	水	H_2O	273.16	611.2
氧气	O_2	54.35	152	硫化氢	H_2S	187.66	23 185
一氧化碳	CO	68.14	15 351	乙炔	C_2H_2	192.4	128 256
二氧化碳	CO_2	216.55	517 970	氨	NH_3	195.42	6 077
甲烷	CH_4	90.67	11 692	二氧化硫	SO_2	197.69	167
乙烯	C_2H_4	104.00	120				

AD 线为固 – 气态共存线(升华线或凝华线),从图中可以看出,升华过程只有在低于三相点温度时才会发生。制造集成电路就是利用低温下升华的原理将金属蒸气沉积在其他固体表面。冬季北方挂在室外冻硬的湿衣服可以晾干就是冰升华为水蒸气的缘故。秋冬之交的霜冻则是升华过程的逆过程,称为凝华。

由液态转变为蒸汽的过程称为汽化,汽化是液体分子脱离液面的现象,根据汽化剧烈程度可分为蒸发和沸腾。在水表面进行的汽化过程称为蒸发;在水表面和内部同时进行的强烈的汽化过程称为沸腾。

实际上,水分子脱离表面的汽化过程,同时伴有水分子回到液体中的凝结过程,在如图 1.5.3 所示的密闭的盛有水的容器中,在一定温度下,起初汽化过程占优势,随着汽化的分子增多,空间中水蒸气的浓度变大,使水分子返回液体中的凝结过程加剧。到一定程度时,虽然汽化和凝结都在进行,但处于动态平衡中,空间中蒸汽的分子数目不再增加,这种动态平衡的状态称为饱和状态。在这一状态下的温度称为饱和温度,用 t_s 表示。由于处于这一状态的蒸汽分子动能和分子总数不再改变,因此压力也确定不变,称为饱和压力,用 p_s 表示。t_s 和 p_s 是一一对应的,不

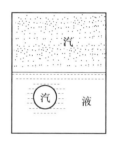

图 1.5.3　水的饱和状态

是相互独立的状态参数:压力增加,对应的饱和温度升高;压力降低,对应的饱和温度也降低。处于饱和状态下的液态水称为饱和水,处于饱和状态下的气态蒸汽称为干饱和蒸汽,简称饱和蒸汽。

单元2　水的定压加热汽化过程

● 学习目标

(1)熟悉水的定压加热汽化过程。

(2)理解水蒸气的 $p-v$ 图与 $T-s$ 图。

(3)掌握"一点、两线、三区、五态"的含义。

● 重点内容

水蒸气的 $p-v$ 图与 $T-s$ 图。

一、水的定压加热汽化过程分析

工程上所用的水蒸气通常是由水在锅炉内定压沸腾汽化而产生的。为了方便起见,假设水是在汽缸内进行定压加热,汽缸活塞上加载不同的重物 P,可使水处于各种不同的压力下,其原理如图 1.5.4 所示。

设汽缸中有 1 kg 温度为 0.01 ℃(水的三相点温度)的纯水。烟气通过汽缸壁对水加热,可以使水的温度升高,加热至各种压力下的饱和温度。调整活塞上的重物,使水变成蒸汽的全部过程保持在一定的压力下进行。当水温低于一定压力 p 下的饱和温度时,称为过冷水,或称未饱和水,如图 1.5.4(a)所示。对未饱和水加热,水温逐渐升高,水的比体积稍有增大。当水温达到压力 p 所对应的饱和温度 t_s 时,水开始沸腾,称为饱和水,如图 1.5.4(b)所示。水在定压下从未饱和状态加热至饱和状态的过程称为预热阶段,相当于锅炉中省煤器内水的定压预热过程。

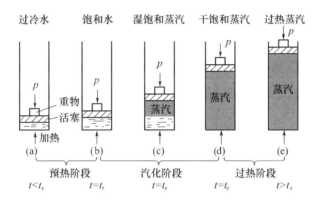

图 1.5.4　定压下蒸汽的形成过程

将预热到饱和温度 t_s 的水继续加热,水开始沸腾并逐渐变为蒸汽,这时饱和压力不变,饱和温度 t_s 也不变。这种蒸汽和水的共存状态称为湿饱和蒸汽(简称湿蒸汽),如图 1.5.4(c)所示。随着加热过程的继续进行,水逐渐减少,蒸汽逐渐增多,直到水全部变成蒸汽,这时的蒸汽称为干饱和蒸汽(简称饱和蒸汽),如图 1.5.4(d)所示。由饱和水定压加热为干饱和蒸汽的过程称为汽化阶段,这一阶段相当于锅炉汽包内的吸热过程。此过程中,温度 t_s 保持不变,比体积随蒸汽的增多而迅速增大。其加入的热量用来转变为蒸汽分子的位能和体积增加对外做出的膨胀功,但汽、液分子的平均动能不变,温度不变。汽化阶段加入的热量称为汽化热,单位质量物质的汽化热称为比汽化热,用符号 γ 来表示,单位为 kJ/kg。

对饱和蒸汽继续定压加热,将使蒸汽温度升高,比体积增大,这时的蒸汽称为过热蒸汽,如图 1.5.4(e)所示。其温度超过饱和温度之值,称为过热度 D。过热度反映了过热蒸汽距离饱和状态的远近。而将水在定压下从饱和蒸汽加热到过热蒸汽的过程称为过热阶段,这一阶段相当于蒸汽在锅炉过热器中的定压加热过程。

综上所述,水的定压加热汽化过程先后经历了未饱和水、饱和水、湿饱和蒸汽、干饱和蒸汽和过热蒸汽五种状态。

水的等压加热汽化过程可以在 $p-v$ 图和 $T-s$ 图上表示,如图 1.5.5 所示。其中 a 点

相应于 0 ℃水的状态，b 点相应于饱和水的状态，c 点相应于某种比例的汽水混合湿饱和蒸汽状态，d 点相应于干饱和蒸汽的状态，e 点是过热蒸汽的状态。

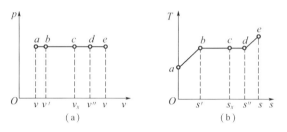

图 1.5.5　水的等压加热汽化过程在 $p-v$ 图和 $T-s$ 图上的表示

二、水蒸气的 $p-v$ 图与 $T-s$ 图

如果将不同压力下蒸汽的形成过程表示在 $p-v$ 图和 $T-s$ 图上，并将不同压力下对应的饱和水点和干饱和蒸汽点连接起来，就得到了图 1.5.6 中的 $b_1b_2b_3\cdots$ 和 $d_1d_2d_3\cdots$ 线，分别称为饱和水线(或下界线)和干饱和蒸汽线(或上界线)。

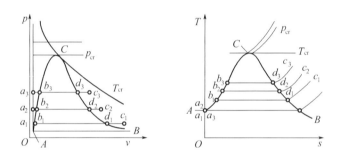

图 1.5.6　水蒸气的 $p-v$ 图与 $T-s$ 图

从图 1.5.6 可以清楚地看到，压力加大时，饱和水点和饱和蒸汽点之间的距离逐渐缩短。当压力增加到某一临界值时，饱和水和饱和蒸汽之间的差异已完全消失，即饱和水和干饱和蒸汽有相同的状态参数。在图中用点 c 表示，这个点称为临界点。这样一种特殊的状态叫作临界状态。临界状态的各热力参数都加下标"cr"，水的临界参数为：$p_{cr}=22.064$ MPa，$t_{cr}=373.99$ ℃，$v_{cr}=0.003\ 106$ m³/kg，$h_{cr}=2\ 085.9$ kJ/kg，$s_{cr}=4.409\ 2$ kJ/(kg·K)。

临界状态有以下几个特点：

(1)任何纯物质都有其唯一确定的临界状态；

(2)在 $p\geqslant p_{cr}$ 下，等压加热过程不存在汽化段，水由未饱和态直接变化为过热态；

(3)当 $t>t_{cr}$ 时，无论压力多高都不可能使气体液化；

(4)在临界状态下，可能存在超流动特性；

(5)在临界状态附近，水及水蒸气有大比定压热容特性，如图 1.5.7 所示。

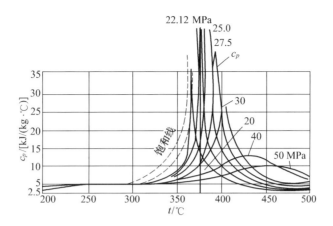

图 1.5.7 超临界压力下工质的大比定压热容特性

在大比定压热容区内,工质比定压热容的急剧变化,必然导致工质的膨胀量增大,从而引起水动力不稳定。在大比定压热容区外,工质比定压热容很小,温度随吸热变化很大。因此,掌握这个特性对超临界锅炉机组设计和运行很重要。提高新蒸汽参数可以提高火力发电厂的热效率。近些年,我国新投产的火电机组中有一大批超临界机组。所谓超临界机组是指锅炉产生的新蒸汽的压力高于临界压力。在此压力下将水加热汽化时,饱和水和饱和蒸汽不再有区别。因此,超临界机组不能采用自然循环锅炉,而必须用直流锅炉。

从图 1.5.6 中可以看出,饱和水线和饱和蒸汽线 CB 将 $p-v$ 图和 $T-s$ 图分为三个区域:CA 线的左方是未饱和水区,CA 线与 CB 线之间为汽液两相共存的湿蒸汽区,CB 线右方为过热蒸汽区。

综合 $p-v$ 图与 $T-s$ 图,可以得到"一点、两线、三区、五态"。

一点:临界点。

两线:饱和水线和饱和蒸汽线。

三区:未饱和水区、湿蒸汽区、过热蒸汽区。

五态:未饱和水、饱和水、湿蒸汽、饱和蒸汽、过热蒸汽。

单元 3 水蒸气的状态参数和水蒸气表

● **学习目标**

　　(1)了解零点的相关规定。

　　(2)熟练查阅水蒸气表的相关参数。

　　(3)理解汽化热和湿蒸汽干度的计算方法。

● **重点内容**

　　(1)熟练查阅水蒸气表的相关参数。

　　(2)利用水蒸气表确定各状态及其 h,s 值。

如前所述,在大多数情况下,不能把水蒸气按理想气体处理,其 p,v,T 的关系不满足理想气体状态方程式 $pv=R_gT$,水蒸气的热力学能和焓也不是温度的单值函数。为了便于工程计算,将不同温度和不同压力下的未饱和水、饱和水、干饱和蒸汽和过热蒸汽的比体积、

比焓、比熵等参数列成表或绘制成线算图，利用它们可以很容易地确定水蒸气的状态参数。比热力学能 u 不能直接查出，而是按 $u = h - pv$ 计算得到。

一、零点的规定

水及水蒸气的 h, s, u 在热工计算中不必求其绝对值，而仅需求其增加或减少的相对数值，故可规定一任意起点。为了方便国际交流，根据国际水蒸气会议的规定，世界各国统一选定水的三相点中液相水的热力学能和熵为零，即对于 $t_0 = t_{tp} = 0.01$ ℃，$p_0 = p_{tp} = 611.659$ Pa 的饱和水，有

$$u_0' = 0 \text{ kJ/kg} \qquad s_0' = 0 \text{ kJ/(kg·K)}$$

此时，水的比体积 $v_0' = v_{tp} = 0.001\ 000\ 21$ m³/kg，比焓可以通过公式 $h = u + pv$ 来计算，即

$$h_0' = u_0' + p_0 v_0'$$
$$= (0 + 611.659 \times 0.001\ 000\ 21) \text{J/kg} = 0.611\ 7 \text{ J/kg} \approx 0$$

二、水蒸气表

水蒸气表分"饱和水和干饱和蒸汽热力性质表"和"未饱和水和过热蒸汽热力性质表"两种。为了使用方便，"饱和水和干饱和蒸汽热力性质表"又分为以温度为序排列和以压力为序排列的两种，见附表 A－1 和附表 A－2，两表的节录分别见表 1.5.2 和表 1.5.3。在这些表中，上标"′"表示饱和水的参数，上标"″"表示饱和蒸汽的参数。

表 1.5.4 为未饱和水和过热蒸汽表（节选附表 A－3）。已知温度和压力即可从表中查出相应的 v, h, s，表中还有一条黑线，黑线以上是未饱和水状态，黑线以下是过热蒸汽状态。

表 1.5.2 饱和水和干饱和蒸汽热力性质表（按温度排列）

t	p	v'	v''	h'	h''	γ	s'	s''
℃	MPa	m³/kg			kJ/kg		kJ/(kg·K)	
0	0.000 611 2	0.001 000 22	206.154	−0.05	2 500.51	2 500.6	−0.000 2	9.154 4
0.01	0.000 611 7	0.001 000 21	206.012	0.00	2 500.53	2 500.5	0	9.154 1
1	0.000 657 1	0.001 000 18	192.464	4.18	2 502.35	2 498.2	0.015 3	9.127 8
5	0.000 872 5	0.001 000 8	147.048	21.02	2 509.71	2 488.7	0.076 3	9.023 6
10	0.001 227 9	0.001 000 34	106.341	42.00	2 518.90	2 476.9	0.151 0	8.898 8
20	0.002 385	0.001 001 85	57.86	83.86	2 537.20	2 453.3	0.296 3	8.665 2
30	0.004 245 1	0.001 004 42	32.899	125.68	2 555.37	2 429.7	0.436 6	8.451 4
100	0.101 325	0.001 043 44	1.673 6	419.06	2 675.71	2 256.6	1.306 9	7.354 5
150	0.475 71	0.001 090 46	0.392 86	632.28	2 746.35	2 114.1	1.842 0	6.838 1
200	1.553 66	0.001 156 41	0.127 32	852.34	2 792.47	1 940.1	2.330 7	6.431 2
250	3.973 51	0.001 251 45	0.050 112	1 085.3	2 800.66	1 715.4	2.792 6	6.071 6
300	8.583 08	0.001 403 69	0.021 669	1 344.0	2 748.71	1 404.7	3.253 3	5.704 2
350	16.521	0.001 740 08	0.008 812	1 670.3	2 563.39	893.0	3.777 3	5.210 4
373.99	22.064	0.003 106	0.003 106	2 085.9	2 085.9	0	4.409 2	4.409 2

表1.5.3 饱和水和干饱和蒸汽热力性质表(按压力排列)

p	t	v'	v"	h'	h"	γ	s'	s"
MPa	℃	m³/kg		kJ/kg			kJ/(kg·K)	
0.001	6.969	0.001 000 1	129.185	29.21	2 513.19	2 484.1	0.105 6	8.973 5
0.005	32.879	0.001 005 3	28.191	137.72	2 560.55	2 422.8	0.476 1	8.393 0
0.010	45.799	0.001 010 3	14.673	191.76	2 583.72	2 392.0	0.649 0	8.148 1
0.10	99.634	0.001 043 2	1.694 3	417.52	2 675.14	2 275.6	1.302 8	7.358 9
1.00	179.916	0.001 127 2	0.194 38	762.84	2 777.67	2 014.8	2.138 8	6.585 9
5.0	263.980	0.001 286 2	0.039 439	11 54.2	2 793.64	1 639.5	2.920 1	5.972 4
10.0	311.037	0.001 452 2	0.018 026	1 407.2	2 724.46	1 317.2	3.359 1	5.613 9
15.0	342.196	0.001 657 1	0.010 340	1 609.8	2 610.01	1 000.2	3.683 6	5.309 1
20.0	365.789	0.002 037 9	0.005 870	1 827.7	2 413.05	585.9	4.015 3	4.932 2
22.064	379.99	0.003 106	0.003 106	2 085.9	2 085.9	0	4.409 2	4.409 2

表1.5.4 未饱和水和过热蒸汽的热力性质表

	0.5 MPa			1.0 MPa		
t	v	h	s	v	h	s
℃	m³/kg	kJ/kg	kJ/(kg·K)	m³/kg	kJ/kg	kJ/(kg·K)
0	0.001 000 0	0.46	-0.000 1	0.000 999 7	0.97	-0.000 1
10	0.001 000 1	42.49	0.151 0	0.000 999 9	4 298	0.150 9
50	0.001 011 9	209.75	0.703 5	0.001 011 7	210.18	0.703 3
100	0.001 043 2	419.36	1.306 6	0.001 043 0	419.74	1.306 2
120	0.001 060 1	503.97	1.527 5	0.001 059 9	504.32	1.527 0
140	0.001 079 6	589.30	1.739 2	0.001 079 3	589.62	1.738 6
160	0.383 58	2 767.2	6.864 7	0.001 101 7	675.84	1.942 4
180	0.404 50	2 811.7	6.965 1	0.194 43	2 777.9	6.586 4
200	0.424 87	2 854.9	7.058 5	0.205 90	2 827.3	6.693 1
300	0.522 55	3 063.6	7.458 8	0.257 93	3 050.4	7.121 6
320	0.541 64	3 104.9	7.529 7	0.267 81	3 093.2	7.195 0
360	0.579 58	3 187.8	7.664 9	0.287 32	3 178.2	7.333 7

三、汽化热

将1 kg饱和水等压加热到干饱和蒸汽所需的热量称为汽化热,用 γ 表示。汽化热 γ 不是定值,而是随 p_s(或 t_s)而改变的,p_s 增加,汽化热减少,当 p_s 增加到临界压力时,$\gamma = 0$。

在等压加热过程中不做技术功,根据热力学第一定律,有

$$q = \Delta h \text{ 或 } \gamma = h'' - h'$$

显然得到

$$\gamma = h'' - h' \qquad (1.5.1)$$

也不难得出

$$s'' = s' + \frac{\gamma}{T_s} \qquad (1.5.2)$$

式中 T_s 为饱和压力 p_s 对应的饱和温度，K。

四、湿蒸汽的干度

从水蒸气表中，无法直接查出湿蒸汽的状态参数，这是由于湿蒸汽是由压力、温度相同的饱和水与干蒸汽所组成的混合物，要确定其状态，除需知道它的压力（或温度）外，还需知道湿蒸汽的干度 x。

湿蒸汽中干饱和蒸汽的质量分数称为湿蒸汽的干度。

$$x = \frac{m_v}{m_m} = \frac{m_v}{m_w + m_v} \qquad (1.5.3)$$

式中　m_v——干饱和蒸汽质量；

$\quad\quad m_m$——湿蒸汽质量；

$\quad\quad m_w$——饱和水质量。

干度 x 可以理解为 1 kg 湿蒸汽中含有 x (kg)干饱和蒸汽，$(1-x)$ (kg)饱和水，用"x"做下标来表示湿蒸汽的状态参数。因此，有

$$v_x = (1 - x)v' + xv''$$
$$h_s = (1 - x)h' + xh''$$
$$s_x = (1 - x)s' + xs''$$
$$u_s = (1 - x)u' + xu''$$

或者

$$u_s = h_s - p_s v_s$$

【例 1.5.1】　蒸汽的状态

利用水蒸气表确定下列各点的状态和 h，s 值。

(1) $p = 0.5$ MPa，$v = 0.001\ 092\ 8$ m³/kg；

(2) $p = 0.5$ MPa，$v = 0.316$ m³/kg；

(3) $p = 0.5$ MPa，$v = 0.434\ 9$ m³/kg。

解　由饱和水和干饱和蒸汽热力性质表（附表 A-2）查得，$p = 0.5$ MPa 时，则

$$v' = 0.001\ 092\ 8\ \text{m}^3/\text{kg}, v'' = 0.374\ 81\ \text{m}^3/\text{kg}$$
$$h' = 640.1\ \text{kJ/kg}, h'' = 2\ 748.5\ \text{kJ/kg}$$
$$s' = 1.860\ 4\ \text{kJ/(kg·K)}, s'' = 6.821\ 5\ \text{kJ/(kg·K)}$$

可知，状态(1)为饱和水，有

$$h = 640.1\ \text{kJ/kg}, s = 1.860\ 4\ \text{kJ/(kg·K)}$$

状态(2)为湿蒸汽，则

$$v_x = (1 - x)v' + xv''$$
$$0.316 = 0.001\ 092\ 8(1 - x) + 0.374\ 81x$$

解得干度

$$x = 0.842\ 6$$
$$h_x = xh'' + (1 - x)h'$$

$$= (0.842\ 6 \times 2\ 748.5 + 0.157\ 4 \times 640.1)\text{kJ/kg}$$

$$= 2\ 416.64\ \text{kJ/kg}$$

$$s_x = xs'' + (1 - x)s'$$

$$= (0.842\ 6 \times 6.821\ 5 + 0.157\ 2 \times 1.860\ 4)\text{kJ/(kg·K)}$$

$$= 6.04\ \text{kJ/(kg·K)}$$

状态(3)为过热蒸汽,查未饱和水和过热蒸汽表得

$$h = 2\ 876.2\ \text{kJ/kg}, s = 7.103\ \text{kJ/(kg·K)}$$

【例 1.5.2】 水蒸气等容加热

在一个容积为 1 m^3 的刚性容器内有 0.03 m^3 饱和水和 0.97 m^3 饱和蒸汽,压力为 0.1 MPa,试问必须加入多少热量才能使容器内的液态水正好完全汽化? 此时蒸汽的压力为多少?

解 由饱和水和干饱和蒸汽热力性质表(附表 A - 2)查得,$p = 0.1$ MPa 时

$$v' = 0.001\ 043\ 2\ \text{m}^3/\text{kg}, v'' = 1.694\ 3\ \text{m}^3/\text{kg}$$

$$h' = 417.52\ \text{kJ/kg}, h'' = 2\ 675.14\ \text{kJ/kg}$$

根据比焓的定义式 $h = u + pv$,可得 $u = h - pv$,所以

$$u' = h' - pv'$$

$$= (417.52 - 0.1 \times 10^6 \times 0.001\ 043\ 2 \times 10^{-3})\text{kJ/kg}$$

$$= 417.42\ \text{kJ/kg}$$

$$u'' = h'' - pv''$$

$$= (2\ 674.15 - 0.1 \times 10^6 \times 1.694\ 3 \times 10^{-3})\text{kJ/kg}$$

$$= 2\ 505.71\ \text{kJ/kg}$$

饱和水和饱和蒸汽的质量分别为

$$m_w = \frac{0.03}{0.001\ 043\ 2}\ \text{kg} = 28.76\ \text{kg}, \quad m_v = \frac{0.97}{1.694\ 3}\ \text{kg} = 0.57\ \text{kg}$$

初始状态湿蒸汽的热力学能为

$$U_1 = m_w u' + m_v u''$$

$$= (28.67 \times 417.42 + 0.57 \times 2\ 505.71)\text{kJ}$$

$$= 13\ 433.25\ \text{kJ}$$

液态水全部刚好汽化时,容器内为干饱和蒸汽状态,其比体积为

$$v_2 = v'' = \frac{1}{m_w + m_v}$$

$$= \frac{1}{28.76 + 0.57}\ \text{m}^3/\text{kg}$$

$$= 0.034\ 095\ \text{m}^3/\text{kg}$$

采用内插法,可求得 $v'' = 0.034\ 095\ \text{m}^3/\text{kg}$ 对应的饱和压力为 5.73 MPa,此即为终态时容器内蒸汽的压力。采用内插法,5.73 MPa 对应的干饱和蒸汽的焓为

$$h_2 = h'' = 2\ 786.72\ \text{kJ/kg}$$

$$u_2 = u'' = h'' - pv''$$

$$= (2\ 786.72 - 5.73 \times 10^6 \times 0.034\ 095 \times 10^{-3})\text{kJ/kg}$$

$$= 2\ 591.36\ \text{kJ/kg}$$

$$U_2 = mu_2 = (28.76 + 0.57) \times 2\,591.36 \text{ kJ}$$
$$= 76\,004.59 \text{ kJ}$$

根据热力学第一定律

$$Q = \Delta U + W$$

因为是刚性容器,对外没有做功,$W = 0$,所以加入的热量为

$$Q = \Delta U = U_2 - U_1$$
$$= (76\,004.59 - 13\,433.25)\text{ kJ}$$
$$= 62\,571.34 \text{ kJ}$$

五、未饱和水及饱和水焓值的粗略计算

在热工计算中,焓值的计算最重要,应用最为广泛,通过水蒸气表可以查出水和水蒸气在各个状态下的精确值。但是,当手头缺少必要的资料时,可以用简便公式粗略计算未饱和水及饱和水的焓,在温度和压力不太高时,误差不太大。

0.01 ℃的水在等压下加热至 t_s 时变成饱和水,单位质量所加入的热量称为液体热,用 q_1 表示。根据热力学第一定律,有

$$q_1 = h' - h_0 \approx h'$$

在温度不太高时($t_s < 100$ ℃)按水的平均比定压热容 $c_{pm} = 4.186\,8$ kJ/(kg·K)计算,则

$$h' = q_1 = c_{pm}(t_s - 0.01) \approx 4.186\,8t_s$$

对于未饱和水,在温度不太高时,也可用上式计算,只需将 t_s 换成未饱和水的温度 t 即可,即

$$h = 4.186\,8t$$

需要指出的是,以上两式中 t 和 t_s 的单位都是℃,而千万不能将℃转变为热力学温度单位 K 来计算。

单元4 水蒸气焓熵图及其应用

● 学习目标

(1)熟练查阅水蒸气的焓熵图。

(2)能正确运用水蒸气的焓熵图进行计算。

● 重点内容

(1)识读水蒸气的焓熵图。

(2)水蒸气的焓熵图的计算。

一、水蒸气的焓熵图

利用水蒸气表确定蒸汽的状态时,能得到相对精确的结果,但是它给出的数据是不连续的,常常要用到内插法。另外,在分析过程中,可能发生跨越两相的变化过程,使用水蒸气表会不方便。如果在热力参数坐标图上,精确地画出标有数据的等压线、等温线等,就会更容易确定出蒸汽的状态。由于在热工计算中常常遇到绝热过程和焓差的计算,所以最常见的蒸汽图是以比焓 h 为纵坐标,比熵 s 为横坐标的所谓"焓熵图($h-s$ 图)",$h-s$ 图又称

莫里尔图,是德国人莫里尔在1904年首先绘制的,如图1.5.8所示。在$h-s$图上,汽化热、绝热膨胀技术功等都可以用线段表示,这就简化了计算工作,使$h-s$图具有很大的实用价值,成为工程上广泛使用的一种重要工具。

图1.5.8中的粗线为$x=1$的干饱和蒸汽线,其上为过热蒸汽区,其下为湿蒸汽区。在湿蒸汽区有等压线和等干度线,在过热蒸汽区有等压线和等温线,在实际应用的$h-s$图中还有等容线,一般用红线标出,其斜率大于等压线。由热力学第一定律,有

$$\delta q = \mathrm{d}h - v\mathrm{d}p$$
$$T\mathrm{d}s = \mathrm{d}h - v\mathrm{d}p$$

得到

$$\left(\frac{\partial h}{\partial s}\right)_p = T$$

这说明在$h-s$图上,等压线的斜率等于该状态点的温度。由于湿蒸汽压力与温度是相互依赖的,所以在湿蒸汽区的等压线和等温线重合,为一斜率不变的直线。进入过热区后,等压线的斜率要逐渐增加。等温线和等压线在上界线处开始分离,而且随着温度的升高及压力的降低,等温线逐渐接近于水平的等焓线。这表明,此时过热蒸汽的性质逐渐接近理想气体。

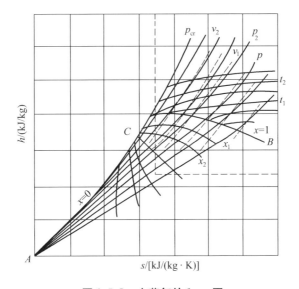

图1.5.8 水蒸气的$h-s$图

在$h-s$图中,水及$x<0.6$的湿蒸汽区域里曲线密集,查图所得的数据误差很大,如果需要水或干度较小的湿蒸汽参数,可以查水与水蒸气表。工程上使用的多是过热蒸汽或$x>0.7$的湿蒸汽,所以,实用的$h-s$图只限于图1.5.8中右上方用虚线框出的部分,工程上用的$h-s$图就是这部分放大后绘制而成的。

二、$h-s$图的应用举例

如果已知过热蒸汽的压力和温度,就很容易通过"找交点"的方法在$h-s$图上确定蒸汽的状态,查得相应的h和其他参数的数据。同样的道理,若已知湿蒸汽的压力(或温度)和干度,也很容易在$h-s$图上确定其状态点,进而找出相应的参数。

【例1.5.3】 水蒸气在汽轮机内膨胀做功

水蒸气进入汽轮机时 $p_1 = 5$ MPa，$t_1 = 400$ ℃，排出汽轮机时 $p_2 = 0.005$ MPa，蒸汽流量为 100 t/h。假设蒸汽在汽轮机内的膨胀是可逆绝热的，求乏汽干度和温度及汽轮机的功率。

解法 1 利用 $h-s$ 图计算，如图 1.5.9 所示。

初态参数：已知 $p_1 = 5$ MPa，$t_1 = 400$ ℃，从 $h-s$ 图上找出 $p = 5$ MPa 的等压线和 $t = 400$ ℃ 的等温线，两线的交点即为初态参数状态点 1，读得

$$h_1 = 3\ 195\ \text{kJ/kg}$$

终态参数：已知终压 $p_2 = 0.005$ MPa，因为是可逆绝热膨胀，故熵不变。从点 1 向下作垂直线交 $p = 0.005$ MPa 的等压线于点 2，即终态点，直接读得

$$h_2 = 2\ 026\ \text{kJ/kg}$$
$$x_2 = 0.78$$

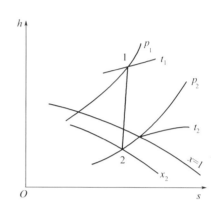

图 1.5.9 水蒸气的可逆绝热过程

从点 2 不能直接读出乏汽的温度，但是在湿蒸汽区等温线和等压线是重合的，因此，点 2 的温度等于 $p = 0.005$ MPa 的等压线与 $x = 1$ 的干饱和蒸汽线交点处的温度，从 $h-s$ 图上可以读出 $t_2 \approx 33$ ℃。

1 kg 蒸汽在汽轮机内做的技术功为

$$w_t = h_1 - h_2 = (3\ 195 - 2\ 026)\text{kJ/kg} = 1\ 169\ \text{kJ/kg}$$

汽轮机功率为

$$P = \frac{mw_t}{t} = \frac{100 \times 10^3 \times 1\ 169}{3\ 600}\ \text{kW} = 3\ 2472.2\ \text{kW}$$

解法 2 利用水蒸气热力性质表计算

当 $p_1 = 5$ MPa，$t_1 = 400$ ℃时，查水和过热蒸汽的热力性质表得

$$h_1 = 3\ 194.9\ \text{kJ/kg}, s_1 = 6.644\ 6\ \text{kJ/(kg·K)}$$

当 $p_1 = 0.005$ MPa 时，查饱和水和饱和蒸汽的热力性质表得

$$t_s = 32.879\ \text{℃}, h' = 137.72\ \text{kJ/kg}, h'' = 2\ 560.55\ \text{kJ/kg}$$
$$s' = 0.476\ 1\ \text{kJ/(kg·K)}, s'' = 8.393\ \text{kJ/(kg·K)}$$

因为过程可逆绝热，故有 $s_1 = s_2$。于是有

$$s_2 = s_1 = (1-x)s' + xs''$$
$$6.644\ 6 = (1-x)0.476\ 1 + 8.393x$$

解得

$$x = 0.779\ 2$$

$$h_2 = h_x = (1-x)h' + xh''$$
$$= \big[(1 - 0.779\ 2) \times 137.72 + 0.779\ 2 \times 2\ 560.55\big]\text{kJ/kg}$$
$$= 2\ 025.6\ \text{kJ/kg}$$

1 kg 蒸汽在汽轮机内做的技术功为

$$w_t = h_1 - h_2$$
$$= (3\ 194.9 - 2\ 025.6)\text{kW}$$
$$= 1\ 169.3\ \text{kJ/kg}$$

汽轮机功率为

$$P = \frac{mw_t}{t}$$

$$= \frac{100 \times 10^3 \times 1\ 169.3}{3\ 600}\ \text{kW}$$

$$= 32\ 480.6\ \text{kW}$$

分析:两种方法计算的结果相差不大,但是用 $h-s$ 图计算就很简单。

【例 1.5.4】 蒸汽在过热蒸汽内等压加热

某锅炉由汽包出来的蒸汽,其压力 $p=2$ MPa,干度 $x=0.9$,进入过热器内等压加热,温度升高至 $t_2=300$ ℃,求 1 kg 蒸汽在过热器中吸收的热量。

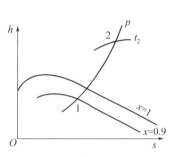

解 如图 1.5.10 所示,根据 p 和 x,在 $h-s$ 图上确定点 1,沿等压线与 $t_2=300$ ℃线相交于点 2,并查得以下参数:

$$h_1 = 2\ 023\ \text{kJ/kg}, h_2 = 2\ 610\ \text{kJ/kg}$$

图 1.5.10 例题 1.5.4 图

蒸汽在过热器中吸收热量为

$$q = h_2 - h_1 = (2\ 610 - 2\ 023)\ \text{kJ/kg} = 587\ \text{kJ/kg}$$

此题也可以利用水蒸气表来做。

【例 1.5.5】 湿蒸汽的干度测量

工程上有时利用蒸汽节流来测定湿蒸汽的干度。图 1.5.11 为一节流式湿蒸汽干度测定仪(简称干度计)的示意图。设湿蒸汽进入干度计前的压力 $p_1=1.5$ MPa,经节流后的压力 $p_2=0.2$ MPa,温度 $t_2=130$ ℃。试用 $h-s$ 图确定湿蒸汽的干度。

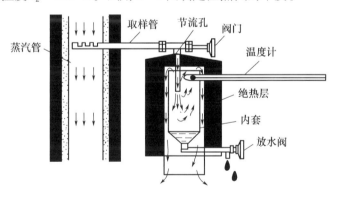

图 1.5.11 节流式湿蒸汽干度测定仪示意图

解 如图 1.5.12 所示,根据节流后的参数 p_2 和 t_2,即可在 $h-s$ 图上确定过热蒸汽的状态点 2。由于绝热节流前后蒸汽的焓值不变。于是,由点 2 出发,沿水平线(等焓线)向左与湿蒸汽节流前的等压线 p_1 相交于点 1,从 $h-s$ 图上可直接读出湿蒸汽的干度 $x_1=0.968$。

思考与练习题

1. 压力升高后,饱和水的比体积 v' 和干饱和蒸汽的比体积 v'' 将如何变化?

2. 有没有 400 ℃ 的水,为什么?

3. 不经过冷凝,如何使水蒸气液化?

4. $\mathrm{d}h = c_p \mathrm{d}T$,在水蒸气的等压汽化过程中,$\mathrm{d}T=0$,因此,比焓的变化量 $\mathrm{d}h = c_p \mathrm{d}T = 0$,这一推论正确吗,为什么?

5. 知道了湿饱和水蒸气的温度和压力就可以确定水蒸气所处的状态吗?

6. 水的汽化热随压力如何变化?干饱和蒸汽的比焓随压力如何变化?

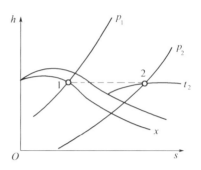

图 1.5.12　湿蒸汽的绝热节流过程

7. 过热水蒸气经绝热节流后,其比焓、比熵、温度如何变化?

8. 一个装有透明观察孔的刚性气瓶,内储有压力为 p,温度为 130 ℃ 的过热水蒸气。如果不用压力表,只用温度计,试问用什么方法可以确定水蒸气的压力 p 的大小?

9. 如图 1.5.13 所示,细绳上挂一重物,可以观测:细绳穿冰而过,冰块却复原如初,这称为复冰现象。试用水的 $p-t$ 图解释这个现象。

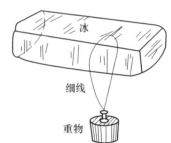

图 1.5.13　复冰现象

10. 请通过互联网查找哪些情况会导致电站锅炉产生"虚假水位"。虚假水位会带来什么后果?

11. 利用水蒸气表或 $h-s$ 图,填充下表中的空白栏。

	p/MPa	$t/℃$	$h/(\mathrm{kJ/kg})$	$s/[\mathrm{kJ/(kg \cdot K)}]$	x	过热度/℃
1	5	500				
2	1		3 500			
3		400		7.5		
4	0.05				0.88	
5		300				100
6			3 000	8.0		

12. 某工质在饱和温度为 200 ℃ 时汽化热为 1 600 kJ/kg,在该温度下饱和液体的比熵为 0.45 kJ/(kg·K),那么,5 kg 干度为 0.8 的上述工质的熵是多少?

13. 0.1 kg 压力为 0.3 MPa、干度为 0.76 的水蒸气盛于一绝热刚性容器中,一搅拌轮置于容器中,由外面的电动机带动旋转,直到水全部变为饱和蒸汽。求:(1)水蒸气的最终压力和温度;(2)完成此过程所需要的功。

14. 100 kg、150 ℃ 的水蒸气,其中含饱和水 20 kg。求蒸汽的体积、压力和焓。(1)利用水蒸气表;(2)利用 $h-s$ 图。

15. 测得一容积为 5 m³ 的容器中湿蒸汽的质量为 35 kg,蒸汽的压力 $p = 1.2$ MPa,求蒸汽的干度。

16. 260 ℃的饱和液态水被节流到0.1 MPa，如果节流之后是湿饱和状态，试计算湿饱和蒸汽的干度。如果是过热状态，则计算其最终温度，节流之后水的比熵增加了多少？如果质量流量为 3 kg/s，且要求节流之后流速不能超过 5 m/s，那么节流之后流过蒸汽的管道的直径至少是多少？

17. 一开水供应站使用0.1 MPa、干度$x = 0.98$的湿饱和蒸汽，和压力相同、温度为15 ℃的水相混合来生产开水。今欲取得 2 t 的开水，试问需要提供多少湿蒸汽和水？

18. 有 0.1 kg 的水蒸气由活塞封闭在汽缸中。蒸汽的初态为$p_1 = 1$ MPa，干度$x = 0.9$，可逆等温膨胀至$p_2 = 0.1$ MPa，求蒸汽吸收的热量和对外做出的功。

19. 锅炉每小时产生 20 t 压力为 5 MPa，温度为 480 ℃的蒸汽，进入锅炉的水压力为 5 MPa，温度为 30 ℃。若锅炉效率为 0.8，煤的发热量为 23 400 kJ/kg，此锅炉每小时需要烧多少吨煤？

20. 水蒸气进入汽轮机时，$p_1 = 10$ MPa，$t_1 = 450$ ℃；排出汽轮机时，$p_2 = 8$ kPa。假设蒸汽在汽轮机内的膨胀是可逆绝热的，且忽略入口和出口的动能差，汽轮机输出功率为 100 MW，求水蒸气的流量。

21. 对压力为$p_1 = 1.5$ MPa、容积为$v_1 = 0.263$ m³的干饱和水蒸气进行压缩，使$V_2 = V_1/2$，求：(1)被压缩的蒸汽量；(2)等温压缩过程的终态参数$v_2，x_2，h_2，h_2$；(3)如按$p_1 V_1 = p_2 V_2 =$ 定值计算，将会得到什么结果？并讨论之。

 知识链接

认识蒸汽品质

蒸汽品质是指蒸汽含杂质的多少，也就是指蒸汽的洁净程度，蒸汽含杂质过多会引起过热器受热面、汽轮机通流部分和蒸汽管道沉积盐。盐垢如沉积在过热器受热面管壁上，会使传热能力降低，重则使管壁温度超过金属允许的极限温度，导致管子超温烧坏，轻则使蒸汽吸热减少，过热汽温降低，排烟温度升高，锅炉效率降低。盐垢如沉积在汽轮机的通流部分时，将使蒸汽的流通面积减小，造成叶片的粗糙度增加，甚至会改变叶片的型线，使汽轮机的阻力增大出力和效率降低，此外将引起叶片应力和轴向推力增加，甚至引起汽轮机振动增大，造成汽轮机事故。若盐垢沉积在蒸汽管道的阀门处，可能引起阀门动作失灵和阀门漏汽。

影响蒸汽品质的因素有以下主要方面：

(一)蒸汽携带锅水

1. 锅炉压力对蒸汽带水的影响。压力越高蒸汽越容易带水。

2. 汽包内部结构对蒸汽带水的影响。汽包内径的大小，汽水的引入引出管的布置情况要影响蒸汽带水的多少，汽包内汽水分离装置不同，其汽水分离效果也不同。

3. 锅水含盐量对蒸汽带水的影响。锅水含盐量小于某一定值时，蒸汽含盐与锅水含盐量成正比。

4. 锅炉负荷对蒸汽带水的影响。在蒸汽压力和锅水含盐量一定的条件下，锅炉负荷上升，蒸汽带水量也趋于有少量增加。如果锅炉超负荷运行时，其蒸汽品质就会严重恶化。

(二)蒸汽溶解杂质

大容量高压锅炉的饱和蒸汽像水一样也能溶解锅水中的某些杂质。蒸汽溶解杂质的

数量与物质种类和蒸汽压力大小有关。蒸汽溶盐能力随压力的升高而增强;蒸汽溶盐具有选择性,以溶解硅酸最为显著,过热蒸汽也能溶盐。因此锅炉压力越高,要求锅水中含盐量和含硅量越低。

下面我们从运行方面来总结一下提高蒸汽品质所采取的措施:

通过各项实验可知,要获得清洁的蒸汽,就必须降低炉水的含盐量,降低饱和蒸汽的带水和减少溶解在蒸汽中的杂质。因此,我们运行人员要努力做到以下几点:

1. 首先减少给水中的杂质,保证给水品质良好。

2. 其次,合理地进行锅炉排污。锅炉排污分定期排污和连续排污。定期排污可排除锅水中的水渣及沉淀物。连续排污可以降低锅水的含盐量、含硅量。故锅炉值班员在进行排污工作时应严格执行各技术标准规定和运行分场的各项技术措施。

3. 再次,当锅炉正常运行时对汽包水位应进行严密监视与调整。按锅炉技术标准规定执行,汽包水位应保持在零位,即汽包中心线下 50 mm 处。防止因汽包水位过高引起蒸汽带水,造成蒸汽品质恶化。

4. 最后,应严格监督给水品质,调整锅炉运行工况。因为各台锅炉汽、水监督指标是根据每台锅炉热化学实验确定的,运行中应保持汽、水品质合格。同时锅炉运行负荷的大小应符合有关规定。

任务六　混合气体和湿空气

▶ 任务提要

本任务主要讲述混合气体的性质,包括混合气体的成分及其换算关系、混合气体的折合摩尔质量与折合气体常数、分压力的计算;湿空气的特性以及工程上常见的湿空气过程,举例说明了湿空气过程的具体分析计算。

▶ 任务要求

(1)掌握混合气体状态参数的计算。

(2)理解湿空气的特点以及描述湿空气的参数和概念,了解干-湿球温度计的特点。

(3)知道工程上常见的湿空气过程的特点,能灵活应用焓-湿图对常见的湿空气过程进行分析、计算和研究。

单元 1　混合气体的性质

● 学习目标

(1)理解混合气体的含义。

(2)混合气体的分压力、分容积与总压力、总容积的关系。

(3)掌握混合气体的成分及其换算关系。

● 重点内容

(1)混合气体总压力、总容积的计算。

（2）混合气体的成分及其换算关系。

一、混合气体

热力工程中常用到由几种气体组成的混合物，即混合气体。例如，内燃机中的燃气，主要是由 N_2，CO_2，H_2O 和 O_2 等组成的混合气体。空气也是常见的混合气体，由 N_2、O_2、惰性气体及少量水蒸气等气体组成。这些混合气体成分稳定，不发生化学反应且远离液态，因此可视为理想气体。

二、混合气体的分压力和分容积

如图 1.6.1（a）所示，体积为 V 的容器中盛有压力为 p、温度为 T 的混合气体，若将每一种组成气体分离出来后，且具有与混合气体相同的温度和体积时，给予容器壁的压力称为组成气体的分压力，用 p_i 表示，如图 1.6.1（b），（c）所示。

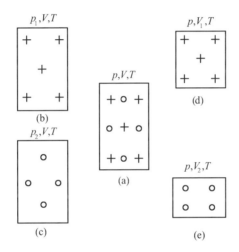

图 1.6.1 混合气体的分压力和分容积

根据道尔顿分压定律，混合气体的总压力 p 应等于每一组成气体分压力 p_i 之和，即

$$p = p_1 + p_2 + \cdots + p_n = \sum_{i=1}^{n} p_i \tag{1.6.1}$$

若将混合气体中每一组成气体分离出来后，并且具有与混合气体相同的温度和压力时，所占据的体积称为组成气体的分体积，用 V_i 表示，如图 1.6.1（d），（e）所示。

根据亚美格分体积定律，混合气体的总体积应等于每一组成气体的分体积 V_i 之和，即

$$V = V_1 + V_2 + \cdots + V_n = \sum_{i=1}^{n} V_i \tag{1.6.2}$$

三、混合气体的成分及其换算关系

1. 混合气体的成分

混合气体的成分是指各组成气体的含量占混合气体总量的百分数。按物理量单位的不同通常有三种表示方法：质量分数、体积分数和物质的量分数。

（1）质量分数

混合气体中各组成气体的质量与混合气体总质量的比值,用 g_i 表示,即

$$g_i = \frac{m_i}{m} \tag{1.6.3}$$

根据质量守恒定律有

$$m = m_1 + m_2 + \cdots + m_n$$

故

$$g_1 + g_2 + \cdots + g_n = \frac{m_1 + m_2 + \cdots + m_n}{m} = 1$$

或

$$\sum_{i=1}^{n} g_i = 1$$

上式表明:混合气体中各组成气体的质量分数之和等于1。

以干空气为例,若忽略其中的稀有气体,可近似认为由 N_2 和 O_2 组成,即 $g_{N_2} = 76.8\%$, $g_{O_2} = 23.2\%$。

(2)体积分数

混合气体中各组成气体的分体积与混合气体总体积的比值,用 r_i 表示,即

$$r_i = \frac{V_i}{V} \tag{1.6.4}$$

根据亚美格分体积定律有

$$r_1 + r_2 + \cdots + r_n = \frac{V_1 + V_2 + \cdots + V_n}{V} = 1$$

或

$$\sum_{i=1}^{n} r_i = 1$$

上式表明:混合气体中各组成气体的体积分数之和等于1。

对于干空气来说,可近似认为 $r_{N_2} = 79\%$, $r_{O_2} = 21\%$。

(3)物理的量分数

混合气体中各组成气体的物质的量与混合气体总物质的量的比值,用 x_i 表示,即

$$x_i = \frac{n_i}{n} \tag{1.6.5}$$

根据混合气体的总物质的量 n 等于各组成气体的物质的量 n_i 之和,有

$$n = n_1 + n_2 + \cdots + n_n$$

或

$$\sum_{i=1}^{n} x_i = 1$$

上式表明:混合气体中各组成气体的物质的量分数之和等于1。

2. g_i, r_i, x_i 的换算关系

(1)r_i 与 x_i 的换算关系

由图 1.6.1(a)中可写出混合气体状态方程

$$pV = nRT \tag{a}$$

由图 1.6.1(d),(e)中可写出第 i 种组成气体状态方程

$$pV_i = n_i RT \tag{b}$$

式(b)与式(a)相比可得

$$\frac{V_i}{V} = \frac{n_i}{n}$$

即
$$r_i = x_i$$

可见，混合气体的体积分数与物质的量分数相等。

（2）x_i 与 g_i 的换算关系

$$x_i = \frac{n_i}{n} = \frac{m_i/M_i}{m/M} = \frac{M}{M_i}g_i$$

由
$$M_i R_{g,i} = M R_g$$

故
$$x_i = \frac{M}{M_i}g_i = \frac{R_{g,i}}{R_g}g_i$$

或
$$g_i = \frac{M_i}{M}r_i = \frac{R_g}{R_{g,i}}r_i \tag{1.6.6}$$

式中　M_i——组成气体的摩尔质量；

　　　M——混合气体的折合摩尔质量；

　　　$R_{g,i}$——组成气体的常数；

　　　R_g——混合气体的平均气体常数。

四、混合气体的折合摩尔质量与折合气体常数

由于混合气体不是单一气体，因而无法用一个分子式来表示其化学组成，可以假设某种单一气体，其分子数和总质量恰好与混合气体的相等，这种假设单一气体的摩尔质量和气体常数即为混合气体的折合摩尔质量 M 和折合气体常数 R_g。

1. 已知 r_i 或 x_i 计算 M 和 R_g

$$M = \frac{m}{n} = \frac{\sum_{i=1}^{n} n_i M_i}{n} = \sum_{i=1}^{n} x_i M_i = \sum_{i=1}^{n} r_i M_i \tag{1.6.7}$$

$$R_g = \frac{R}{M} = \frac{8.314}{M}$$

式中 R_g 单位为 J/(mol·K)。

2. 已知 g_i 计算 R_g 和 M

$$R_g = \frac{R}{M} = \frac{nR}{m} = \frac{\sum_{i=1}^{n} n_i R}{m} = \frac{\sum_{i=1}^{n} m_i \frac{R}{M_i}}{m} = \sum_{i=1}^{n} g_i R_g$$

$$M = \frac{R}{R_g} = \frac{8.314}{R_g} \tag{1.6.8}$$

五、分压力的确定

1. 由 r_i 或 x_i 确定 p_i

由图 1.6.1(b)，(d) 可写出

$$p_i V = p V_i$$

故

$$p_i = \frac{V_i}{V}p = r_ip = x_ip \qquad (1.6.9)$$

2. 由 g_i 确定 p_i

由式(1.6.6)可得 $r_i = g_i\dfrac{R_{g,i}}{R_g}$，代入(1.6.9)式有

$$p_i = g_i\frac{R_{g,i}}{R_g}p \qquad (1.6.10)$$

六、混合气体的比热容

1 kg 混合气体温度升高(或降低)1 K 所吸收(或放出)的热量称为混合气体的比热容。

当混合气体由温度 T_1 升高到 T_2 时，所吸收的热量应等于各组成气体升高相同温度所吸收的热量之和，即

$$mc(T_2 - T_1) = m_1c_1(T_2 - T_1) + m_2c_2(T_2 - T_1) + \cdots + m_nc_n(T_2 - T_1)$$

故

$$\begin{aligned}
c &= \frac{m_1}{m}c_1 + \frac{m_2}{m}c_2 + \cdots + \frac{m_n}{m}c_n \\
&= g_1c_1 + g_2c_2 + \cdots + g_nc_n \\
&= \sum_{i=1}^{n} g_ic_i
\end{aligned} \qquad (1.6.11)$$

同理可得混合气体的摩尔热容和体积热容分别为

$$C_m = \sum_{i=1}^{n} x_iC_{m,i} \qquad (1.6.11a)$$

$$c' = \sum_{i=1}^{n} r_ic_i' \qquad (1.6.11b)$$

【例 1.6.1】 已知混合气体的体积分数为：$r_{N_2} = 65\%$，$r_{CO} = 21\%$，$r_{O_2} = 14\%$，混合气体的总压力 $p = 98.066$ kPa。求混合气体的折合摩尔质量、折合气体常数及各组成气体的分压力。

解 (1)由公式(1.6.7)可得混合气体的平均分子量

$$\begin{aligned}
M &= \sum_{i=1}^{n} r_iM_i \\
&= (0.65 \times 28 \times 10^{-3} + 0.21 \times 28 \times 10^{-3} + 0.14 \times 32 \times 10^{-3})\,\text{kg/mol} \\
&= 28.56\ \text{g/mol}
\end{aligned}$$

(2)混合气体的折合气体常数

$$R_g = \frac{8.314}{M} = \frac{8.314}{28.56 \times 10^{-3}}\ \text{J/(kg·K)} = 291.11\ \text{J/(kg·K)}$$

(3)由式(1.6.9)得分压力

$$p_{N_2} = r_{N_2}p = 0.65 \times 98.066\ \text{kPa} = 63.74\ \text{kPa}$$

$$p_{CO} = r_{CO}p = 0.21 \times 98.066\ \text{kPa} = 20.59\ \text{kPa}$$

$$p_{O_2} = r_{O_2}p = 0.14 \times 98.066\ \text{kPa} = 13.73\ \text{kPa}$$

【例 1.6.2】 若将空气中的稀有气体忽略，则其质量分数为 $g_{O_2} = 23.2\%$，$g_{N_2} = $

76.8%。试求空气的折合摩尔质量、体积分数和标准状态下的密度。

解 (1) 由式(1.6.8),空气的折合气体常数为

$$R_g = \sum_{i=1}^{n} g_i R_i$$
$$= (0.232 \times 259.8 + 0.768 \times 296.8) \, J/(kg \cdot K)$$
$$= 288.2 \, J/(kg \cdot K)$$

故

$$M = \frac{8.314}{R_g} = \frac{8.314}{288.2 \times 10^{-3}} \, kg/mol = 28.85 \, g/mol$$

(2) 由式(1.6.6),体积分数为

$$r_i = \frac{R_{g,i}}{R_g} g_i$$

$$r_{O_2} = \frac{259.8}{288.2} \times 0.232 = 0.21 = 21\%$$

$$r_{N_2} = 1 - r_{O_2} = 1 - 0.21 = 0.79 = 79\%$$

(3) 空气在标准状态下的密度为

$$\rho_0 = \frac{M}{22.4} = \frac{28.85 \times 10^{-3}}{22.4 \times 10^{-3}} \, kg/m^3 = 1.29 \, kg/m^3$$

单元2 湿空气的性质

● 学习目标

(1) 理解湿空气的总压力和分压力含义。

(2) 掌握湿空气的折合摩尔质量和折合气体常数计算。

(3) 熟悉相对湿度和含湿量的概念。

● 重点内容

(1) 湿空气的折合摩尔质量和折合气体常数计算。

(2) 相对湿度和含湿量的计算。

自然界中的空气是一种混合气体,它是由干空气和水蒸气所组成,也称为湿空气。其中干空气主要是由 N_2,O_2,CO_2 和微量的稀有气体所组成,通常作为一个不变的整体;而水蒸气主要来自江河湖海的水分蒸发。在常温常压下,大气中的水蒸气分压力很低,且远离液态,可以视为理想气体,所以湿空气可以作为理想气体看待。

一、湿空气的总压力和分压力

根据道尔顿分压定律,湿空气的总压力 p 等于干空气分压力 p_a 与水蒸气分压力 p_v 之和,即

$$p = p_a + p_v$$

在采暖与空调等工程中处理的湿空气通常都是环境大气,其压力即为当地的大气压力 p_b,这时

$$p_b = p_a + p_v \tag{1.6.12}$$

根据湿空气中水蒸气所处的状态(p_v,t)可以把湿空气分为未饱和空气和饱和空气。下面通过$p-v$图（图1.6.2）来说明。若湿空气的温度为t，所含水蒸气的分压力为p_v，当p_v低于t所对应的水蒸气饱和分压力p_s时，水蒸气处于过热状态，如图1.6.2中A点所示。这种由干空气和过热水蒸气组成的湿空气称为未饱和空气。

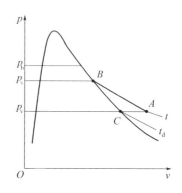

图1.6.2 湿空气中水蒸气的$p-v$图

如果湿空气的温度t保持不变，增加水蒸气的含量，则水蒸气的分压力就会相应增大，其状态点将由A点沿等温线向左上方移动，当到达B点时，水蒸气的分压力也增加到最大值$p_s(t)$，这时水蒸气达到饱和状态。这种由干空气和饱和水蒸气组成的湿空气称为饱和空气。若继续向饱和空气中加入水蒸气，则水蒸气将凝结为水滴从湿空气中析出，这说明当空气达到饱和状态时，其吸收水蒸气的能力也达到了极限状态。

如果不改变未饱和空气中水蒸气的含量，即p_v不变，对其冷却，使未饱和空气的温度t逐渐降低，其状态点将由A点沿定压冷却线AC左移，到达C点时也达到饱和状态，若继续冷却，水蒸气也将以水滴的状态析出，称为结露。此时C点的温度即对应p_v的饱和温度，称为露点温度，简称露点，用t_d表示。露点可用露点仪或湿度计测得，确定了t_d则p_v也就确定了。

综上所述，湿空气中可容纳水蒸气的数量是有限度的，在一定的温度下，水蒸气分压力愈大，则湿空气中水蒸气数量愈多，湿空气愈潮湿，所以，湿空气中水蒸气分压力的大小直接反映了湿空气的干湿程度。

二、湿空气的折合摩尔质量和折合气体常数

由理想气体状态方程及混合气体性质可得湿空气的折合摩尔质量为

$$M = 28.97 \times 10^{-3} - 10.95 \times 10^{-3} \frac{p_v}{p_b} \qquad (1.6.13)$$

干空气的折合气体常数为

$$R_a = \frac{8.314}{28.97 \times 10^{-3}} \text{J/(mol·K)} = 287 \text{ J/(mol·K)}$$

水蒸气的气体常数为

$$R_v = \frac{8.314}{18.02 \times 10^{-3}} \text{J/(mol·K)} = 461 \text{ J/(mol·K)}$$

湿空气的折合气体常数为

$$R_g = \frac{8.314}{M} = \frac{8.314}{28.97 - 10.95 \frac{p_v}{p_b}} = \frac{287}{1 - 0.378 \frac{p_v}{p_b}} \qquad (1.6.14)$$

三、相对湿度和含湿量

1. 湿空气的相对湿度

湿空气中水蒸气的分压力p_v与同温度下饱和湿空气中水蒸气分压力p_s的比值，称为

相对湿度,用 φ 表示,即

$$\varphi = \frac{p_v}{p_s} = \frac{\rho_v}{\rho''} \tag{1.6.15}$$

式中　ρ_v——湿空气中水蒸气的密度;

ρ''——饱和湿空气中水蒸气的密度。

φ 值愈小,表明湿空气愈干燥,吸收水蒸气的能力愈强;φ 值愈大,表明湿空气愈潮湿,吸收水蒸气的能力愈弱。当 $\varphi = 0$ 时,即为干空气;当 $\varphi = 1$ 时,即为饱和湿空气;介于 $0 \sim 1$ 之间的湿空气都是未饱和湿空气。

2. 湿空气的含湿量

在湿空气的处理过程中,干空气的质量往往是不发生变化的,变化的是水蒸气的质量,因此为了方便计算,常以 1 kg 干空气为计算基准。

湿空气中 1 kg 干空气所带的水蒸气的质量(以 g 计)称为含湿量,用 d 表示,即

$$d = 1\,000 \frac{m_v}{m_a} \tag{1.6.16}$$

式中,d 的单位为 g/kg(干),表示每千克干空气中含有水蒸气的克数;m_v 为水蒸气的质量(kg);m_a 为干空气的质量(kg)。

由理想气体状态方程可得 $m_v = \dfrac{p_v V}{R_v T}$ 及 $m_a = \dfrac{p_a V}{R_a T}$,代入式(1.6.16)则

$$d = 1\,000 \frac{R_a}{R_v} \frac{p_v}{p_a} = 1\,000 \times \frac{287}{461} \times \frac{p_v}{p_a}$$

$$= 622 \frac{p_v}{p_a} = 622 \frac{p_v}{p_b - p_v} \tag{1.6.17}$$

若以 $p_v = \varphi p_a$,代入则得 $d = 622 \dfrac{\varphi p_a}{p_b - \varphi p_a}$。 $\tag{1.6.18}$

四、湿空气的密度

1 m³ 湿空气所具有的干空气和水蒸气的质量称为湿空气的密度,即

$$\rho = \frac{m_a + m_v}{V} = \rho_a + \rho_v$$

$$= \frac{p_a}{R_a T} + \frac{p_v}{R_v T} = \frac{p_b - p_v}{R_a T} + \frac{p_v}{R_v T}$$

$$= \frac{p_b}{R_a T} - \left(\frac{1}{R_a} - \frac{1}{R_v}\right)\frac{p_v}{T}$$

$$= \frac{p_b}{287 T} - \left(\frac{1}{287} - \frac{1}{461}\right)\frac{p_v}{T}$$

$$= \frac{p_b}{287} - 0.001\,315 \frac{p_v}{T}$$

$$= \frac{p_b}{287} - 0.001\,315 \frac{\varphi p_a}{T} \tag{1.6.19}$$

可见,φ 增大时,ρ 则减小。在 p_b 和 T 相同时,湿空气的密度永远小于干空气的密度,即湿空气比干空气轻。

五、湿空气的焓

湿空气的比焓是指含有 1 kg 干空气的湿空气的焓值,即

$$h = \frac{m_a h_a + m_v h_v}{m_a} = h_a + 0.001 d h_v \tag{1.6.20}$$

式中 h 的单位为 kJ/kg(干);h_a 的单位为 kJ/kg(干);h_v 的单位为 kJ/kg。湿空气的焓值以 0 ℃时的干空气和饱和水为基准点,以定值比热容计算时,干空气的比焓为

$$h_a = c_p t = 1.005 t$$

水蒸气的比焓由经验公式为

$$h_v = 2\ 501 + 1.86 t$$

式中 2 501 为 0 ℃时饱和水的汽化潜热(kJ/kg);1.86 为常温下水蒸气的平均比定压热容 [kJ/(kg·K)]。将上述两式代入式(1.6.20)公式得

$$h = 1.005 t + 0.001 d(2\ 501 + 1.86 t) \tag{1.6.21}$$

六、干球温度与湿球温度

如图 1.6.3 所示为干湿球温度计。其中未包纱布的温度计是干球温度计,它所测出的是湿空气的干球温度 t。另一支感温球上包有浸于水中的湿纱布的温度计称为湿球温度计,它所指示的温度称为湿球温度 t_w。

如果湿空气是未饱和的,湿纱布中的水分将向空气流中蒸发而吸收水的热量使水温降低,形成空气与水之间的传热温差,热量将由空气传给湿纱布中的水,若水分蒸发所需的热量大于空气向水传递的热量,则水温继续下降,直到湿纱布表面水分蒸发所需的热量正好等于空气向水传递的热量时,湿纱布中的水温不再下降,达到平衡,这个稳定的温度称为湿球温度,整个蒸发和传热过程可近似看作是定焓过程。

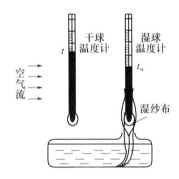

图 1.6.3 干湿球温度计

干湿球温度差愈大,说明空气愈干燥。若空气达到饱和状态,则湿球温度等于干球温度。为保证测量的准确性,空气的流速应不低于 5 m/s。

【例 1.6.3】 已知室内空气相对湿度为 50%,温度为 20 ℃,大气压力为 0.101 3 MPa,求湿空气的露点温度、含湿量、密度、比焓和平均气体常数。

解 (1)由 $t = 20$ ℃,查附表 A-1 得

$$p_a = 2336.8 \text{ Pa}$$

故

$$p_v = \varphi p_a = 0.5 \times 2\ 336.8 \text{ Pa} = 1\ 168.4 \text{ Pa}$$

而湿空气的露点温度就是 p_v 所对应的饱和温度,查附表 A-2 得

$$t_d = 8.76 \text{ ℃}$$

(2)含湿量

$$d = 622 \frac{p_v}{p_b - p_v} = 622 \times \frac{1\ 168.4}{101\ 300 - 1\ 168.4} \text{ g/kg(干)}$$

$$= 7.26 \text{ g/kg}(\text{干})$$

（3）密度

$$\rho = \frac{p_b}{287T} - 0.001\ 315\ \frac{p_v}{T}$$

$$= \left[\frac{101\ 300}{287 \times (273 + 20)} - 0.001\ 315 \times \frac{1\ 168.4}{273 + 20}\right] \text{kg/m}^3$$

$$= 1.2 \text{ kg/m}^3$$

（4）比焓

$$h = 1.01t + 0.001d(2\ 501 + 1.85t)$$

$$= [1.01 \times 20 + 0.001 \times 7.26 \times (2\ 501 + 1.85 \times 20)] \text{kJ/kg}(\text{干})$$

$$= 38.63 \text{ kJ/kg}(\text{干})$$

（5）折合气体常数

由

$$M = 28.97 \times 10^{-3} - 10.95 \times 10^{-3} \frac{p_v}{p_b}$$

$$= \left(28.97 \times 10^{-3} - 10.95 \times 10^{-3} \frac{1\ 168.4}{101\ 300}\right) \text{kg/mol}$$

$$= 28.84 \text{ g/mol}$$

故

$$R = \frac{8.314}{M} = \frac{8.314}{28.84 \times 10^{-3}} \text{ J/(kg} \cdot \text{K)} = 288.28 \text{ J/(kg} \cdot \text{K)}$$

单元 3 湿空气的焓湿图

● **学习目标**

（1）熟悉湿空气 $h-d$ 图的构成。

（2）掌握应用 $h-d$ 图进行计算。

● **重点内容**

应用 $h-d$ 图进行计算。

湿空气的 $h-d$ 图是以 1 kg 干空气量的湿空气为基准，在 0.1 MPa 的大气压力下，以焓（h）为纵坐标，含湿量（d）为横坐标绘制而成的。利用 $h-d$ 图不仅可以确定湿空气的状态，查出其状态参数，还可以用来分析湿空气的热力过程。

一、湿空气 $h-d$ 图的构成

如图 1.6.4 所示，为使图面展开，采用了两坐标夹角为 135° 的坐标系，图中共有下列五种线簇：

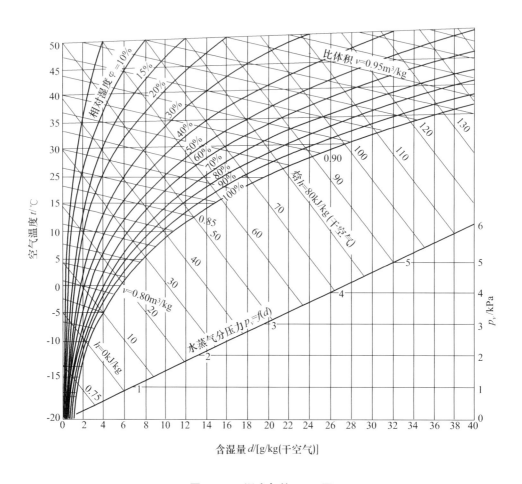

图 1.6.4   湿空气的 $h-d$ 图

1. 定焓线(定 h 线)

定 h 线是一组与纵坐标轴成 $135°$ 角的平行直线。

湿空气的湿球温度 t_w 是定焓冷却至饱和湿空气($\varphi=100\%$)时的温度。因此,不同状态的湿空气只要其 h 相同,则具有相同的湿球温度。

2. 定含湿量线(定 d 线)

定 d 线是一组与纵坐标轴平行的直线。

露点 t_d 是湿空气定湿冷却至饱和湿空气($\varphi=100\%$)时的温度。因此不同状态的湿空气,只要其含湿量 d 相同,则具有相同的露点。

3. 定温线(定 t 线)

定温线是一组互不平行的直线,随着 t 的增高,定温线的斜率增大。

4. 定相对湿度线(定 φ 线)

定 φ 线是一组曲线。$\varphi=0$ 线就是干空气线,此时,$d=0$,即与纵坐标轴重合。$\varphi=100\%$ 线是饱和空气线,它将图面分成两部分:左上部是未饱和空气,$\varphi<1$,其中水蒸气为过热状态;右下部无实用意义,湿空气中多余的水蒸气会以水滴的形式析出,湿空气本身仍保持饱和状态($\varphi=100\%$)。

5. 水蒸气分压力线

由公式(1.6.17)可知,给出一个 d 值就可得到相应的 p_v 值,所以可绘出 d 与 p_v 的变换线,在 $\varphi=100\%$ 曲线下方,把与 d 相对应的 p_v 值表示在图右下方的纵坐标轴上,也有的表示在图的正上方。

图1.6.4中还绘出了一组定比体积(v)线。

二、$h-d$ 图的应用

当大气压力 p_b 确定时,只要已知 t、φ、h 或(t_w)、d(或 p_v、t_d)中任意两个独立参数,就可在 $h-d$ 图上确定湿空气的状态点,查出其余参数。

【例1.6.4】 已知湿空气的温度 $t=30$ ℃,相对湿度 $\varphi=60\%$,大气压力 $p_b=0.1$ MPa,试利用 $h-d$ 图确定空气的状态点并查出其余参数。

解 如图1.6.5所示。根据 $t=30$ ℃的定温线和 $\varphi=60\%$ 的定相对湿度线的交点确定状态点1,查得

$$h=71.2 \text{ kJ/kg}$$

$$d=16.2 \text{ g/kg(干)}$$

过1点作定 d 线与 $\varphi=100\%$ 线相交于2点,查出 $t_d=21.2$ ℃;再向下与水蒸气分压力线相交于3点,查出 $p_v=2.4$ kPa。过1点作定 h 线与 $\varphi=100\%$ 线相交得4点,查出 $t_w=23.8$ ℃。

【例1.6.5】 已知干湿球温度计的读数为 $t=30$ ℃,$t_w=15$ ℃,大气压力 $p_b=0.1$ MPa,试在 $h-d$ 图上确定湿空气的状态点。

解 如图1.6.6所示,由 $t_w=15$ ℃的定温线与 $\varphi=100\%$ 线相交得1点,过1点作定 h 线与 $t=30$ ℃的定温线相交得2点,2点即为湿空气的状态点。

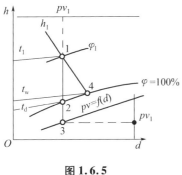

图1.6.5

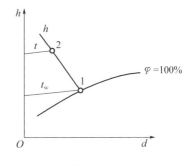

图1.6.6

单元4 湿空气的基本热力过程

● **学习目标**

(1)了解湿空气的基本热力过程。

(2)熟悉湿空气的基本热力过程的有关计算。

•**重点内容**

湿空气的三个典型基本热力过程计算公式。

一、加热(或冷却)过程

在加热(或冷却)过程中,湿空气的含湿量保持不变,过程沿定 d 线变化。加热时,湿空气的温度升高,焓值增大,但相对湿度减少了,如图 1.6.7 中 1—2 过程。加热过程可用于空气的干燥处理。冷却过程则相反,为 1—2′过程。

加热(或冷却)过程中吸热量(或放热量)为

$$q = h_2 - h_1$$

式中 h_1,h_2 分别为初、终态湿空气的比焓值[kJ/kg(干)]。

二、绝热加湿过程

在绝热条件下,向湿空气中加入水分以增加其含湿量称为绝热加湿过程。一般是在喷淋室中通过喷入循环水来完成的。在此过程中,湿空气的 h 值基本不变,可视为定焓过程。

如图 1.6.8 中 1—2 过程。绝热加湿后,湿空气的 d 增加,φ 提高,而 t 降低了,这是由于绝热过程水分蒸发所吸收的汽化潜热取自空气本身的原因。

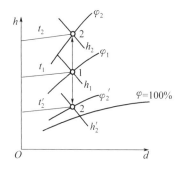

图 1.6.7 湿空气的加热(或冷却)过程   **图 1.6.8 湿空气的绝热加湿过程**

绝热加湿过程中的喷水量为

$$\Delta d = d_2 - d_1$$

式中 d_1,d_2 分别为湿空气初、终态的含湿量[g/kg(干)]。

三、冷却去湿过程

如果将湿空气冷却到露点温度,湿空气达到饱和状态,若继续冷却,蒸汽将会凝结析出,从而达到去湿的目的,如图 1.6.9 中 1—c—2 过程。

当湿空气的温度降低到露点 C 后,将沿 $\varphi = 100\%$ 线向左移至 2 点,其 d 减少,t 值降低,但始终保持饱和状态。

冷却去湿过程中的放热量为

$$q = h_2 - h_1$$

式中 h_1,h_2 分别为湿空气初、终状态的比焓[kJ/kg(干)]。

冷却去湿过程中的去湿量为

$$\Delta d = d_2 - d_1$$

式中 d_1，d_2 分别为湿空气初、终态的含湿量[g/kg(干)]。

【例 1.6.6】 烘干用的湿空气状态为 $t_1 = 25\ ℃$，$\varphi_1 = 60\%$，在加热器中加热到 $t_2 = 50\ ℃$，然后送入烘箱用以烘干物体。湿空气从烘箱出来时温度 $t_3 = 40\ ℃$。设当地大气压力 $p_b = 0\ MPa$，求烘箱中每吸收 1 kg 水分所需供入多少湿空气及加热器中应加入的热量为多少？

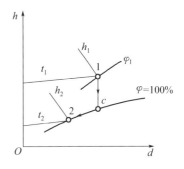

图 1.6.9 湿空气的冷却去湿过程

解 如图 1.6.10 所示，由 $t_1 = 25\ ℃$，$\varphi_1 = 60\%$ 确定状态点 1，查得 $h_1 = 56\ kJ/kg(干)$，$d_1 = 12\ g/kg(干)$。过 1 点作定 d 线与 $t_2 = 50\ ℃$ 定温线相交得 2 点，查出 $h_2 = 82\ kJ/kg(干)$，$d_2 = d_1 = 12\ g/kg(干)$。过 2 点沿定 h 线交 $t_3 = 40\ ℃$ 定温线得 3 点，查出 $d_3 = 16\ g/kg(干)$，$h_3 = h_2 = 82\ kJ/kg(干)$。

故 1 kg 干空气吸收的水分为
$$\Delta d = d_3 - d_2 = (16 - 12)\ g/kg(干) = 4\ g/kg(干)$$
每吸收 1 kg 水分所需的干空气量为

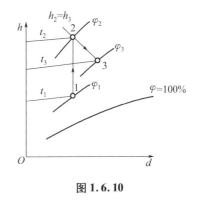

图 1.6.10

$$m_a = \frac{1}{\Delta d} = \frac{1\ 000}{4}\ kg(干) = 250\ kg(干)$$

加热器中应加入的热量为
$$Q = m_a(h_2 - h_1) = 250 \times (82 - 56)\ kJ = 6\ 500\ kJ$$

思考与练习题

1. 什么是混合气体，其分压力与总压力之间是何种关系？

2. 什么叫未饱和湿空气和饱和湿空气？

3. 什么是湿空气的露点温度？为何会出现降雾、结露或结霜的自然现象？说明它们发生的条件。

4. 为什么晴天晒衣服容易干，而阴天晒衣服则不易干？

5. 对于未饱和湿空气，湿球温度、干球温度及露点温度三者哪个大？对于饱和湿空气，它们的大小关系又将如何？

6. 在冬季采暖季节，为什么房间外墙内表面温度必须高于空气露点温度？

7. 湿空气的含湿量愈大相对湿度愈大，这种说法对吗？若湿空气的含湿量不变，湿空气温度愈高就愈干燥吗？

8. 混合气体的体积分数为 $r_{CO_2} = 12\%$，$r_{H_2O} = 9\%$，$r_{N_2} = 79\%$，试求各组成气体的质量分数和分压力。混合气体的总压力为 75 kPa。

9. 若忽略干空气中的稀有气体，已知其质量分数为 $g_{O_2} = 23.2\%$，$g_{N_2} = 76.8\%$，求干空气的折合摩尔质量、折合气体常数、体积分数及干空气在标准状态下的密度。

10. 某混合气体是由 1.3 m³ 的空气和 1 m³ 的发生炉煤气所组成,在物理标准状态下发生炉煤气的密度为 1.2 kg/m³,求此可燃混合气体的折合气体常数及折合摩尔质量。

11. 已知湿空气的温度 $t = 25$ ℃,相对湿度 $\varphi = 70\%$,大气压力 $p_b = 0.1$ MPa,试确定湿空气的 p_v, t_d, d, h, ρ。

12. 已知大气压 $p_b = 0.1$ MPa,试利用 $h - d$ 图分别确定湿空气下列各点的其余参数:

(1) $t = 25$ ℃,$\varphi = 50\%$;

(2) $t = 30$ ℃,$t_w = 25$ ℃;

(3) $t = 35$ ℃,$t_d = 25$ ℃;

(4) $t = 20$ ℃,$d = 10$ g/kg(干);

(5) $\varphi = 70\%$,$d = 20$ g/kg(干);

(6) $h = 56$ kJ/kg,$d = 10$ g/kg(干)。

13. 已知大气压 $p_b = 0.1$ MPa,湿空气的温度 $t = 20$ ℃,露点温度 $t_d = 0$ ℃,试求湿空气的含湿量和相对湿度。如将上述湿空气定湿加热到 40 ℃时,其相对湿度有何变化?

14. 黄昏时的气温为 10 ℃,相对湿度为 80%,若夜间气温降低至 5 ℃,能否出现露水?

15. 表面温度为 17 ℃的冷表面,在温度为 20 ℃,相对湿度为 $\varphi = 90\%$ 的空气中,还是在温度为 20 ℃,相对湿度为 $\varphi = 70\%$ 的空气中会出现结露现象?

16. 大气压力为 $p_b = 0.1$ MPa,状态为 $t_1 = 10$ ℃,$\varphi_1 = 60\%$ 的湿空气进入加热器加热到 30 ℃,求加热量。

 知识链接

焓湿图是将湿空气各种参数之间的关系用图线表示。一般是按当地大气压绘制,从图上可查知温度、相对湿度、含湿量、露点温度、湿球温度、水蒸气含量及分压力、空气的焓值等空气状态参数。为了解空气状态及对空气进行处理(空气调节)提供依据。图上亦可反映出空气的处理过程。

任务七　气体在喷管中的流动

▶ 任务提要

本任务讨论气体和蒸汽在流道中的流动,主要研究在工程上常见的绝热流动过程(可逆与不可逆过程),内容包括流动的基本方程、定熵流动特性及气体在喷管(或扩压管)中流动过程的分析计算(包括设计及校核计算)。同时对有摩擦的不可逆流动过程及节流过程也进行简要的分析。

▶ 任务要求

(1) 了解流动过程必须遵循的基本规律——基本方程组。

(2) 理解定熵流动的特性方程是反映可逆绝热流动规律的一般性方程式,由该方程可知,在流体流动中综合考虑能量平衡和状态变化的结果发现亚声速气流与超声速气流在其流动特性上是截然不同的。

（3）能进行喷管（或扩压管）的设计计算及校核计算。特别注意在理想气体流动过程的计算中常采用解析计算方法而在水蒸气的计算中多借助于水蒸气图表（特别是 $h-s$ 图）进行。

（4）能分析计算存在摩擦的绝热流动过程及节流过程，了解节能冷效应、热效应及零效应的含义及应用。

在实际热力过程中，经常要处理气体和蒸汽在管路设备中的流动，例如蒸汽轮机、燃气轮机等动力设备中，使高温高压气体通过喷管产生高速气流，然后利用高速气流冲击叶轮旋转而输出机械功。喷管就是用于增加气体或蒸汽流速的变截面短管，在工程上应用广泛。与喷管中的热力过程相反，在工程实际中还有另一种转换，即高速气流进入变截面短管中时，气流的流速降低，而压力升高。这种能使气流压力升高而速度降低的变截面短管称为扩压管。扩压管在叶轮式压气机中得到应用。由于气体在扩压管中所经历的过程是喷管中过程的逆过程，所以，本书只介绍气体在喷管中的流动过程。

单元1　喷管中的稳定流动基本方程

●学习目标

（1）了解连续性方程的表达式。

（2）掌握稳定流动能量方程。

（3）熟悉过程方程式和声速方程式。

●重点内容

（1）掌握一维绝热稳定流动的基本方程。

（2）理解喷管流动的特性。

所谓稳定流动，就是工质以恒定的流量连续不断地进出系统，系统内部及界面上各点工质的状态参数和宏观运动参数都保持一定，不随时间变化。气体在喷管中的流动过程可看作是稳定流动，如果只考虑气体的参数只沿喷管的轴向发生变化，问题可以简化为一维稳定流动问题。

一、连续性方程

如图 1.7.1 为一维稳定流动示意图，设流经截面 1—1 和 2—2 的质量流量分别为 q_{m_1} 和 q_{m_2}，若在此两截面没有流进和排出的流体，则据质量守恒原理有

$$q_{m_1} = q_{m_2} = q_m = \frac{Ac_f}{v} = 常数 \quad (1.7.1)$$

式中 A 为截面积，c_f 为流速。

将上式微分，并整理得

$$\frac{dA}{A} + \frac{dc_f}{c_f} - \frac{dv}{v} = 0 \quad (1.7.2)$$

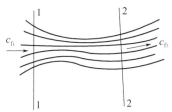

图 1.7.1　一维稳定流动示意图

式(1.7.2)称为稳定流动连续性方程。它描述了流体的流速、比体积和截面之间的关系。该式适用于任何工质的可逆与不可逆过程。

二、稳定流动能量方程

在任意流道内作稳定流动的气体或蒸汽，服从稳定流动能量方程式，即

$$q = \Delta h + \frac{1}{2}\Delta c_f^2 + g\Delta z + w_s$$

对喷管，流体流过时速度高、时间短，来不及与外界交换，可视为绝热稳定流动，而且流动过程不做功，位能变化可忽略。则上式可简化为

$$\Delta h + \frac{1}{2}\Delta c_f^2 = 0$$

或写成

$$h + \frac{1}{2}c_f^2 = 常数 \tag{1.7.3}$$

上式的微分形式为

$$dh + c_f dc_f = 0 \tag{1.7.4}$$

式(1.7.3)表明，喷管任一截面上的焓与动能之和保持定值，因而气体动能的增加等于气流的焓降。该式是研究喷管内流动的能量变化的基本关系式，既适用于可逆过程，也适用于不可逆过程。

气体在绝热流动过程中，因受到某些物体的阻碍流速降为零的过程称为绝热滞止过程。由能量方程(1.7.3)，当气体绝热滞止时速度为零，故滞止时气体的焓 h_0 为

$$h_0 = h + \frac{c_f^2}{2} \tag{1.7.5}$$

对于理想气体，若比热容取为定值，由上式可得

$$c_p T_0 = c_p T + \frac{c_f^2}{2}$$

所以滞止温度为

$$T_0 = T + \frac{c_f^2}{2c_p} \tag{1.7.6}$$

式中 T 和 c_f 分别是任一截面上气流的热力学温度和流速。

气体绝热滞止时的压力称为滞止压力，据绝热过程方程式有

$$p_0 = p\left(\frac{T_0}{T}\right)^{\frac{\kappa}{\kappa-1}} \tag{1.7.7}$$

式(1.7.6)和(1.7.7)表明滞止温度高于气流温度，滞止压力高于气流压力，且气流速度越大，这种差别也越大。这种现象对高速流动的场合有特别重要的意义。

三、过程方程式

如上所述，气体在喷管中的流动可视为绝热流动，同时又无摩擦和扰动，因此可认为该过程是可逆绝热过程。对理想气体，若比热容取为定值时则有

$$pv^\kappa = 常数$$

对于微元过程

$$\frac{\mathrm{d}p}{p} + \kappa \frac{\mathrm{d}v}{v} = 0 \qquad\qquad (1.7.8)$$

若比热容随过程变化,则 κ 取过程范围内的平均值。对于水蒸气一类的实际气体,上式仍可采用,但 κ 不再是 c_p/c_V,而是一个纯经验数值。

四、声速方程

由物理学已经知道,声音在气体中的传播速度为声速,即声速 c 可按下式计算

$$c = \sqrt{\kappa p v} \qquad\qquad (1.7.9)$$

对理想气体,可进一步写成

$$c = \sqrt{\kappa R_g T} \qquad\qquad (1.7.10)$$

可见,声速不是一个固定不变的常数,它与介质的性质及其状态有关,也是状态参数,理想气体中的声速只取决于热力学温度。因此,介质处于某一状态的声速称为当地声速。

在研究气体流动时,通常把气体的流速与当地声速的比值称为马赫数,用符号 Ma 表示为

$$Ma = \frac{c_f}{c} \qquad\qquad (1.7.11)$$

马赫数是研究气体流动特性的一个很重要的数值。当 $Ma < 1$ 时,即气流速度小于当地声速时,称为亚声速;当 $Ma = 1$ 时,气流速度等于当地声速;当 $Ma > 1$ 时,气流速度大于当地声速,称为超声速。

连续性方程式、可逆绝热过程方程式、稳定流动能量方程式和声速方程式是分析流体一维、稳定、不做功的可逆绝热流动过程的基本方程组。

单元 2　喷管截面的变化规律

- **学习目标**
  (1)掌握喷管截面与气体流速之间的变化规律和马赫数 Ma 的关系。
  (2)熟悉喷管的种类。

- **重点内容**
  (1)讨论喷管截面与气体流速之间的变化规律和马赫数 Ma 的关系。
  (2)指出几种喷管的结构特点。

喷管的设计应该使喷管在给定的进口压力和出口压力下,尽可能获得更多的动能。这就要求喷管的流道形状符合流动过程的规律,不产生任何能量损失,使气体在喷管中进行可逆绝热流动。这时喷管截面积的变化和气体速度变化、状态变化之间的关系,就可由上述喷管流动基本方程式求得。

对于喷管定熵稳定流动过程,由热力学第一定律第二解析式 $\delta q = \mathrm{d}h - v\mathrm{d}p$,考虑绝热条件,则

$$\mathrm{d}h = v\mathrm{d}p$$

对比式(1.7.4),可得 $\qquad\qquad c_f \mathrm{d}c_f = -v\mathrm{d}p \qquad\qquad (a)$

由过程方程(1.7.8),有 $\qquad\qquad \mathrm{d}p = -\kappa p \frac{\mathrm{d}v}{v} \qquad\qquad (b)$

将(b)代入(a)得
$$c_f dc_f = \kappa p v \frac{dv}{v}$$

上式可改写为
$$\frac{dv}{v} = \frac{c_f^2}{\kappa p v} \frac{dc_f}{c_f} \tag{c}$$

将(c)代入连续性方程(1.7.2),整理后得
$$\frac{dA}{A} = (Ma^2 - 1) \frac{dc_f}{c_f} \tag{1.7.12}$$

上式表明,喷管截面与气体流速之间的变化规律取决于马赫数 Ma,变化规律是:

$Ma < 1$,亚声速流动,$dA < 0$,说明亚声速流若要加速,气流截面收缩,如图 1.7.2(a)所示,称为渐缩喷管。

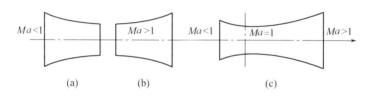

图 1.7.2　喷管示意图

$Ma = 1$,声速流动,$dA = 0$,气流截面缩至最小;

$Ma > 1$,超声速流动,$dA > 0$,说明超声速流若要加速,气流截面扩张,如图 1.7.2(b)所示,称为渐扩喷管。

分析式(1.7.12)可知,通过渐缩喷管,气流速度最大只能达到声速。若使气流在喷管中由亚声速连续增加至超声速,其截面变化应该是先收缩后扩张,即缩放喷管,或称为拉瓦尔喷管,如图 1.7.2(c)所示。其最小截面处称为喉部,喉部处气流速度即是当地声速,此处是气流由亚声速变化到超声速的转折点,称为临界截面,截面上各参数称为临界参数,临界参数用相应参数加下脚标 cr 表示,如临界压力表示为 p_{cr} 等。

单元3　喷管中气体流速及流量计算

- **学习目标**

(1)掌握喷管流速的计算方法。

(2)掌握喷管流量的计算方法。

- **重点内容**

喷管流量的计算。

喷管的计算一般分为设计计算和校核计算两种。计算中包含流速的计算、流量的计算及喷管的形状选择和尺寸计算。这里只介绍流速和流量的计算方法。

一、流速的计算

根据能量方程式(1.7.3)

$$h + \frac{1}{2}c_f^2 = 常数$$

则
$$\frac{1}{2}\left(c_{f_2}^2 - c_{f_1}^2\right) = h_1 - h_2$$

一般情况喷管进口流速 c_{f_1} 与出口流速 c_{f_2} 相比很小,可以忽略,于是出口截面上流速为

$$c_{f_2} = \sqrt{2(h_1 - h_2)} \tag{1.7.13}$$

式(1.7.13)由能量方程导出,对理想气体和实际气体均适用,与过程是否可逆无关。

若对定比热理想气体,且流动可逆,则

$$c_{f_2} = \sqrt{2(h_1 - h_2)} = \sqrt{2c_p(T_1 - T_2)}$$

$$= \sqrt{\frac{2\kappa}{\kappa - 1}R_g T_1\left(1 - \frac{T_2}{T_1}\right)}$$

$$= \sqrt{\frac{2\kappa}{\kappa - 1}R_g T_1\left[1 - \left(\frac{p_2}{p_1}\right)^{\frac{\kappa-1}{\kappa}}\right]}$$

或

$$c_{f_2} = \sqrt{\frac{2\kappa}{\kappa - 1}p_1 v_1\left[1 - \left(\frac{p_2}{p_1}\right)^{\frac{\kappa-1}{\kappa}}\right]} \tag{1.7.14}$$

可见,喷管出口截面的流速取决于工质的性质、进口截面处工质的状态及进出口截面处工质的压力比 p_2/p_1。当工质及进口截面处的状态确定时,喷管出口截面的流速只取决于压力比 p_2/p_1,并随 p_2/p_1 的减小而增大。

【例 1.7.1】 压力为 $p_1 = 0.5$ MPa 的干饱和蒸汽在喷管中绝热膨胀至 $p_2 = 0.4$ MPa,水蒸气的质量流量为 $q_m = 0.56$ kg/s,试求出口速度及出口截面积。

解 根据水蒸气的 $h-s$ 图可确定进、出口截面上的参数为
$$h_1 = 2\,745 \text{ kJ/kg}, h_2 = 2\,705 \text{ kJ/kg}, v_2 = 0.45 \text{ m}^3/\text{kg}$$

由式(1.7.13)可得出口速度为

$$c_2 = \sqrt{2(h_1 - h_2)} = \sqrt{2 \times 10^3 \times (2\,745 - 2\,705)} \text{ m/s} = 283 \text{ m/s}$$

由连续性方程可得出口截面积为

$$A_2 = \frac{q_m v_2}{c_2} = \frac{0.56 \times 0.45}{283} \text{ m}^2 = 8.83 \times 10^{-4} \text{ m}^2 = 8.83 \text{ cm}^2$$

由前面分析已知,$Ma = 1$ 的截面称为临界截面,该截面的压力为临界压力,压力比 p_{cr}/p_1 称为临界压力比,用符号 v_{cr} 表示。由上式可得临界截面上的流速为

$$c_{f,cr} = \sqrt{\frac{2\kappa}{\kappa - 1}p_1 v_1\left[1 - \left(\frac{p_{cr}}{p_1}\right)^{\frac{\kappa-1}{\kappa}}\right]}$$

而此处流速应等于当地声速,即

$$c_{f,cr} = \sqrt{\kappa p_{cr} v_{cr}}$$

比较上面两式,并根据过程方程 $p_1 v_1^\kappa = p_{cr} v_{cr}^\kappa$,可求得临界压力比为

$$v_{cr} = \frac{p_{cr}}{p_1} = \left(\frac{2}{\kappa + 1}\right)^{\frac{\kappa}{\kappa-1}} \tag{1.7.15}$$

从式中可以看出临界压力比与工质性质有关。对于理想气体,若取定值比热,则双原

子气体的 $\kappa = 1.4, v_{cr} = 0.528$。对于水蒸气,如取过热蒸汽的 $\kappa = 1.3$,则 $v_{cr} = 0.546$;对于干饱和蒸汽,如取 $\kappa = 1.135$,则 $v_{cr} = 0.577$。

将式(1.7.15)代入式(1.7.16),可得临界流速为

$$c_{f,cr} = \sqrt{\frac{2\kappa}{\kappa + 1} p_1 v_1} \tag{1.7.16}$$

对于理想气体

$$c_{f,cr} = \sqrt{\frac{2\kappa}{\kappa + 1} R_g T_1}$$

临界压力比是分析管内流动的一个非常重要的数值,是选择喷管形状的重要依据。由前面分析可知,当 $p_2/p_1 \geqslant v_{cr}$,即 $p_2 \geqslant p_{cr}$ 时,应选择渐缩喷管;当 $p_2/p_1 < v_{cr}$,即 $p_2 < p_{cr}$ 时,应选择渐放喷管。

二、流量的计算

根据气体稳定流动的连续性方程,气体通过喷管任何截面的质量流量都是相等的。即

$$q_{m_1} = q_{m_2} = q_m = \frac{A c_f}{v} = 常数$$

可见,无论哪一个截面计算流量,所得的结果都应该是一样的。通常选用最小截面来计算流量。即

$$q_m = \frac{A_2 c_{f_2}}{v_2}$$

对于理想气体在渐缩喷管中的流动,由状态参数关系

$$v_2 = v_1 \left(\frac{p_2}{p_1} \right)^{\frac{1}{\kappa}}$$

速度计算关系式(1.7.14)

$$c_{f_2} = \sqrt{\frac{2\kappa}{\kappa - 1} p_1 v_1 \left[1 - \left(\frac{p_2}{p_1} \right)^{\frac{\kappa - 1}{\kappa}} \right]}$$

据连续性方程可得

$$q_m = A_2 \sqrt{\frac{2\kappa}{\kappa - 1} \frac{p_1}{v_1} \left[\left(\frac{p_2}{p_1} \right)^{\frac{2}{\kappa}} - \left(\frac{p_2}{p_1} \right)^{\frac{\kappa - 1}{\kappa}} \right]} \tag{1.7.17}$$

或写成

$$q_m = A_{min} \sqrt{\frac{2\kappa}{\kappa - 1} \frac{p_1}{v_1} \left[\left(\frac{p_2}{p_1} \right)^{\frac{2}{\kappa}} - \left(\frac{p_2}{p_1} \right)^{\frac{\kappa - 1}{\kappa}} \right]}$$

由上式可见,在喷管出口截面积与进口参数 p_1, v_1 保持不变的情况下,流量 q_m 只取决于压力比 p_2/p_1,流量随压力比的变化关系如图1.7.3所示。当 $p_2/p_1 = 1$ 时,$q_m = 0$。随着 p_2/p_1 的减小,流量 q_m 逐渐增加,当 p_2/p_1 达到临界压力比时,q_m 达到最大值 $q_{m,max}$。在此之后,继续减小喷管出口所在的空间压力(也称为背压),出口截面的压力仍维持临界压力不变,流量保持最大值 $q_{m,max}$。

将前面已得到的临界压力比关系式(1.7.15)代入流量计算式(1.7.17)可得

$$q_{m,\max} = A_{\min}\sqrt{\frac{2\kappa}{\kappa+1}\left(\frac{2}{\kappa+1}\right)^{\frac{2}{\kappa-1}}\frac{p_1}{v_1}} \qquad (1.7.18)$$

只要喷管的背压小于临界压力,其喉部截面上的压力就总是保持临界压力,其流量总保持最大值 $q_{m,\max}$,不随背压的降低而增大,所以上式也适用于缩放喷管。

【例1.7.2】 压缩空气进入喷管时的压力 $p_1 = 0.3$ MPa, $t_1 = 50$ ℃,渐缩喷管的出口截面积 $A_2 = 10$ cm²,若喷管的出口压力 $p_2 = 0.1$ MPa,求流经喷管的质量流量是多少?

解 空气可视为双原子气体,$\kappa = 1.4$,喷管进口截面比体积为

$$v_1 = \frac{RT_1}{p_1} = \frac{287 \times (273+50)}{0.3 \times 10^6} \text{ m}^3/\text{kg} = 0.31 \text{ m}^3/\text{kg}$$

由式(1.7.17)可求出空气流经喷管的质量流量为

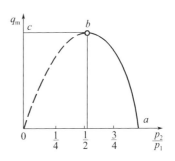

图1.7.3 渐缩喷管的流量–压力变化图

$$q_m = A_2\sqrt{2\frac{\kappa}{\kappa-1}\frac{p_1}{v_1}\left[\left(\frac{p_2}{p_1}\right)^{\frac{2}{\kappa}} - \left(\frac{p_2}{p_1}\right)^{\frac{\kappa+1}{\kappa}}\right]}$$

$$= 10 \times 10^{-4}\sqrt{2 \times \frac{1.4}{1.4-1} \times \frac{0.3 \times 10^6}{0.31}\left[\left(\frac{0.1}{0.3}\right)^{\frac{2}{1.4}} - \left(\frac{0.1}{0.3}\right)^{\frac{1.4+1}{1.4}}\right]} \text{ kg/s}$$

$$= 0.62 \text{ kg/s}$$

【例1.7.3】 有压力 $p_1 = 2$ MPa、温度 $t_1 = 300$ ℃的水蒸气经一渐缩渐扩喷管流入压力为0.1 MPa的大空间中,喷管的喉部截面面积 $A_{\min} = 25$ cm²。试求临界速度、出口速度、质量流量及出口截面面积。

解 由 $p_1 = 2$ MPa, $t_1 = 300$ ℃在水蒸气的 $h-s$ 图上可确定其初态为过热蒸汽,查得 $h_1 = 3\,024$ kJ/kg。由过热蒸汽 $\kappa = 1.3$,得临界压力比 $\beta = \frac{p_c}{p_1} = \left(\frac{2}{\kappa+1}\right)^{\frac{\kappa}{\kappa-1}} = \left(\frac{2}{1.3+1}\right)^{\frac{1.3}{1.3-1}} = 0.546$。因此 $p_c = \beta p_1 = 0.546 \times 2$ MPa $= 1.092$ MPa。由定压线 p_c 与过初态点1的垂线相交得临界状态点,如图1.7.4所示。

查得 $h_c = 2\,864$ kJ/kg, $v_c = 0.22$ m³/kg。由 $p_2 = p_b = 0.1$ MPa同理可确定出口状态点2,查得 $h_2 = 2\,419$ kJ/kg, $v_2 = 1.54$ m³/kg。

故临界速度为

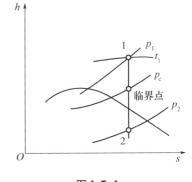

图1.7.4

$$c_c = \sqrt{2(h_1 - h_2)}$$

$$= \sqrt{2 \times (3\,024 - 2\,864) \times 10^3} \text{ m/s}$$

$$= 565.69 \text{ m/s}$$

出口速度为

$$c_2 = \sqrt{2(h_1 - h_2)}$$

$$=\sqrt{2(3\,024-2\,419)\times10^{3}}\ \text{m/s}$$
$$=1\,100\ \text{m/s}$$

质量流量为

$$q_{m}=\frac{A_{\min}c_{c}}{v_{c}}=\frac{25\times10^{-4}\times565.69}{0.22}\ \text{kg/s}=6.43\ \text{kg/s}$$

出口截面面积为

$$A_{2}=\frac{q_{m}v_{2}}{c_{2}}=\frac{6.43\times1.54}{1\,100}\ \text{m}^{2}=9.0\times10^{-3}\ \text{m}^{2}=90\ \text{cm}^{2}$$

思考与练习题

1. 气体和蒸汽在管道内流动时,可通过哪三个基本方程来描述?

2. 喷管和扩压管有何区别?

3. 渐缩喷管中气流的速度最大可达多少?

4. 当气流速度分别为亚音速和超音速时,下列形状的管道宜于作喷管还是扩压管?

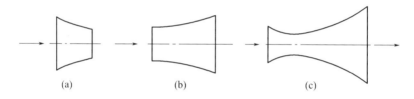

图 1.7.5   习题 4 图

5. 什么是绝热节流? 绝热节流过程是否是定焓过程? 在绝热节流过程中气体的参数是如何变化的?

6. 初态为 $p_{1}=3.5$ MPa,$t_{1}=350$ ℃的水蒸气,在喷管中绝热膨胀到 $p_{2}=0.1$ MPa。已知流经喷管的质量流量 $q_{m}=10$ kg/min,试求渐缩喷管出口处水蒸气流速及出口截面积。

7. 空气进入渐缩喷管时的压力 $p_{1}=0.2$ MPa、温度 $t_{1}=300$ ℃,渐缩喷管的出口直径 $d_{2}=10$ mm,若出口压力 $p_{2}=0.1$ MPa,求空气流经喷管的质量流量是多少?

8. 空气以初态 $p_{1}=2$ MPa,$t_{1}=30$ ℃进入渐缩喷管,若出口截面积 $A_{2}=10$ cm^{3},求空气经喷管射出时的速度、流量以及出口截面上空气的状态参数 t_{1},t_{2}。设喷管背压为 1.5 MPa。

知识链接

拉瓦尔喷管

拉瓦尔喷管是火箭发动机和航空发动机最常用的构件,由两个锥形管构成,如图1所示,其中一个为收缩管,另一个为扩张管。

拉瓦尔喷管是推力室的重要组成部分。喷管的前半部是由大变小向中间收缩至一个窄喉。窄喉之后又由小变大向外扩张至箭底。箭体中的气体受高压流入喷嘴的前半部,穿过窄喉后由后半部逸出。这一架构可使气流的速度因喷截面积的变化而变化,使气流从亚

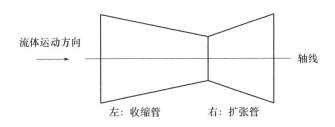

图1 拉瓦尔喷管示意图

音速到音速,直至加速至跨音速。所以,人们把这种喇叭形喷管叫跨音速喷管。由于它是瑞典人拉瓦尔发明的,因此也称为"拉瓦尔喷管"。分析一下拉瓦尔喷管的原理。火箭发动机中的燃气流在燃烧室压力作用下,经过喷管向后运动,进入渐缩阶段。在这一阶段,燃气运动遵循"流体在管中运动时,截面小处流速大,截面大处流速小"的原理,因此气流不断加速。当到达窄喉时,流速已经超过了音速。而跨音速的流体在运动时却不再遵循"截面小处流速大,截面大处流速小"的原理,而是恰恰相反,截面越大,流速越快。在扩张管,燃气流的速度被进一步加速,为2~3公里/秒,相当于音速的7~8倍,这样就产生了巨大的推力。拉瓦尔喷管实际上起到了一个"流速增大器"的作用。其实,不仅仅是火箭发动机,飞弹的喷管也是这样的喇叭形状的,所以拉瓦尔喷管在武器上有着非常广泛的应用。

中国的轴对称矢量喷管发展

1.飞机推力矢量技术

飞机推力矢量技术是通过改变发动机排气方向为飞机提供更强的转向力矩的技术。飞机推力矢量技术的应用能赋予战斗机超机动性、短距起降和低的可探测性,极大地提高战斗机的作战有效性和生存能力。美国、俄罗斯等发达国家都将其作为重要技术优先发展。

在飞机推力矢量技术的研究中,改变发动机排气方向,即推力矢量喷管的研究是关键且具决定意义的一环,必须首先研究发展。轴对称矢量喷管(AVEN)是在常规机械式收扩喷管上发展出来的一种推力矢量喷管,通过喷管扩散段的偏转改变发动机排气方向。就整个飞机推力矢量技术来讲,AVEN具有简单、轻质、低风险的特点,对飞机、发动机主机的改装要求小,是实施推力矢量技术的最佳喷管方案。AVEN技术研究的目标是完成目标平台涡扇形的AVEN试验件的研制,并实现热态试车。

2.研究目标及途径

AVEN要在保持轴对称收扩喷管面积和面积比调节功能的基础上实施扩散段的偏转,与其他机械装置的重要区别在于AVEN是一种复杂的空间多自由度运动机械,人们最为关心的是如何使这样的机械装置运动起来,如何实现偏转,如何保证偏转后众多的、相互交叠的构件协调运动而不卡滞,如何确定正确的运动规律。所以,研究思路是从攻克运动机理入手,从计算机仿真到模型,当模型成功之后,立即决定在成件上改装成1:1的原理样机,从而攻克了推力矢量喷管研究中的技术关键——运动机理。

由于AVEN研究的技术难度大,国内技术储备不足,没有类似机械装置可供参考,要想一次摸清其需要解决的关键技术是不可能的。针对这种情况,通过自力更生、循序渐进的研究途径,从计算机仿真到模型、从模型到实物、从冷态到热态,分阶段分解关键技术,逐个采取技术措施,并根据需要采用计算机仿真或试验件试验等方法进行验证,同时,研究分解下一阶段的关键技术,如此循环发展,逐步攻克了 AVEN 各阶段关键技术,最终完成了目标平台涡扇形 AVEN 试验件的研制和热态试车。

AVEN 试验件研制是一个涉及气动、机构、结构、强度、控制、材料和工艺等多方面技术的研究课题,每一方面都有大量创新性的研究内容,采用并行工程技术协调多个项目,整个研制质量上都获得了极大的收益。

3. 计算机仿真

AVEN 是一种复杂的空间多自由度运动机构,典型的 AVEN 机构约有 200 个运动构件,300 多个运动副,这些构件在一个环形空间相互交叠运动,单凭人工手段研究其运动机理和相互关系是不可能的。在整个 AVEN 试验件的研制过程中,大量采用计算机仿真技术,完成了运动机理研究、运动构件设计乃至装配工艺检查等多方面技术工作,不仅有效地缩短了研究周期,也提高了结构设计的准确性。

3.1 运动机理仿真

用 C 语言编制 AVEN 主要运动构件的动态运动仿真软件,研究 AVEN 的运动机理、主要运动构件的相互运动关系、A9 操纵作动筒与喷管扩散段的位置关系,从而给出 AVEN 的运动位置和控制规律。

3.2 实体仿真

在 AVEN 的研究过程中,特别是全尺寸冷、热态试验件的研制中,运用计算机仿真技术,按照如下工作过程,完成了 AVEN 的闭环设计:

(1)依据气动设计方案和运动机理仿真结果进行结构方案设计。

(2)按机构方案进行初步的真实尺寸 3D 计算机实体建模、计算机实体装配仿真,然后进行计算机 AVEN 实体机构运动仿真,检查结构方案的合理性和运动的准确性。

(3)将主要承力构件的 3D 模型提供给强度设计进行强度、刚度校核和初步结构强度优化。

(4)给出初步的控制规律,并行开展液压系统和控制器的方案设计。

(5)这个方案设计小闭环过程,经过或多或少的几次反复之后,结构设计方案得以优化,后续设计几次反复之后,结构设计方案得以优化,后续设计工作有了良好的基础。在主要零组件的工程设计完成之后,按照真实结构进行 AVEN 的 3D 实体仿真,验证结构设计合理性和控制规律的正确性,并检查零件的加工工艺性能和试验件的装配工艺性能。

按照这样的设计过程,可以在硬件加工之前完成虚拟装配和虚拟试验,有效地排除了大部分设计盲点和失误,极大地提高了试验件的研制质量,缩短了研制周期,也节省了研制经费。

在这些仿真工作的基础上,编制了 AVEN 机构方案设计及运动仿真软件,可以快速准确地完成 AVEN 的方案设计和优化工作。

4. 运动机理及模型试验件

为验证运动机理计算机仿真结果的正确性,进一步研究 AVEN 运动机构,开始了冷态运动机理及模型试验件的研制和试验。

首先,完成了 AVEN 扩散段缩比运动机构试验,研究运动机构的可控性能和偏转运动时主要构件的运动协调关系;此后,研制了真实发动机尺寸的动态原理样机,研究 AVEN 运动机构、运动机构的结构可行性以及各个子机构的具体结构实施方法,研究和验证控制规律和控制系统。通过对上述两套试验件的研制和试验,验证了运动机理计算机仿真结果的正确性;获得了对 AVEN 运动机构的直观、清晰的认识;掌握了 AVEN 的操纵方法;找到了优化矢量角度的技术途径;完成了有级、半自动化控制器的研制;确定了下一步需要解决的关键技术。

5. 攻克关键技术并通过热态试验件试验

在冷态试验件的研究基础上,根据飞机部门提出的 12 项要求和前期工作的技术成果,分解了关键技术,完成了热态试验件及其控制系统的设计,施工和联调,实现了在涡喷发动机平台上的全加力状态试车。热态台架试验件试车,验证了 8 项主要技术关键,即气动性能、结构设计、强度刚度分析、自动控制、材料与工艺、冷却与隔热、密封与封严、测试与试车,其解决措施成功地为我国自行研制 AVEN 技术验证机奠定了坚实的技术基础。

6. 技术验证及热态试验件的改进

在热态试验件已攻克 8 项关键技术的基础上为攻克另外 4 项关键技术,研制了改进型热态试验件,共完成了两个阶段的试车。第一阶段试车完成了 5580 次矢量循环,试车表明,该试验件在完全继承二批机所有成功之处的同时,达到了攻克上述四项关键技术的设计目的,AVEN 的设计指标已经全面达到飞机部门提出的 12 项要求。由于试车台架的限制,不能对 AVEN 热态试验件进行全面的试车,为此,对试车台进行了适应性改造,给试车台增加三分量测力系统。在具备三分量测力系统的试车台上,对改进型热态试验件进行了加大矢量角、增加矢量循环数的试验研究,最大加力矢量角达到了 21 度,热态矢量循环数 10 026 次。试车证明 AVEN 热态试验件已经具有一定的可靠性。

同时,获取了关键零组件的温度分布、应力分布及推力特性等方面的试验数据。

7. 目标平台的热态试验件达标

在对以上工作进行了认真的总结分析之后,经过对三种基本气动方案和两种基本结构方案的优化分析,确定了目标平台 AVEN 的最终方案和需要攻克的难点。

AVEN 继承了前两台 AVEN 的所有成功技术措施,改进了所有不足之处,最终完成了目标平台 AVEN 的全加力状态试车。目标平台 AVEN 保持了与目标平台原喷管相近的气动特性、控制规律和安装接口,具有良好的互换性。试车结果证明,在目标平台大调节范围和高载荷的条件下,目标平台 AVEN 运动灵活准确、喷管密封良好、承力系统可靠有效;同时,目标平台 AVEN 拥有全新的小型集成化数字控制系统,并具备了安全可靠的应急系统。

目标平台 AVEN 达到了如下技术指标:

(1)偏转方位:360 度。

(2)矢量偏角:17 ~20 度。

(3)偏转速率:$W_x = 120 \sim 180$ 度/秒,$W_y = W_z = 45 \sim 60$ 度/秒。

(4)内传力结构、外廓尺寸满足飞机要求。

(5)设置控制系统应急复位装置。

AVEN 在目标平台上的试车结果表明:

(1)喷管调节范围完全满足发动机主机的要求。

(2)内传力结构经受住了大推力等级的负载。

(3)A8 设计正确,用原数字式电子控制器实现了 AVEN 的 A8 自动控制与原控制系统完全兼容,无须改动。

(4)A8 与 A9 可单独控制,又可按给定关系联动,协调很好。

(5)A9 控制系统实现了小型化、数字化、集成化,工作稳定可靠。

(6)密封片、调节片等构件工作可靠。

（7）AVEN 应急复位功能安全可靠。

（8）在发动机中间状态、小加力状态、部分加力状态和全加力状态，AVEN 偏转工作中喷管与主机气动参数匹配良好，机械系统工作稳定。

（9）外廓尺寸和气动外形满足飞机要求。

（10）试车中成功测得各种工作状态下的矢量。

涡扇形轴对称矢量喷管试车成功，说明该台热态试验件解决 11 项关键技术的措施是成功的，使推力矢量喷管研究又跨上了一个新的台阶。

8. 结束语

AVEN 能够保持国内现有发动机收扩喷管的所有功能以及相同的调节控制方式，最终完成的 AVEN 将可替代现有的轴对称收扩喷管，使 3 代半飞机具有机动优势。

同样，AVEN 可根据推比 10、推比 12、推比 15 发动机的要求进行设计，作为推比 10、推比 12、推比 15 的一种标准喷管，使我国的第 4 代战斗机具有更高的机动性能，增强我国的国防空中力量。飞机推力矢量技术可以应用在舰载飞机上，并可望研制出适合舰载的无尾短距起降飞机及常规布局垂直起降舰载飞机（常规布局垂直起降飞机的起降方式类似于运载火箭，可在移动式起降平台或中型舰艇直升机起降平台上起降）。

装有推力矢量喷管的航空发动机经过改装后，作为新型的地效飞机或地效船的动力，将极大地提高其突击能力、机动能力和生存。技术研究中应用的新设计方法，如计算机仿真技术、新型材料（如 Ni3AL）研究、新工艺（如超塑成型和扩散连接）研究，对国防技术以及民用技术的发展将会起到推进作用。

项目二 传 热 学

传热学是研究热量传递规律的科学。是机械工程及自动化的一门技术基础课。在机件的冷、热加工过程中包含有大量复杂的热传递过程,机械设计及理论学科的研究生所从事的科研课题大多数都与传热学有关。

传热学的作用是利用可以预测能量传递速率的一些定律去补充热力学分析,因后者只讨论在平衡状态下的系统。这些附加的定律是以3种基本的传热方式为基础的,即导热、对流和辐射。传热学是研究不同温度的物体或同一物体的不同部分之间热量传递规律的学科。传热不仅是常见的自然现象,而且广泛存在于工程技术领域。例如,提高锅炉的蒸汽产量,防止燃气轮机燃烧室过热,减小内燃机汽缸和曲轴的热应力,确定换热器的传热面积和控制热加工时零件的变形等,都是典型的传热学问题。

任务一 稳 态 导 热

> **任务提要** ···•

本任务主要介绍导热基本定律、导热微分方程及定解条件、稳态导热计算。

> **任务要求** ···•

掌握导热基本概念、导热微分方程的推导过程、一维稳态导热及延伸体导热计算方法,应用数值计算方法计算稳态导热。

单元1 导热的基本定律

• **学习目标**

(1)熟悉导热的基本概念。

(2)掌握傅里叶定律与热导率内涵。

• **重点内容**

傅里叶定律的表达式与热导率的特点。

一、基本概念

1.温度和温度场

温度是物体冷热程度的体现,是物质分子热运动激烈程度的标志。

物体各部分温度不均匀时,无法用一个温度来表示其冷热程度,只能用温度场进行描述。温度场是指 x,y,z 三维坐标系中物体各点在同一时刻的温度分布,一般情况下温度是坐标和时间的函数,其数学表达式为

$$t = f(x,y,z,r)$$

若温度分布不随时间而改变,则称为稳定温度场,其数学表达式为

$$t = f(x,y,z)$$

稳定温度场中发生的导热,称为稳定导热。实现稳定导热的条件是不断地向物体的高温部分补充热量,同时也不断地从低温部分取走相等热量,以维持温度场不随时间改变。

若温度只在两个或者一个坐标方向变化,这样的温度场称为二维或者一维温度场,其数学表达分别为 $t = f(x,y)$ 和 $t = f(x)$。一维温度场是最简单的温度分布,但也同样有其广泛的工业应用。

2. 等温线、等温面和温度梯度

通常利用等温线或等温面对温度场进行直观和形象的描述。等温线或等温面是温度相同的各点连接而成的曲线或曲面。等温面上的任意一条曲线都是等温线。用一个平面和一组等温面相交,其交线为温度各不相同的一组等温线。图 2.1.1 所示为一圆形物体在某种状态下的等温线分布。同一时刻物体中温度不相等的等温线或等温面绝不会相交,因为物体中任意一点在同一时刻不可能有两个温度。

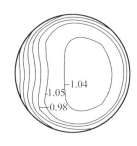

图 2.1.1 等温线分布

由于温度相同,同一等温面上不可能有热量的传递。热量只能从温度较高的等温面向温度较低的等温面传递。温度场中任意点的温度沿等温面法线方向在温度增加方向的变化率称为温度梯度,表示为

$$\text{grad } t = \lim_{\Delta x \to 0} \frac{\Delta t}{\Delta n} = \frac{\partial t}{\partial n} \qquad (2.1.1)$$

式中 Δn 为法线方向距离。对于一维稳定温度场,温度梯度为

$$\text{grad } t = \lim_{\Delta x \to 0} \frac{\Delta t}{\Delta x} = \frac{dt}{dx} \qquad (2.1.2)$$

二、傅里叶定律与热导率

1. 傅里叶定律

物体中存在温度梯度时就会发生热量的转移,而单位时间内通过某一面积的热量称为热流量,记为 Φ,单位为 W;单位时间内通过单位面积的热量称为热流密度或热通量,记为

$$q = \frac{\Phi}{A}$$

显然 q 的单位为 W/m^2。

傅里叶定律指出:发生导热时,单位时间内通过单位面积传递的热量与导热面法线方向的温度梯度成正比。表示为

$$q \propto \frac{\partial t}{\partial n}$$

加入比例常数后可以写成

$$q = -\lambda \frac{\partial t}{\partial n} \tag{2.1.3}$$

对于热流量则有

$$\Phi = qA = -\lambda A \frac{\partial t}{\partial n} \tag{2.1.4}$$

傅里叶定律描述了导热的基本规律,又称为导热基本定律,同时也是 q 和 Φ 的计算式。式中比例常数 λ 称为热导率,表征材料的导热能力,单位为 W/(m·K),或 W/(m·℃)。A 为传热面积,单位为 m^2。式中的负号表示热量传递的方向与温度梯度的方向相反。温度梯度是温度增加方向的变化率,而热量则从物体温度较高的部分向温度较低的部分传递。

对于一维导热,$\frac{\partial t}{\partial n} = \frac{\partial t}{\partial x} = \frac{dt}{dx}$,此时傅里叶定律的数学表达式表现为最简单的形式:

$$q = -\lambda \frac{dt}{dx} \tag{2.1.5}$$

2. 热导率

傅里叶定律引出了热导率 λ,同时也定义了热导率。根据式(2.1.5)得

$$\lambda = -\frac{q}{dt/dx} \tag{2.1.6}$$

上式表明,热导率在数值上等于单位温度梯度作用下该物质通过导热传递的热流密度,热导率体现了物质的导热能力。

物质间热导率的差别很大,影响热导率的因素首先是物质种类,其次是温度、结构、密度、湿度等。热导率一般通过实验测定,见附录 A 中的附表 A-9 ~ 附表 A-11。

物质的热导率有如下特点。

(1)导电性能好的材料,导热性能也较好。因此金属的热导率较高,其中以银、铜、铝最为突出;铜的热导率高达 382 W/(m·K)。制冷设备的冷凝器和蒸发器常常使用铜管铝翅片就是这个道理。

(2)气体分子距离较大,因而热导率比固体和液体小,为 0.006 ~ 0.6 W/(m·K)。

(3)液体热导率高于气体,为 0.1 ~ 0.7 W/(m·K)。

(4)非金属固体材料热导率的范围很大,高限可达 6.0 W/(m·K),低限接近气体。比如膨胀珍珠岩在 0 ℃时的热导率仅为 0.0425 W/(m·K)。一般将 λ 小于 0.23 W/(m·K)的材料称为隔热材料、绝热材料或保温材料,如石棉、矿渣棉、硅藻土等。

(5)所有材料的热导率均随温度的变化而变化。其中,气体的热导率随温度变化的幅度最大,见图 2.1.2。同时,气体热导率还随着压力的升高而增大。

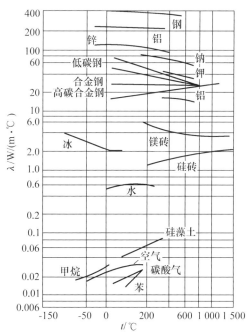

图 2.1.2　材料的热导率

（6）不同方向上热导率不等的材料称为各向异性材料,反之称为各向同性材料。本单元只讨论各向同性材料。

热导率高的物质(比如金属)有利于热量的传递,热导率很低的材料能有效地阻止和削弱热传递。两者在工业生产中都有着广泛的应用。

单元 2　平壁的稳定导热

- **学习目标**

（1）熟悉单层平壁导热公式的推导。

（2）掌握多层平壁导热的计算方法。

- **重点内容**

（1）多层平壁导热的计算。

（2）接触热阻的表达式。

一、单层平壁

设想一单层平壁,如图 2.1.3 所示,质地均匀,厚为 δ,厚度比长度和宽度的尺寸小得多。左右两侧温度均匀,分别维持在 t_1 和 $t_2(t_1 > t_2)$。由于两侧面的温度不等,热量将通过导热的方式沿着 x 方向从平壁的左侧传到右侧。

由于壁面温度维持恒定,且导热只在一个方向进行,这是一维稳定导热问题。平壁的等温面为垂直于 x 轴的平面。下面将确定热流密度的计算公式。

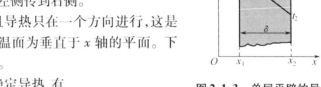

图 2.1.3　单层平壁的导热

按傅里叶定律,对于一维稳定导热,有

$$q = -\lambda \frac{\mathrm{d}t}{\mathrm{d}x}$$

由于平壁质地均匀,t_1 和 t_2 相差不大时可以假定热导率 λ 为常数,这样带来的误差在计算中是允许的。

当热导率为常数时,平壁温度呈线性分布,从而使等温面法线方向的温度变化率也维持一个常数。因此可用 $\Delta t / \Delta x$ 代替 $\mathrm{d}t / \mathrm{d}x$,而

$$\frac{\Delta t}{\Delta x} = \frac{t_2 - t_1}{x_2 - x_1}$$

注意上式中分子分母脚标是一致的,因此 $\Delta t / \Delta x < 0$。将 $\Delta t / \Delta x$ 代入一维稳定导热的傅里叶定律表达式就有

$$q = -\lambda \frac{\Delta t}{\Delta x} = -\lambda \frac{t_2 - t_1}{\delta}$$

或
$$q = \frac{\lambda}{\delta}(t_1 - t_2) \tag{2.1.7}$$

这就是从傅里叶公式演变而来的平壁导热计算公式,它揭示了 q,λ,δ 和 Δt 四个物理量之间的内在关系。一般 λ 和 δ 是已知的,知道 q 和 Δt 中的任意一个就可以求出另外一个;当知道 q 以及 Δt 的一个温度时可以求出另外一个未知的温度。如果要计算单位时间传递

的热量,则有

$$\Phi = A\frac{\lambda}{\delta}(t_1 - t_2) \qquad\qquad (2.1.8)$$

式(2.1.7)和式(2.1.8)通过一定的简化将傅里叶定律的微分方程表达式转化为简单的代数方程,使用起来非常简便。

式(2.1.7)又可写为下列形式:

$$q = \frac{t_1 - t_2}{\delta/\lambda} \qquad\qquad (2.1.9)$$

将上式与电学中的欧姆定律 $I = \Delta U/R$ 对照,温度差$(t_1 - t_2)$是产生导热现象的原因,相当于电压的作用;而 δ/λ 可以看作是导热的阻力,称为热阻,单位为 K/W。相同温差下 δ/λ 越大,则传递的热量就越小,表示式为

$$\frac{\delta}{\lambda} = \frac{t_1 - t_2}{q}$$

二、多层平壁

多层平壁是由几层不同材料的平壁紧密贴合在一起组合而成的。锅炉的炉墙一般由耐火砖层、保温砖层和表面涂层三种材料叠合而成,这是一个典型的实例。三种材料的厚度和平均热导率分别为 δ_1、δ_2、δ_3 和 λ_1、λ_2、λ_3,如图2.1.4所示。已知组合平壁左右两侧壁面的温度分别稳定在 t_1 和 t_4,假定壁面之间接触分界面处于相同的温度,如图中的 t_2 和 t_3,但 t_2 和 t_3 是未知数,要通过计算才能得到。

下面将通过简单的推导得到多层平壁导热的计算公式。

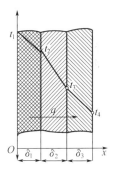

图2.1.4 多层平壁的导热

由于 t_1 和 t_4 恒定不变,因此这是一个稳态的一维导热问题。导热沿 x 方向进行,等温面垂直于 x 轴。由于各层的热导率为常数,各层的温度都呈线性分布。但因各层材质有别,热导率不同,各层的温度变化率也就不同,各层的温度分布曲线从而表现出不同的斜率。由于接触分界面温度相同,各层不同斜率的温度曲线就连接成了一条折线。但各层传递的热流密度 q 完全相等。

三层平壁的导热过程中,各层的热阻分别是

$$\frac{\delta_1}{\lambda_1} = \frac{t_1 - t_2}{q}$$

$$\frac{\delta_2}{\lambda_2} = \frac{t_2 - t_3}{q}$$

$$\frac{\delta_3}{\lambda_3} = \frac{t_3 - t_4}{q}$$

总热阻等于所有热阻叠加的总和,即

$$\frac{\delta_1}{\lambda_1} + \frac{\delta_2}{\lambda_2} + \frac{\delta_3}{\lambda_3} = \frac{t_1 - t_4}{q}$$

于是就得到多层平壁热流密度的计算公式

$$q = \frac{t_1 - t_4}{\dfrac{\delta_1}{\lambda_1} + \dfrac{\delta_2}{\lambda_2} + \dfrac{\delta_3}{\lambda_3}} \qquad (2.1.10)$$

由于通过各层平壁的热流密度相等,在计算热流密度之后可以利用单层平壁的计算公式计算各层间接触面的未知温度。实际上

$$q = \frac{t_1 - t_2}{\dfrac{\delta_1}{\lambda_1}} = \frac{t_2 - t_3}{\dfrac{\delta_2}{\lambda_2}} = \frac{t_3 - t_4}{\dfrac{\delta_3}{\lambda_3}}$$

因此

$$t_2 = t_1 - q\frac{\delta_1}{\lambda_1}$$

$$t_3 = t_2 - q\frac{\delta_2}{\lambda_2} = t_4 + q\frac{\delta_3}{\lambda_3}$$

单层平壁和多层平壁的计算公式只适用于热导率为常数的情形。在温度变化较小时,可以近似认为热导率为常数。但在温度变化范围较大,比如单层平壁两侧温差超过 50 ℃ 时,不能简单地将热导率视为常数。这时应将该层平壁的算术平均温度代入下式计算平均热导率:

$$\lambda = \lambda_0(1 + bt_{\mathrm{m}})$$

$$t_{\mathrm{m}} = \frac{t_1 + t_2}{2} \qquad (2.1.11)$$

λ_0 和 b 是针对不同材料的系数,可在相关资料中查出。平均热导率可近似地按常数处理,这样带来的误差可以忽略不计。

三、接触热阻

在推导多层平壁导热计算公式的时候曾假定平壁之间接触良好,不产生附加热阻,两侧接触面因而处于同一个温度。然而,若两个平壁表面比较粗糙,不能紧密地贴合,则会在接触面产生较大的附加热阻或称接触热阻,使导热量减少。计算时如不考虑附加热阻就会造成很大的误差。接触表面存在金属氧化层或者被油污染的时候也同样会造成接触热阻。

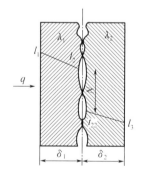

图 2.1.5　接合面上的温度分布

存在附加热阻时会在两接触表面产生温度降落,使两表面具有不同的温度。这时的导热计算可以考虑在多层平壁的导热过程中增加一个接触面间的传热。如图 2.1.5 所示,t_{21} 和 t_{22} 分别是接触分界面两侧壁面的温度,其差异为接触面的温度降落,$1/h_{\mathrm{c}}$ 为接触热阻。

对于稳定导热,有

$$q = \frac{t_1 - t_{21}}{\delta_1/\lambda_1} = \frac{t_{21} - t_{22}}{1/h_{\mathrm{c}}} = \frac{t_{22} - t_3}{\delta_2/\lambda_2}$$

$$= \frac{t_1 - t_3}{(\delta_1/\lambda_1) + (1 + h_{\mathrm{c}}) + (\delta_2/\lambda_2)} \qquad (2.1.12)$$

h_c 称为接触系数,接触系数越大,则接触热阻越小。

接触热阻与接合表面的粗糙度、表面压力、接触面空隙中的介质及接触面的温度有关,同时也与接触材料的种类和硬度有关。目前接触热阻的研究尚不够完善,只能在有关资料中由中查到一些 h_c 的经验数据。

减少接触热阻的方法是减少粗糙度,使接触表面尽量平整,以增大实际接触面积,减少接触面之间的空隙。也可以在接触面之间衬以热导率大、硬度低而延展性能较好的金属箔,如铜箔或银箔。甚至还可以考虑在两接触面之间涂以导热脂,这是一种热导率较高的油脂。这些方法比较简单,且有效实用。

【例 2.1.1】 一平壁厚度为 40 mm,热导率为 2.2 W/(m·K),两侧表面温度分别为 100 ℃ 和 80 ℃。试确定平壁单位面积上通过导热所传递的热流量。

解 这是单层平壁的一维稳定导热问题,所有条件都满足计算公式的要求,可以直接代入公式计算:

$$q = \lambda \frac{t_1 - t_2}{\delta} = 2.2 \times \frac{100 - 80}{0.4} = 110(\text{W/m}^2)$$

从上述解题过程可以总结出解题要点。首先检查已知条件是否符合计算公式的适用条件。单层平壁和多层平壁的计算公式只适用于一维的稳定导热,且热导率为常数。其次是单位使用应对应和统一。

【例 2.1.2】 炉墙用生料硅藻土砖作保温材料,厚度为 240 mm,内外表面温度分别为 $t_1 = 400$ ℃,$t_2 = 50$ ℃,试求每平方米炉墙的散热损失。

解 由于保温层温度变化范围较大,应计算平均热导率:

$$t_m = \frac{t_1 + t_2}{2} = \frac{400 + 50}{2} = 225(℃)$$

从附录 A 中查得此种材料热导率随温度变化的计算公式为

$$\lambda = 0.010\,5 + 0.000\,28 t_m$$

代入平均温度得

$$\lambda = 0.010\,5 + 0.000\,28 \times 225 = 0.073\,5(\text{W/(m·K)})$$

将数据代入导热计算公式中进行计算:

$$q = \frac{t_1 - t_2}{\delta/\lambda} = \frac{400 - 50}{0.24/0.073\,5} = 107.19(\text{W/m}^2)$$

即每平方米的散热损失为 107.19 W。

【例 2.1.3】 冰箱内胆壁厚 0.8 mm,材料为聚苯乙烯,热导率为 0.042 W/(m·K);外壁材料为冷轧钢板,厚度也是 0.8 mm,热导率为 37.0 W/(m·K);中间绝热层是聚氨酯发泡材料,厚度为 28 mm,热导率等于 0.02 W/(m·K)。若外壁外侧和内胆壁内侧温度分别为 30 ℃ 和 5 ℃,试求每平方米传入冰箱的热量及绝热层两侧的温度 t_2 和 t_3。

解 这是一个三层平壁的一维稳态导热问题,热导率均为常数,可直接利用式 (2.1.10)计算:

$$q = \frac{t_1 - t_4}{\dfrac{\delta_1}{\lambda_1} + \dfrac{\delta_2}{\lambda_2} + \dfrac{\delta_3}{\lambda_3}} = \frac{30 - 5}{\dfrac{0.000\,8}{37.0} + \dfrac{0.028}{0.02} + \dfrac{0.000\,8}{0.042}} = 17.62(\text{W/m}^2)$$

但

$$q = \frac{t_1 - t_2}{\delta_1 / \lambda_1}$$

$$t_2 = t_1 - \frac{q\delta_1}{\lambda_1} = 30 - \frac{17.62 \times 0.0008}{37} = 29.9996(℃)$$

$$q = \frac{t_3 - t_4}{\delta_3 / \lambda_3}$$

$$t_3 = t_4 + \frac{q\delta_3}{\lambda_3} = 5 + \frac{17.62 \times 0.0008}{0.042} = 5.3356(℃)$$

上述计算结果表明:内外壁的热阻都非常小,两侧的温度也就相差无几。真正起到绝热作用的是聚氨酯发泡绝热层,由于热阻很大,绝热层两侧的温度差为 24.664 ℃,非常接近复合壁传热的总温差。

单元3　圆筒壁的稳定导热

● **学习目标**

(1)熟悉单层圆筒壁导热公式的推导。

(2)掌握多层圆筒壁导热的计算方法。

● **重点内容**

(1)多层圆筒壁导热的计算。

(2)热阻的表达式。

一、单层圆筒壁

圆筒壁的导热在工程技术中的应用十分广泛,蒸汽管道、冷冻水管道的导热都属于圆筒壁的导热。

图 2.1.6 所示为一单层圆筒壁,热导率为 λ,内外半径为 r_1 和 r_2,内外壁温度分别为 t_1 和 t_2,且 $t_1 > t_2$。由于内外壁温度稳定,这是一个稳定导热问题。当圆筒的长度远远大于外直径($l/d_2 > 10$)时,沿轴线方向的导热可以忽略不计。这时热量从温度较高的内壁沿半径方向向外壁传递,因此仍属一维导热,等温面为同心圆柱面。

虽然同属一维导热,但圆筒壁和平壁导热却存在着差异。对于平壁,导热面积沿导热方向不发生变化。对于圆筒壁,随着半径的增大导热面积也在增大。对于稳态导热,通过整个圆筒壁的热流量是不变的。随着半径的增大,热流密度逐渐减小。因此,圆筒壁的导热计算一般需要计算热流量。导热面积随半径的增大而增大,同时也带来另外一个特点:即使热导率为常数,圆筒壁剖面上的温度也不是线性分布,沿等温面法线方向上的温度变化率 $\mathrm{d}t/\mathrm{d}r$ 不能视为常数,因此不能用 $\Delta t/\Delta r$ 代替。在推导圆筒壁导热计算公式时不可避免地要建立和求解微分方程。

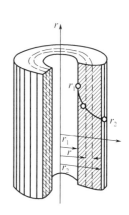

图 2.1.6　单层圆筒壁

设想在半径为 r 处,以两个等温面为界划分出一层厚度为 dr 的薄壁圆筒。根据傅里叶定律,单位时间内传递的热流量为

$$\varPhi = -\lambda A \frac{dt}{dr} = -2\pi r l \lambda \frac{dt}{dr}$$

从而建立起了微分方程,为了求解这个方程,首先分离变量:

$$dt = -\frac{\varPhi}{2\pi r \lambda l}dr$$

两端分别积分,注意到右边除 r 之外均为常数,可得到

$$t = -\frac{\varPhi}{2\pi \lambda l}\ln r + C$$

上式表明圆筒壁内温度分布是一条对数曲线。

根据边界条件确定积分常数:

$$r = r_1 \text{ 时 } t = t_1$$
$$r = r_2 \text{ 时 } t = t_2$$

代入上式经整理简化就得到

$$\varPhi = \frac{2\pi \lambda l (t_1 - t_2)}{\ln \dfrac{r_2}{r_1}}$$

或

$$\varPhi = \frac{2\pi \lambda l (t_1 - t_2)}{\ln \dfrac{d_2}{d_1}} \tag{2.1.13}$$

这是圆筒壁在单位时间内传递的热流量。而圆筒壁导热的热阻则为

$$R_t = \frac{1}{2\pi \lambda l}\ln \frac{d_2}{d_1} \tag{2.1.14}$$

单位是 K/W。

上面两个公式中的 l 是圆筒壁的长度。

有时也需要计算圆筒壁单位长度的热流量,记为 $\varPhi_l$,单位为 W/m。公式为

$$\varPhi_l = \frac{\varPhi}{l} = \frac{2\pi \lambda (t_1 - t_2)}{\ln \dfrac{d_2}{d_1}} \tag{2.1.15}$$

式中 $\dfrac{1}{2\pi \lambda}\ln \dfrac{d_2}{d_1}$ 是单位长度圆筒壁的热阻,记为 R_{tl},单位为 m·K/W。

二、多层圆筒壁

蒸汽管道、冷冻水管道外面常用热导率很低的材料绝热,以防止蒸汽热量散失;或者防止外界的热量传入冷冻水,降低制冷效果,增加能耗。管道和绝热层就形成了多层圆筒壁。在工业生产中还有许多这样的实例,有时会由多达三层、四层的不同材料组成。

如前所述,单层圆筒壁的温度分布为对数曲线,而多层圆筒壁的温度分布则是由各层的对数曲线连接组成的。图 2.1.7 所示为三种不同材料组成的圆筒壁,该图也显示了温度分布的情况。假定由内到外各层两侧的温度稳定在 t_1, t_2, t_3 和 t_4,且各层间无接触热阻,即

两层间分界面处于同一温度,此时的热流量计算可借助热阻分析作一简单推导。

根据串联热阻的叠加原理,多层圆筒壁的总热阻为各层热阻之和:

$$R_t = \sum_{i=1}^{n} \frac{1}{2\pi\lambda_i l} \ln \frac{d_{i+1}}{d_i}$$

其中 n 为圆筒壁的层数。对于三层圆筒壁,总热阻为

$$R_t = \frac{1}{2\pi\lambda_1 l} \ln \frac{d_2}{d_1} + \frac{1}{2\pi\lambda_2 l} \ln \frac{d_3}{d_2} + \frac{1}{2\pi\lambda_3 l} \ln \frac{d_4}{d_3}$$

$$= \frac{1}{2\pi l}\left(\frac{1}{\lambda_1} \ln \frac{d_2}{d_1} + \frac{1}{\lambda_2} \ln \frac{d_3}{d_2} + \frac{1}{\lambda_3} \ln \frac{d_4}{d_3} \right)$$

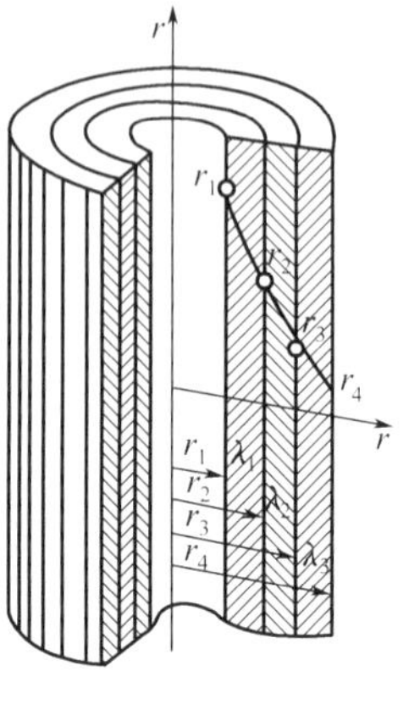

图 2.1.7 三层圆筒壁

因而三层圆筒壁单位时间内通过导热传递的热流量为

$$\Phi = \frac{\Delta t}{R_t} = \frac{2\pi l(t_1 - t_4)}{\dfrac{1}{\lambda_1}\ln\dfrac{d_2}{d_1} + \dfrac{1}{\lambda_2}\ln\dfrac{d_3}{d_2} + \dfrac{1}{\lambda_3}\ln\dfrac{d_4}{d_3}} \qquad (2.1.16)$$

通过单位长度多层圆筒壁的热流量为

$$\Phi_l = \frac{\Phi}{l} = \frac{2\pi(t_1 - t_4)}{\dfrac{1}{\lambda_1}\ln\dfrac{d_2}{d_1} + \dfrac{1}{\lambda_2}\ln\dfrac{d_3}{d_2} + \dfrac{1}{\lambda_3}\ln\dfrac{d_4}{d_3}} \qquad (2.1.17)$$

在已知多层圆筒壁热导率、直径及 t_1 和 t_4 之后可按上式计算 Φ_l,然后针对每一层按单层圆筒壁导热计算公式计算层间未知温度 t_2 和 t_3。

单层圆筒壁和多层圆壁的计算公式中都假定材料的热导率为常数。当内外壁温差较大时仍然要根据平均温度按热导率随温度的变化公式计算平均热导率,再代入热流密度公式计算。

【例 2.1.4】 为了减少散热损失,在蒸汽管道外面包裹了一层保温层。蒸汽管道外径为 133 mm,外壁温度为 450 ℃。保温层材料为膨胀珍珠岩,厚度为 60 mm,外侧温度为 45 ℃。试计算单位长度管道的散热损失。

解 保温层平均温度

$$t_m = \frac{t_1 + t_2}{2} = \frac{450 + 45}{2} = 247.5(℃)$$

从附录 A 中查得膨胀珍珠岩的热导率计算公式为

$$\lambda = 0.042\ 4 + 0.000\ 137 t_m = 0.042\ 4 + 0.000\ 137 \times 247.5 = 0.076\ 3(W/(m \cdot K))$$

为了使用计算公式,先计算 d_2,已知 $d_1 = 133$ mm,$d_3 = 133 + 2 \times 60 = 253$(mm),因此

$$\Phi_l = \frac{2\pi\lambda(t_1 - t_2)}{\ln\dfrac{d_2}{d_1}} = \frac{2\pi \times 0.076\ 3 \times (450 - 45)}{\ln\dfrac{253}{133}} = 301.93(W/m)$$

【例 2.1.5】 热风管内外直径分别为 160 mm 和 170 mm,热导率 = 58.2 W/(m·K),管外包有两层保温材料,内层材料为蛭石,厚度 $\delta_2 = 40$ mm,热导率 $\lambda_2 = 0.12$ W/(m·K);外层材料为石棉绒,厚度 $\delta_3 = 30$ mm,热导率 $\lambda_3 = 0.066$ W/(m·K)。热风管内表面温度为 $t_1 = 220$ ℃,外层保温材料的外表面温度 $t_4 = 45$ ℃。求单位长度热风管的散热损失和各层间分界面的温度。

解 为了使解题清楚、方便,可先列出已知条件:

$$d_1 = 160 \text{ mm}, d_2 = 170 \text{ mm}, d_3 = 170 + 80 = 250(\text{mm}), d_4 = 250 + 60 = 310(\text{mm})$$

$$\begin{aligned}
\Phi_l &= \frac{2\pi(t_1 - t_4)}{\frac{1}{\lambda_1}\ln\frac{d_2}{d_1} + \frac{1}{\lambda_2}\ln\frac{d_3}{d_2} + \frac{1}{\lambda_3}\ln\frac{d_4}{d_3}} \\
&= \frac{2\pi(220 - 45)}{\frac{1}{58.2}\ln\frac{170}{160} + \frac{1}{0.12}\ln\frac{250}{170} + \frac{1}{0.066}\ln\frac{310}{250}} = 169.84(\text{W/m})
\end{aligned}$$

针对第一层(热风管)列出计算方程:

$$\Phi_l = \frac{t_1 - t_2}{\frac{1}{2\pi\lambda_1}\ln\frac{d_2}{d_1}}$$

$$t_2 = t_1 - \frac{\Phi_l}{2\pi\lambda_1}\ln\frac{d_2}{d_1} = 220 - \frac{169.84}{2\pi \times 58.2}\ln\frac{170}{160} = 219.97(\text{℃})$$

同理,有

$$t_3 = t_2 - \frac{\Phi_l}{2\pi\lambda_2}\ln\frac{d_3}{d_2} = 219.97 - \frac{169.84}{2\pi \times 0.12}\ln\frac{250}{170} = 133.1(\text{℃})$$

可以利用第三层计算公式进行验算:

$$\Phi_l = \frac{2\pi\lambda_3(t_3 - t_4)}{\ln\frac{d_4}{d_3}} = \frac{2\pi \times 0.066 \times (133.1 - 45)}{\ln\frac{310}{250}} = 169.84(\text{W/m})$$

这与利用多层圆筒壁公式计算出的单位长度热流量完全相同,证明计算正确。

圆筒壁导热计算公式中出现了对数运算,使用起来略感不便。对于单层圆筒壁,当 $d_2/d_1 < 2$ 时,可利用单层平壁计算公式作近似计算。这时近似认为壁内温度呈线性分布,计算误差将小于 4%,可以满足工程计算的要求。此时,应先计算平均直径 $d_m = \frac{d_1 + d_2}{2}$,并以平均直径计算导热面积,以 $\delta = \frac{d_2 - d_1}{2}$ 作为平壁导热公式中的厚度,于是

$$\Phi = \frac{\lambda}{\delta}\pi d_m l(t_1 - t_2) \tag{2.1.18}$$

思考与练习题

1. 什么是等温线和等温面? 等温线和等温面为什么不相交?

2. 简述温度梯度的含义。对于平壁的稳定一维导热什么情况下可用 $\Delta t/\Delta x$ 代替 dt/dx? 相同情况下,圆筒壁的稳定一维导热是否也可以用 $\Delta t/\Delta r$ 代替 dt/dr,为什么?

3. 傅里叶定律中的负号是什么意义? 由于这个负号,热流密度和热流量是否有可能成为负值?

4. 热导率的物理意义是什么,在数量上又等于什么?

5. 对于圆筒壁导热,为什么通常计算 Φ 和 Φ_l,而不计算 q?

6. 如何减少接触热阻?

7. 如图 2.1.8 所示一质地均匀的平壁,厚度 δ 为 25 mm,热导率 $\lambda = 0.18$ W/(m·K),$t_1 = 50$ ℃,$t_2 = 100$ ℃试求热流密度,并在图上标出热流的方向。

8. 有一锅炉的耐火砖墙,厚度 $\delta = 370$ mm,内表面温度 $t_1 = 1\,450$ ℃,外表面温度 $t_2 = 280$ ℃,耐火砖热导率计算式为 $\lambda = 0.815 + 0.000\,76\,t_m$ W/(m·K)。求单位时间内通过每平方米炉墙面积的散热量。

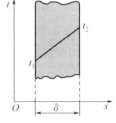

图 2.1.8

9. 锅炉炉墙由耐火砖、硅藻土砖和红砖三层材料组成。其厚度分别是 $\delta_1 = 120$ mm,$\delta_2 = 50$ mm,$\delta_3 = 250$ mm。各层的热导率分别为 $\lambda_1 = 0.93$ W/(m·K),$\lambda_2 = 0.14$ W/(m·K),$\lambda_3 = 0.7$ W/(m·K)。

(1)已知炉墙内外壁温分别是 $t_1 = 800$ ℃,$t_4 = 60$ ℃,求 t_2 和 t_3。

(2)如果取消硅藻土砖,全部用红砖保温,为了维持 t_1,t_2 和热流密度不变,红砖层需要加到多厚?

10. 例 2.1.3 中如果未采取吸湿措施,使冰箱壁面夹层中绝热材料充满了水蒸气,热导率升高到 0.2 W/(m·K),若内外温度和其他参数均不变,试计算这时的热流密度。

11. 一双层玻璃窗,玻璃厚度均为 3 mm,热导率为 0.78 W/(m·K),中间空气层厚度为 6 mm,设室内外温度分别为 20 ℃ 和 −15 ℃,空气热导率为 0.025 W/(m·K),并假定中间空气层只存在导热。问:

(1)每平方米面积的散热损失是多少?

(2)将双层玻璃窗改为单层玻璃窗,其他条件不变,每平方米面积的散热损失是双层玻璃窗的多少倍?

12. 用平底锅烧水,热流密度为 42 000 W/m²,与水接触的锅底表面温度为 110 ℃。若锅底结一层厚 1 mm 的水垢,热导率为 1 W/(m·K)。热流密度及与水接触表面的温度不变,试求水垢与锅底接触面的温度。若水垢层厚度增加到了 3 mm,接触面温度将是无水垢时的多少倍?

13. 一冷藏室墙壁由薄钢板、矿渣棉和石棉板三层材料叠合而成。各层厚度依次为 0.8 mm,150 mm 和 10 mm,热导率依次为 37 W/(m·K)、0.34 W/(m·K) 和 1.21 W/(m·K)。室内外气温分别为 −4 ℃ 和 20 ℃,冷藏室墙壁总面积为 37.2 m²。求漏入冷藏室的热流量。

14. 耐火砖墙厚200 mm,热导率为 0.93 W/(m·K)。砖墙外敷设轻质保温材料,热导率为 0.14 W/(m·K)。为使热流密度不超过 1 000 W/m²,问需敷设多厚的保温材料?设砖墙内侧壁温 $t_1 = 900$ ℃,保温材料外壁温度 $t_3 = 50$ ℃。

15. 某平壁厚50 mm,两侧壁面温度为 150 ℃ 和 200 ℃,通过的热流密度为 300 W/m²,试求平壁材料的热导率。

16. 一空调系统用无缝钢管输送冷冻水,钢管内外径分别为 81 mm 和 89 mm,热导率为 37.3 W/(m·K)。管外用玻璃棉做成的管壳绝热,热导率为 0.04 W/(m·K),厚度为 20 mm。假定冷冻水温为 8 ℃,绝热层外表面温度为 30 ℃,试计算通过单位管长传入管内的热量以及钢管外壁的温度。如果要把每米管道的热流量限制在 10 W/m,绝热层应为多厚?

导热油锅炉

利用导热油加热的锅炉叫作导热油锅炉,如图1所示。导热油,又称有机热载体或热介质油,作为中间传热介质在工业换热过程中的应用已有50年以上的历史。

一、简介

基于强制循环设计思想而研发的直流锅炉。封闭循环供热与大气相通,可延长锅炉的使用寿命,液相或气相输送供热。导热油锅炉采用三回程盘管设计,系统设定了膨胀水油箱,实现了低压高温供热。采用盘管式结构,受热面充足,膨胀充分吸收。进口低 NO_x 燃烧机,燃烧充分,属于环保产品。锅炉可选用先进

图1 导热油锅炉

的触摸屏电脑控制器和数码电脑控器全自动控制。具有温度自动调节、自动点火,并有差压、超温、熄火保护。锅炉制造规范,严格按国家有关标准制造。整体快装出厂,外形美观,色泽明快。

二、特点

1. 产品特点

(1)导热油锅炉是基于强制循环的设计思维而开发的直流式特种锅炉。

(2)封闭循环供热,与大气相通,可延长锅炉的使用寿命,液相输送热能,热损失小,节能效果显著,环保效果好。

(3)导热油锅炉采用三回路盘管设计,这种直流式结构,决定了传统锅炉所不具有的安全性。

(4)由于采用盘管式结构,因此受热面充足,使其具有较高的热效率。

(5)导热油锅炉,显著的特点是逆流换热,燃烧排烟温度与热导油出口温差在30 ℃以下。

(6)导热油锅炉其卓越的结构,主要是在较低的压力下运行,获取450 ℃以下的工作温度,具有低压高温的特点。

2. 功能特点

(1)具有低压、高温、安全、高效节能的特点。

(2)具有完备的运行控制和安全监测装置,可以精密地控制工作温度。

(3)结构合理、配套齐全、安装周期短,运行和维修方便,便于锅炉布置。

(4)由于电加热有机热载体炉采用先进的防爆结构,可应用于工厂Ⅱ区防爆,防爆等级可达C级。

3. 导热油锅炉

(1)在几乎常压的条件下,可以获得很高的操作温度。即可以大大降低高温加热系统的操作压力和安全要求,提高了系统和设备的可靠性。

(2)可以在更宽的温度范围内满足不同温度加热、冷却的工艺需求,或在同一个系统中

图2

用同一种导热油同时实现高温加热和低温冷却的工艺要求。即可以降低系统和操作的复杂性。

（3）省略了水处理系统和设备，提高了系统热效率，减少了设备和管线的维护工作量。即可以减少加热系统的初投资和操作费用。

（4）在事故原因引起系统泄漏的情况下，导热油与明火相遇时有可能发生燃烧，这是导热油系统与水蒸气系统相比所存在的问题。但在不发生泄漏的条件下，由于导热油系统在低压条件下工作，故其操作安全性要高于水和蒸汽系统。

（5）导热油与另一类高温传热介质熔盐相比，在操作温度为400 ℃以上时，熔盐较导热油在传热介质的价格及使用寿命方面具有绝对的优势，但在其他方面均处于明显劣势，尤其是在系统操作的复杂性方面。

（6）先进的工艺流程有机热载体锅炉是一种新型的特种加热锅炉，具有低压高温的工作特点，工作压力在0.1 MPa，甚至常压供热温度，液相340 ℃或气相400 ℃，整体结构具有一定的弹性，考虑到运行中受热后各部件的自由膨胀，采用弯曲盘管式受热面，为了运行的更为安全、高效，还增加了空气预热器，炉膛内燃烧度加强，流速也增加，使得更为高效、环保、节能的服务于各个行业。

三、应用范围

广泛应用于石油、化工、制药、纺织印染、轻工、建材、食品、筑路沥青加温等需要高温的工业领域。

四、常见类型

1. 燃煤

燃煤是以煤为燃料，导热油为热载体。一般分为立式手烧、卧式圆筒形、卧式机烧三种燃煤结构形式，主要是根据加煤的劳动强度从而分了这三种形式。

2. 燃油（气）

燃油（气）是以燃油或燃气为燃料，利用燃烧器燃燃料，以导热油为热载体。一般分为立式、卧式二种结构形式，主要是根据设备空间高度这两种形式。

3. 电加热

对于电加热油炉，热量是由浸入导热油的电加热元件产生和传输的，以导热油为介质，利用循环泵,强制导热油进行液相循环,将热量传递给用一个或多种用热设备,经用热设备卸载后,重新通过循环泵,回到加热器,再吸收热量,传递给用热设备,如此周而复始,实现热量的连续传递,使被加热物体温度升高,达到加热的工艺要求。

五、自动控制

1. 燃烧器

当锅炉出口油温度低于设定的出口油温度下限,进出口油压差正常时,自动启动燃烧器一段火、二段火;当锅炉出口油温度高于设定的出口油温度上限 -5 ℃时,关闭燃烧器二段火,一段火保持状态;当锅炉出口油温度高于设定的出口油温度上限时,关闭燃烧器一段火、二段火。

2. 注油泵

当高位油槽油位低时,自动启动注油泵;当高位油槽油位高时,自动关闭注油泵。

3. 循环泵

系统上班,开启循环泵,直到系统下班后关闭;系统下班时,当出口油温低于100 ℃且进口与出口油温差小于20 ℃时,关闭循环泵。

4. 输油泵

当日用油箱油位低时,自动启动输油泵;当日用油箱油位高时,自动关闭输油泵。

六、安全对策

1. 保证设备安全

导热油加热系统应作为压力设备来管理,要确保加热设备完好不漏,否则后果十分严重。使用中要定期检测设备壁厚和耐压强度,并在设备和管道上加装压力计、安全阀和放空管。

2. 严格安全操作

使用导热油炉时要严格控制温度不超过350 ℃,以防温升超压,造成危险。为了避免导热油受热面管壁超温,导热油的流动应呈紊流状态,即雷诺数 $Re > 10\,000$,并具有一定的流速,以减薄其在流过受热面时的边界层厚度。加热操作过程中载热体的循环泵不允许停止。在热负荷降低或暂时停用时应打开旁路回流调节阀,调节系统流量,使管内的导热油具有足够的流量和流速。

加热炉在启动时要对受热面管和系统管道空管预热。开始点火升温时,因导热油温度低,黏度大,流速低,膜层厚,必须严格控制升温速度,一般应在40~50 ℃/h以下,以避免局部受热超温。当出现循环导热油温度高但用热设备温度上不去的情况时,不能盲目提高导热油出口温度,而应从用热设备方面查找原因,如积垢、堵塞等。使用导热油加热,开车初期应注意温度与压力的关系。如压力偏高,温度偏低,表示有水,应及时排气;如果压力偏低,温度偏高,表示导热油油量不足,应补加导热油。系统停止运行时,导热油的循环泵要继续运转一段时间,待载热体冷却后,将系统内导热油全部放回储槽,尤其是受热面内不能有遗留。

3. 保证导热油进水

导热油内严禁混入水或其他低沸点杂质和易燃易爆物质。开车时应先排净系统内的水分,然后打开进气阀和回止阀,按规定升温排除载热体中的水分;新换或添加的导热油必须经预热脱水处理方可加入;排除水分时一般应先开放空阀,再用小火以5 ℃/h的升温速

度将导热油温度升到 150 ℃,使水分蒸发逸出。然后关小放空阀,以 10 ℃/h 的升温速度将其升温至 250 ℃。升温过程中,如闻有水击声或看到压力偏高,应立即开大放空阀,驱逐水蒸气,然后关闭放空阀开车。停炉时,应放出被加热物料后关闭导热油炉蒸气阀,避免物料漏入系统。

4. 清除结焦、结垢

生产实践中结焦厚度在 2 mm 以下是安全的,炉管内结焦层在 0～1.5 mm 之间,此时焦层的继续积存量同被载热体冲刷的溶化量大致平衡。可用超声波测厚仪测定炉管内的焦层厚度。

在循环泵入口处应装过滤器,滤去因化学变化而产生的呈悬浮状态的聚合物以及局部过热析出的炭粒。过滤器应便于拆卸、更换,以便定期清理存渣及杂质,保证过滤效果。

5. 加强安全管理

要重视导热油加热设备运行的技术规范以及管理规定的制订和执行情况,严格遵守相关法律法规和安全操作规程。导热油加热操作应有完善的应急处置方案,尤其要防止出现溢料、喷料、漏料、超负荷带病运转,一旦发生泄漏点,要立即堵漏,并更换保温棉。

6. 设置安全装置

设置温度、压力、流量、液位自动调节系统、报警系统和安全泄放装置,要保证仪器、仪表灵敏好用。加热操作中,如发生压力突升情况,应立即打开放空阀泄压,并关闭通向加热设备的载热体管道阀门。

七、操作规程

1. 启动前的检查

(1)加热炉及其周围是否清洁无杂物,检查炉体、燃烧器、控制器、看火孔、烟(囱)道等是否正常。

(2)倒通工艺设备及流程,检查膨胀槽油位是否在 1/4～1/2 液位以上位置,温度计、压力表等是否正常。

(3)接通加热炉控制柜电源,检查电压是否正常,检查指示灯及各显示仪表是否正常。

(4)调整好燃气主减压阀、次减压阀,使压力控制为 0.005 MPa。

2. 启动

(1)启动导热油循环泵(运一备一,参照水泵操作规程执行),启泵后正常循环 0.5 小时左右使压力平稳。

(2)按燃烧器启动按钮,观察炉膛火焰是否正常燃烧,若不点火,应在排除故障后,再次启动燃烧器。

3. 停炉操作

(1)正常停炉

①逐步降低温度,关闭燃烧器,停止燃烧;

②待热油温度降至 70 ℃ 以下,停止热油循环泵的运行(参照水泵操作规程执行);

③关闭总电源,做好交接班记录。

(2)紧急停炉

如果因紧急情况紧急停炉时,应迅速关闭燃烧器,同时沿燃烧器铰轴将燃烧器移开,让炉膛与烟囱之间形成自然通风状态,将炉膛内的蓄热散发,以便导热油自然冷却,防止过热。

4.注意事项

巡回检查时应注意检查导热油炉周围是否发生泄漏,附近应有配置足够的油类及电器类的消防器材,不准用水作为灭火剂。

八、故障处理

1.出口油温超温

当出口油温超过设定的出口油温度上限值20 ℃或超过350 ℃时,电脑闪烁显示超温温度,强制关闭受控设备。

2.烟道温度超温

当烟道温度超过设定极限温度300 ℃时,烟道超温指示,关闭受控设备。

3.低压差

当锅炉进口与出口油压低于设定的压差值时,电脑故障指示,强制关闭受控设备。

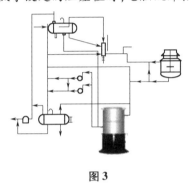

图3

4.超压

当锅炉油压高于设定的高压点时,电脑故障指示,强制关闭受控设备。

5.电源提示

当系统电网电压超出正常运行范围(180～260 V),屏幕故障提示,不连锁设备。

九、清洗技术

如果你的导热油炉使用时间过长或选用的导热油不好或使用不当而产生的结焦、积炭堵塞了管线和加热面,降低了传热效率,增大了能耗,最后便难以满足生产的需要。

1.导热油锅炉油炭垢清洗技术

(1)导热油锅炉正在快速普及使用

导热油锅炉(热媒炉)是以有机热媒油作为传热介子的锅炉,它能在较低的运行压力下获得较高的工作温度,因安全高效正在石油、化工、印染、食品、化纤、塑胶、涂料、建材等工业企业中快速普及及使用。

(2)导热油锅炉使用中存在的问题

问题1:导热油受热缩聚易使锅炉传热面积碳结焦

导热油高温受热后易发生热裂解和聚合化学反应,使油质劣化。如导热油胶质化便稠、残炭和酸值超标、焦晶析出沉积等,导致锅炉传热面积结焦质油炭垢。

问题2:传热面积焦结垢使能耗增大,引发火灾事故导热油锅炉传热管壁聚集油焦炭垢后，不仅使传热效率大幅下降，燃料成本增加，还会影响下游生产工艺温度。严重时造成传热壁局部过热，管壁裂纹、腐蚀和爆管，使导热油泄漏引发火灾和人员伤亡等重大安全事故。

2. 导热油阻焦防垢技术

（1）油质劣化加速锅炉积碳结焦

导热油锅炉使用过程中，导热油化学成分因受热很容易发生高温氧化、裂化分解和热聚缩合等化学反应，使油质胶质化。缩聚反应生成的焦炭微粒使导热油残炭值大幅升高，在传热面上形成焦质油碳垢。

（2）油炭垢危害锅炉安全运行

导热油积焦形成的油炭垢不仅大幅降低导热油锅炉的传热效率，使能耗成本大幅增加，而且能引发导热油锅炉金属高温腐蚀和垢下腐蚀损伤，使炉管金属产生损伤裂纹或腐蚀孔，严重时可烧毁炉管，导热油泄漏引发火灾和人身伤亡等重大事故。

十、火灾预防

1. 爆管火灾

（1）油质不佳，油中残炭指标超标。导热油在储存、运输或运行维护中不慎而使水分、杂质或其他油污等混入油中，当导热油工作升温到 1 000 ℃ 时，会引起喷油并着火，或者水分受热汽化产生高压，引起设备的超压爆炸。另外油中残炭指标超标，导热油在加热运行过程中会发生一些化学变化而生成少量高聚合物，同时也会因局部过热生成焦炭，这些高聚合物和残炭不溶于油而悬浮在油中，运行中这些物质会沉积在锅筒底部而过热鼓包，沉积在管壁而过热爆管。因此，定期对导热油取样分析，及时掌握油的品质变化情况，分析变化原因，定期补充新导热油量，使其残炭量基本得到稳定，加入锅炉中的导热油必须预先脱水，发现问题，应及时采取相应措施。

（2）出口温度超温，流速过低。有时因油温度高而用热机温度却上不去，不能满足生产需要。有的单位采取提高出口温度的办法保证供热量，结果使出口温度接近甚至超过热载体的最高允许使用温度，从而加重了结焦、结垢程度，使用热机的散热器传热效率更低，形成了恶性循环，直到炉管爆破。另外，过低流速会造成受热面中的大部或局部管内壁温度高于允许油膜温度，而缩短导热油的正常使用寿命，导致过热引起鼓包、爆管。因此，锅炉的最高出口油温应比热载体的工作温度低约 30 ℃，以防止油在使用过程中过热分解变质。在运行中，辐射受热面管子内的导热油流速不低于 2 m/s，对流受热管子内不低于 1.5 m/s，防止产生残炭、堵塞管径、造成管壁过热等事故。

2. 泄漏火灾

由于焊接质量问题，热媒输送主管焊缝部分脱落或超温情况下大量汽化，引起管道振动甚至损坏而致使大量导热油外漏，而导热油渗透性较强，特别是法兰垫片处较为严重，泄漏后遇火源引起火灾常有发生。因此，安装时，要选有资质的安装公司安装，管道连接以焊接为好，适当辅以法兰连接，不得采用螺丝连接，法兰连接时应采用耐油、耐压、耐高温的高强石墨制品作密封垫片。所有与热载体接触的附件不得采用有色金属和铸铁制造。钢管应采用 20 号钢无缝管、紧固件尤其主回路上的连接螺栓采用 35 号钢鼓较为妥当。锅炉点火前，应由锅监所与安装公司对所有管道、阀门等进行一次耐压试验，直到不渗漏为止，导热油在系统管路中循环不应少于 60 分钟，确认一切正常之后，方可点火。

3.停电火灾

导热油锅炉在正常使用时,单位偶尔发生突然停电,此时循环油泵停止工作,炉膛内燃煤继续在燃烧,使锅炉油温度继续升高,如果油温上升太快降不下来,就会在短时间内油温局部超高而结焦,致使超温过热爆管引起火灾。因此,遇上停电等故障,应打开所有炉门,立即消除炉内剩余的燃煤,让大量冷风窜进炉膛内,迅速降低炉温,消除热源;同步打开锅炉放油阀门,将高温油缓缓放入储油槽,并让膨胀油槽中的冷油慢慢流入锅炉,及时带走热量。有条件的单位可设置双路电源,如设置小型汽油发电机,其电路与循环油泵电路互为切换,从而防止停电后短时间内油温超高而造成结焦,以致酿成事故。

此外,司炉工必须经技监部门培训合格,统发"司炉工操作证",只有持证司炉工才准独立操作,以保证出现异常情况能及时排除。还要保持循环油泵、储油槽的清洁,随时清除表面上积聚的油垢和灰尘,严防其被外部飞火引燃成灾。

十一、注意事项

1. 使用斯大导热油作为热载体的油、气的热载体锅炉,系统应配备膨胀槽、储油罐、安全组件、测量仪表和控制装置。

2. 导热油投入使用时,在开始运行阶段,先启动循环油泵,运行半小时后,再点火升温。初次使用时应缓慢升温,每小时升温约20 ℃,当升温至180~200 ℃时,再保温一段时间,方可投入正常使用。

3. 在使用中应认真检查,严防水、酸、碱及低沸点物漏入使用系统。系统应装过滤装置,防止各种杂物进入,保证油品纯度。

4. 经使用半年后,应进行一次油品分析,长期使用后,若发现传热效果差,或其他异常情况,应对油品进行分析,根据分析结果决定添加或更换。判断标准量:碱碳不大于1.0%,酸值不大于0.5 mgK(OH)/g,燃点变化不小于20%,黏度变化不大于10%,其中一项超标应更换新油。

5. 为确保导热油的正常使用寿命和导热效果,严禁超温使用。

十二、设备风险程度分析

1. 一般变乱,职员轻伤,轻微经济损失。
2. 较大变乱,职员轻、重伤、死亡,较大经济损失。
3. 重大、特别重大变乱,职员群死群伤,特别重大经济损失。

任务二　对流换热

▶ 任务提要

本任务主要介绍牛顿冷却公式,强制对流换热,自然对流换热,凝结换热和沸腾换热。

▶ 任务要求

(1)掌握各种对流换热的基本概念。

（2）理解强制对流换热和自然对流换热及其特征。

（3）熟悉各公式的适用范围以及各种相关参数的合理选择。

（4）能应用相关概念和公式进行对流换热分析和计算。

单元1　对流换热的概念及牛顿冷却公式

● **学习目标**

（1）熟悉对流换热的基本概念。

（2）了解对流换热的机理。

（3）掌握牛顿冷却公式的表达式。

（4）学会分析影响对流换热系数的主要因素。

● **重点内容**

（1）牛顿冷却公式。

（2）影响对流换热系数的主要因素。

一、对流换热的概念

对流换热是指流体流经固体时流体与固体表面之间的热量传递现象。在这一过程中，不仅有离壁面较远处流体的对流作用，同时还有紧贴壁面薄层流体的导热作用。因此对流换热实际上是一种由热对流和导热共同作用的复合换热形式。

对流换热按流体流动原因分为强制对流换热和自然对流换热；按流体是否有相变分为相变对流换热和无相变对流换热；相变对流换热又分为凝结换热和沸腾换热。可以把对流换热分成以下几类，如图2.2.1所示。

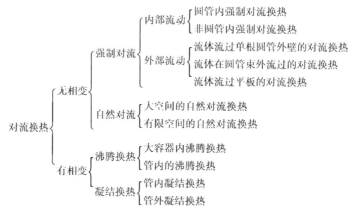

图2.2.1　对流换热分类

二、对流换热的机理

流体的流动状态可以分为两种类型：一种是流体质点始终沿流向做直线运动，质点和流层间彼此不掺混，这种流动状态称为层流；另一种是流体质点不仅有沿流向的运动，还有垂直于流向的运动，流层间相互掺混，这种流动状态称为紊流。在紊流中，由于流体的质点相互掺混，碰撞更为强烈，因此对流换热效果会更强。

当具有黏性的流体流过壁面时,就会在壁面上产生黏滞力。黏滞力阻碍了流体的运动,使靠近壁面流体的速度降低,使直接贴附于壁面的流体近于停滞不动,流体速度 $u = 0$。一般地,把从紧贴壁面速度 $u = 0$ 至速度等于来流速度 $u = u_\infty$ 之间的流体薄层称为流体的速度边界层。边界层的厚度一般很小,如图 2.2.2 所示。

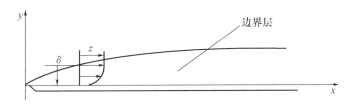

图 2.2.2 速度边界层

以流体在管内流动为例,流体的流动状态在沿流向 x 轴方向和与流向垂直的 y 轴方向都有变化。如图 2.2.3 所示。

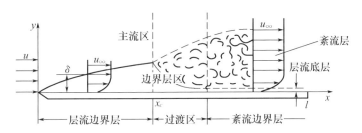

图 2.2.3 流体的流态

(1)流体在流动方向 x 上的流态变化

在流体入口处,黏滞力起主导作用,速度梯度相当大,流体呈现层流状态,形成层流段。流体继续流动,层流边界点开始逐渐偏离壁面,向 y 方向移动。当流体到达一定距离时,流体的惯性力逐渐强于流体的黏滞力,使边界层内的流动变得不稳定起来,流态朝着紊流方向过渡,形成过渡段。随着流动的距离继续增加,流体呈现旺盛紊流状态,形成紊流段。

(2)紊流段中流体在 y 方向上的流态变化

由于紧贴壁面处的黏滞力仍起主导作用,致使贴附于壁面的极薄层的流体仍保持层流的状态,这一薄层流体称为层流底层。底层之上即为紊流层。

当流体在壁面上流动时,其紧贴壁面的极薄的层流底层相对于壁面几乎是不流动的。壁面与流体间的热量传递必须通过这个层流底层,热量传递的方式只能是导热这种方式,因此对流换热量实际上就等于层流底层的导热量。在层流段,沿壁面法线方向上的热量传递主要依靠导热作用;在紊流段,层流底层内的热量传递方式仍然是导热,这是紊流段主要的热阻;但在层流底层以外,对流的作用仍然占主导作用。因此,对流换热实际上是依靠层流底层的导热和层流底层以外的对流共同作用的结果。对流换热的热阻主要集中在流体的层流内层内,因此减薄层流内层的厚度是强化对流换热的主要途径。

三、牛顿冷却公式

对流换热量可以用牛顿冷却公式来计算,形式如下:

$$Q = Ah\Delta t \qquad\qquad (2.2.1)$$

式中 Q——热流量，W；

$\quad\quad h$——对流换热系数，W/（m^2·℃）；

$\quad\quad A$——换热面积，m^2；

$\quad\quad \Delta t$——壁面温度与流体温度的温差，℃。

该公式也可以写成

$$Q = \frac{\Delta t}{\frac{1}{hA}} = \frac{\Delta t}{R_{\text{w}}} \qquad\qquad (2.2.2)$$

式中 R_{w} 为对流换热热阻，℃/W，$R_{\text{w}} = \frac{1}{hA}$。

牛顿冷却公式描述了对流换热量与对流换热系数及温差之间的关系，是对流换热系数的定义式，形式虽然简单，但难点都集中在对流换热系数的确定上。如何确定对流换热系数 h 的大小是对流换热的核心问题。

四、影响对流换热系数的主要因素

如前所述，对流换热是对流和导热共同作用的结果，那么所有支配这两种作用的因素，诸如流动的起因、流动状态、流体物性、物相变化、壁面的几何参数、管路的振动等等，都会影响对流换热系数 h。

1. 流体流动的起因

流体在壁面上流动的原因有两种：一种是自然对流，另一种是强制对流。一般地说，强制对流的流速较自然对流高，因而对流换热系数也高。例如空气自然对流换热系数约为 5～25 W/（m^2·℃），强制对流换热系数可达 10～100 W/（m^2·℃）；再如受风力影响，房屋墙壁外表面的对流换热系数比内表面高出一倍以上。

2. 流体的流态

流体的流动存在着两种不同形式的流态，即层流和紊流。层流时，流体沿壁面法线方向的热量传递主要依靠导热，故对流换热系数的大小取决于流体的导热系数。紊流时，紊流核心的热阻较小，对流换热系数的大小主要取决于层流底层的热阻。因此，要强化对流换热效果，应该在一定程度上提高流体的流速，这样可以使流体的流态由层流变为紊流，减小层流底层的厚度，提高表面传热系数。

3. 流体的物理性质

流体的物理性质如密度 ρ、动力黏度 v、导热系数 λ 以及比定压热容 c_p 等对对流换热有很大的影响。流体的导热系数越大，流体与壁面之间的热阻就越小，换热就越强烈；流体的比定压热容和密度越大，单位质量携带的热量就越多，传递热量的能力就越强；流体的黏度越大，黏滞力就越大，这就阻碍了流体的流动，加大了层流边界层的厚度，不利于对流换热。

4. 流体的相变

流体是否发生了相变，对对流换热的影响很大。流体不发生相变的对流换热，是由流体显热的变化来实现的。而对流换热有相变时，流体吸收或放出汽化潜热。对于同种流体，潜热换热要比显热换热剧烈得多。因此，有相变时的对流换热系数比无相变时的大。另外，沸腾时液体中气泡的产生和运动增加了液体内部的扰动，从而强化了对流换热。

5. 换热表面的几何因素

几何因素是指换热表面的形状、大小、状况(光滑或粗糙程度)以及相对位置等。几何因素影响了流体的流态、流速分布和温度分布,从而影响了对流换热的效果。如图2.2.4(a)所示,流体在管内强制流动与管外强制流动,由于换热表面不同,流体流动产生的边界层也不同,其换热规律和对流换热系数也不相同。在自然对流中,流体的流动与换热表面之间的相对位置对对流换热的影响较大,图2.2.4(b)所示的平板表面加热空气自然对流时,热面朝上气流扰动比较激烈,换热强度大;热面朝下时流动比较平静,换热强度较小。

内部流动　　　外部绕流　　　热面朝上　　　热面朝下

(a)　　　　　　　　　　　　　　(b)

图 2.2.4　换热表面几何因素对对流的影响
(a)强迫对流;(b)自然对流

6. 管路的振动

当换热介质流经换热器管路时,会或多或少地引起管路的振动,尤其是蒸汽介质,会使振动更加明显。以前人们只认识到振动对于管路使用寿命的负面影响,近来有的科学家发现,振动实际上也是对流换热过程中一种能量转换与转移的方式,振动本身加强了换热介质的扰动,增强了换热效果;另外振动也减弱了污垢在管壁处的积累,减小了热阻。

单元 2　对流换热计算概述

● **学习目标**

(1)熟悉对流换热的基本概念。

(2)了解对流换热的机理。

(3)掌握牛顿冷却公式的表达式。

(4)学会分析影响对流换热系数的主要因素。

● **重点内容**

(1)牛顿冷却公式。

(2)影响对流换热系数的主要因素。

前边我们学过的对流换热牛顿冷却公式:$Q = Ah\Delta t$,虽然揭示了对流换热量与温差、换热面积以及对流换热系数之间的关系,但是并不能应用此公式去解决实际的换热问题。因为公式中的对流换热系数 h 与换热过程中的许多因素有关,进行对流换热计算的主要任务就是确定对流换热系数 h。研究的方法大致有以下四种:分析法、实验法、比拟法和数值法。由于对流换热过程十分复杂,不管依靠哪种方法来求得对流换热系数都是非常困难的。考虑到高职学生的需要,在这里我们并不打算详细介绍各计算公式的由来及推导,只是介绍

计算对流换热系数的一般方法以及公式的选择及应用。

一、对流换热准则数

根据相似理论推导出的下面几个准则数,对于计算对流换热系数有着非常重要的作用,很多影响对流换热的因素都被包含到这几个无量纲数中来。

1. 努塞尔数(Nusselt)

$$Nu = \frac{hL}{\lambda} \tag{2.2.3}$$

式中　h——对流换热系数,$W/(m^2 \cdot ℃)$;

　　　L——对对流换热起主要影响的壁面几何尺寸,m;

　　　λ——流体的导热系数,$W/(m \cdot ℃)$。

Nu 数包含了对流换热系数 h 和流体导热系数 λ。Nu 数值的大小反映出同一种流体在不同情况下的对流换热强度。因此,Nu 是说明对流换热强度的相似准则数。另外,注意到 Nu 数公式中包含了对流换热系数 h。

$$\alpha = \frac{\lambda Nu}{L} \tag{2.2.4}$$

所以,可以通过求 Nu 数来求对流换热系数 h,再进而利用牛顿公式求换热量等其他参数。

2. 雷诺数(Reynolds)

$$Re = \frac{uL}{\nu} \tag{2.2.5}$$

式中　u——流体流速,m/s;

　　　ν——流体运动黏度,m^2/s。

Re 数值的大小反映了流体流动时的惯性力与黏滞力的相对大小。Re 数值大说明惯性力的作用大,流态往往呈现紊流;Re 数值小说明黏滞力的作用大,流态往往呈现层流。因此,Re 是说明流体流态的相似准则。后面在计算 Nu 数时,要根据流态选择计算公式,而有的公式适用于层流,有的公式适用于紊流,这时就需要先根据雷诺准则判断流体的流态,再选择合适的计算公式。工程中,当 $Re \leqslant 2\ 320$ 时,为层流;当 $Re > 2\ 320$ 时,为紊流。

3. 普朗特数(Prandtl)

$$Pr = \frac{\nu}{a} = \frac{\mu c_p}{\lambda} \tag{2.2.6}$$

式中　a——流体的热扩散率,m^2/s;

　　　μ——流体的黏度,$Pa \cdot s$;

　　　c_p——流体的比定压热容,$kJ/(kg \cdot ℃)$。

Pr 数包含了流体的物理参数。Pr 说明流体的物理性质对对流换热的影响,又称为物性准则。

4. 格拉晓夫数(Grashof)

$$Gr = \frac{a_V g \Delta t L^3}{\nu^2} \tag{2.2.7}$$

式中　a_V——液体的体膨胀系数,$1/K$;

　　　g——重力加速度,m/s^2;

　　　Δt——流体与壁面的温度差,$℃$。

Gr 数值的大小反映了流体所受的浮升力与黏滞力的相对大小。当 Gr 数增大时,表明浮升力也增大,这时流体的自然对流换热较为强烈;当 Gr 数减小时,流体的自然对流换热减弱。所以 Gr 数表明了自然对流换热强度。

二、准则数之间的关系

包括对流换热系数 h 及其他几个准则数与 Nu 之间也存在函数关系。对于无相变强制稳态流动换热,其准则方程式为

$$Nu = f(Re, Gr, Pr) \tag{2.2.8}$$

1. 若只考虑受迫对流换热,也可从式中去掉 Gr,则受迫紊流换热准则方程式可简化为

$$Nu = f(Re, Pr) \tag{2.2.9}$$

2. 对于空气,它的 Pr 可作为常数处理,故空气强制紊流放热时,上式可简化为

$$Nu = f(Re) \tag{2.2.10}$$

3. 对于强制对流的换热过程,Nu,Re,Pr 三个准则数之间的关系,大多数为指数函数的形式,即

$$Nu = cRe^m Pr^n \tag{2.2.11}$$

式中的 c,m,n 都是常数,都是针对各种不同情况的具体条件进行实验测定的,当这些常数被实验确定后,则可由该式来计算对流换热系数 h。

三、定性温度与特征尺寸

1. 定性温度

在使用上述公式计算准则数时,往往要用到流体的物性参数,比如流体的密度 ρ 和运动黏度 ν 等,这些参数的大小一般都与温度有关,而在工程计算中,同一计算流体各部分的温度是不一样的,比如油水换热器进口和出口的水温是不一样的。因此大多数基于试验分析的经验公式都给出了一个决定公式中其他物理参数的温度,这个温度就叫作定性温度。其他随温度变化的物理参数的取值,应该由定性温度决定。

定性温度的确定一般有以下三种方法:

①取流体的平均温度 t_f;

②取换热壁表面的平均温度 t_w;

③取流体与壁面的算术平均温度 $t_m = \dfrac{t_f + t_w}{2}$。

Nu_f,Re_f,Pr_f 中的下标"f"表示以流体的平均温度"t_f"作为定性温度;Pr_w,ν_w 中的下标"w"表示以固体壁面的平均温度"t_w"作为定性温度;Re_m,ρ_m 中的下标"m"表示以流体与壁面的算术平均温度"t_m"作为定性温度。

2. 特征尺寸

参与对流换热的换热表面几何尺寸往往有几个,准则数公式中所用的尺寸参数,一般是实验中发现其中对换热有显著影响的几何尺寸,称为特征尺寸。如流体在圆形管内对流换热时,特征尺寸一般为管内径,而在非圆形管内对流换热时,则常用当量直径作为特征尺寸。在使用准则数公式时,要按准则公式的要求来确定。具体应用情况如下:

①流体在圆管内流动时,取管内径作为特征尺寸。

②流体在非圆管道内流动时,如椭圆管道、矩形管道等,取当量直径 d_r 作为特征尺寸,即

$$d_r = \frac{4A}{x} \qquad (2.2.12)$$

式中　A——管道中流体的断面面积,m^2;

　　　　x——湿周,m。

③流体横掠单管时,取管外径作为特征尺寸。

④流体外掠壁面时,取流动方向的壁面长度作为特征尺寸。

四、换热计算的一般步骤

在上述各准则数方程式中,Nu 包含了待定的对流换热系数 h,而其他准则中的 Re,Gr 和 Pr 所包含的量都是已知量,进行换热计算的主要步骤如下:

(1)先根据已知条件整理出与 Nu 有关的量。

(2)选择求 Nu 的合适公式,进而求出 Nu。

(3)再根据 $h = \dfrac{\lambda Nu}{L}$ 来求出表面换热系数 h。

(4)然后由 h 求出对流换热量 $Q = Ah\Delta t$,或者换热面积 $A = \dfrac{Q}{h\Delta t}$。

在计算的过程中要注意根据不同的场合、不同的流态等限制条件选择合适的计算公式,还要注意公式中的定性温度和特征尺寸的确定。

单元3　单相流体对流换热计算

- **学习目标**

  (1)熟悉管内流体强制对流换热计算方法。

  (2)了解自然对流换热的计算方法。

  (3)掌握管外流体强制对流换热计算方法。

- **重点内容**

  (1)管内流体强制对流换热计算。

  (2)管外流体强制对流换热计算。

一、管内流体强制对流换热计算

1. 管内强制流动换热量计算公式的选用

管内流体与管壁之间的对流换热系数受多种因素的影响,比如流体的流态、流体与壁面的温差、流体的黏度等,要通过努塞尔数 Nu 求出对流换热系数,就必须根据适用范围选择出正确计算 Nu 的公式。表 2.2.1 列出了管内强制流动努塞尔数 Nu 的计算公式。

表 2.2.1 管内强制流动努塞尔数 Nu 的计算公式

流态	Nu 的计算公式				适用条件
层流	忽略自然对流影响	管路较短	$Nu = 1.86(RePr)^{\frac{1}{3}}\left(\dfrac{d}{L}\right)^{\frac{1}{3}}\left(\dfrac{\mu}{\mu_w}\right)^{0.14}$	(a)	$0.48 < Pr < 16\ 700$ $0.004\ 4 < \dfrac{\mu}{\mu_w} < 9.75$
		管路较长	常热流通量	$Nu = 4.36$ (b)	$\left(RePr\dfrac{d}{L}\right)^{\frac{1}{3}}\left(\dfrac{\mu}{\mu_w}\right)^{0.14} \leqslant 2$
			常壁温	$Nu = 3.66$ (c)	
	考虑自然对流影响		$Nu = 0.15Re^{0.33}Pr^{0.43}Gr^{0.1}\left(\dfrac{Pr}{Pr_w}\right)^{0.5}$	(d)	$\dfrac{L}{d} > 50$
过渡流	气体		$Nu = 0.021\ 4(Re^{0.8} - 100)Pr^{0.4}\left[1 + \left(\dfrac{d}{L}\right)^{\frac{2}{3}}\right]\left(\dfrac{T_f}{T_w}\right)^{0.45}$	(e)	$0.6 < Pr < 1.5$ $0.5 < \dfrac{T_f}{T_w} < 1.5$ $2\ 320 < Re < 10^4$
	液体		$Nu = 0.012(Re^{0.87} - 200)Pr^{0.4}\left[1 + \left(\dfrac{d}{L}\right)^{\frac{2}{3}}\right]\left(\dfrac{Pr_f}{Pr_w}\right)^{0.11}$	(f)	$1.5 < Pr < 500$ $0.05 < \dfrac{Pr_f}{Pr_w} < 20$ $2\ 320 < Re < 10^4$
紊流	t_f 与 t_w 温差较小	$t_w > t_f$	$Nu = 0.023Re^{0.8}Pr^{0.4}$	(g)	$10^4 < Re < 1.2 \times 10^5$ $0.7 < Pr < 120$
		$t_w < t_f$	$Nu = 0.023Re^{0.8}Pr^{0.3}$	(h)	
	t_f 与 t_w 温差较大		$Nu = 0.027Re^{0.8}Pr^{\frac{1}{3}}\left(\dfrac{\mu}{\mu_w}\right)^{0.14}$	(i)	$10^2 < Re < 1.2 \times 10^5$ $0.7 < Pr < 120$
			$Nu = 0.021Re^{0.8}Pr^{0.43}\left(\dfrac{Pr}{Pr_w}\right)^{0.25}$	(j)	$10^4 < Re < 1.75 \times 10^6$ $0.6 < Pr < 700$

注:① 各公式中下角标为"w"的参数,比如 Pr_w 和 μ_w,指的是管壁壁温下的普朗特数和黏度;其余参数的定性温度为流体进出口温度的算术平均值。

② 表中各公式的特征尺寸为换热管的内径 d。

③ 流体平均温度 t_f 与壁面温度 t_w 相差不大一般情况下指的是:气体与壁面的温差不超过 50 ℃,水与壁面的温差不超过 20 ℃,黏度大的油类与壁面的温差不超过 10 ℃。

2. 对流换热系数的修正

实际工程中的对流换热情况与公式中给出的条件有时候不一致,这就需要修正,才能获得较为正确的对流换热系数。

(1)入口段效应的修正

入口段管内流动的对流换热系数是不稳定的。在入口处,边界层较薄,温度梯度较大,h 较大;随着入口距离的增加,边界层加厚,温度梯度减小,h 逐渐降低,最后趋于某一定值。鉴于入口段局部对流换热系数 h 的变化情况,计算管内平均对流换热系数 h 时应注意管的长度,在紊流状态下如果管长与管内径之比 $\dfrac{L}{d} > 50$ 时,可忽略入口段效应对平均换数系数的影响。而当 $\dfrac{L}{d} < 50$ 时,就需要对由公式(d),(f),(g),(h),(i),(j)求出的 Nu 进行修正,将由上述公式计算出的 Nu(或根据 $h = \dfrac{\lambda Nu}{L}$ 计算出的 h)乘以短管修正系数 ε_L。

$$\varepsilon_L = 1 + \left(\dfrac{d}{L}\right)^{0.7} \tag{2.2.13}$$

式中 d——管子内径,m;

   L——管子长度,m。

（2）弯管修正

当流体在弯管内流动时,因离心力而产生二次环流,增加了流动中的扰动,使换热增强。

管道的弯曲半径越小,其影响越大。流体在管内层流时,弯管的影响可以忽略不计。但在紊流时不可忽略,特别是对于螺旋管,要考虑将按直管求出的 h 乘以一个弯管修正系数 ε_R。

对于气体:

$$\varepsilon_R = 1 + 1.77 \frac{d}{R} \tag{2.2.14}$$

对于液体:

$$\varepsilon_R = 1 + 10.3 \left(\frac{d}{R}\right)^3 \tag{2.2.15}$$

式中 d——管子内径,m;

   R——弯管的弯曲半径,m。

3. 对流换热系数的求解步骤

（1）先由已知条件计算 Re,再根据 Re 值判断管内流态。

（2）根据管内流态(层流、紊流或过渡流)和适宜范围,选用相应的实用计算式,并注意特征尺寸和定性温度的确定。

（3）由已知条件计算或选取有关修正系数。

（4）由实用计算式计算 Nu。

（5）由 Nu 值求得对流换热系数 h。

【例 2.2.1】   水流进长度为 $L = 5$ m 的直管,从 $t_f' = 25$ ℃ 被加热到 $t_f'' = 35$ ℃。管内径 $d = 20$ mm,水在管内的流速为 2 m/s。求平均对流换热系数 h。

解   （1）由已知条件可得

$$\frac{L}{d} = \frac{5}{20 \times 10^{-3}} = 250 > 50$$

（2）水的平均温度为

$$t_f = \frac{t_f' + t_f''}{2} = \frac{25 + 35}{2} = 30 \text{ ℃}$$

（3）以 $t_f = 30$ ℃ 为定性温度,由附表 A - 7 饱和水的热物理性质表,查得 $\lambda = 61.8 \times 10^{-2}$ W/(m·℃),$\rho = 995.7$ kg/m³,$\mu = 801.5 \times 10^{-6}$ Pa·s,$Pr = 5.42$,$c_P = 4.174$ kJ/(kg·K)。

（4）根据流速、管内径和动力黏度得出雷诺数为

$$Re = \frac{\rho u d}{\mu} = \frac{995.7 \times 2 \times 20 \times 10^{-3}}{801.5 \times 10^{-6}} = 4.97 \times 10^4 > 10^4$$

所以管内水的流态属于旺盛紊流。

（5）已知水的雷诺数、流态、$t_w > t_f$、$\frac{L}{d} > 50$,但不知道 $\Delta t = t_w - t_f$ 是大于 20 ℃ 还是小于 20 ℃。先假设 $\Delta t = t_w - t_f < 20$ ℃,那么相应的 Nu 计算式为表 2.2.1 中的公式(g),则

$$Nu = 0.023 Re^{0.8} Pr^{0.4} = 0.023 \times (4.97 \times 10^4)^{0.8} \times 5.42^{0.4} = 258.5$$

（6）初步计算对流换热系数

$$h = \frac{\lambda}{d}Nu = \frac{61.8 \times 10^{-2}}{20 \times 10^{-3}} \times 258.5 = 7\ 988\ \text{W/(m}^2 \cdot ℃)$$

（7）验证所选择的 Nu 计算式是否合适。方法是由算出的 h 推算出 Δt，若 $\Delta t < 20\ ℃$，则所选用的 Nu 计算式合适；否则，应改用其他相应的计算式重新计算。

①查得 30 ℃ 饱和水的物理性质参数为

$$\rho = 995.7\ \text{kg/m}^3; c_P = 4.174\ \text{kJ/(kg} \cdot \text{K)}$$

②水吸收的热量为

$$Q = m c_P(t''_\text{f} - t'_\text{f}) = \rho L \pi \left(\frac{d}{2}\right)^2 c_P(t''_\text{f} - t'_\text{f})$$

$$= 995.7 \times 5 \times \frac{3.14 \times (20 \times 10^{-3})^2}{4} \times 4.174 \times 10^3 \times (35 - 25)$$

$$= 6.525 \times 10^4\ \text{W}$$

水平均温度与管壁温度的差值

$$\Delta t = t_\text{w} - t_\text{f} = \frac{Q}{hA} = \frac{6.525 \times 10^4}{7\ 988 \times 3.14 \times 20 \times 10^{-3} \times 5} = 26\ ℃ > 20\ ℃$$

根据 Δt 的计算结果可看出所选择的 Nu 计算式不在适用范围内。

二、管外流体强制对流换热计算

1. 流体强制横向流过单管的换热量计算

如图 2.2.5 所示，当流体强制横向流过单管时，其实用计算式为

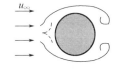

图 2.2.5　流体横向流过单管

$$Nu = cRe^n Pr^{0.37}\left(\frac{Pr}{Pr_\text{w}}\right)^{0.25} \qquad (2.2.16)$$

式中 Nu, Re, Pr 的定性温度为流体主流温度，特征尺寸取管外径；计算 Re 时流体速度取管外流速最大值；Pr_w 的定性温度为管壁温度；c, n 的数值可由表 2.2.2 查出。

式（2.2.16）的适用范围是：$0.7 < Pr < 500; 1 < Re < 10^4$。当 $Pr > 10$ 时，式（2.2.16）中 Pr 的幂次由 0.37 改为 0.36。

表 2.2.2　流体横掠单管计算式中的 c, n 值

Re	c	n
$1 \sim 40$	0.75	0.4
$40 \sim 1 \times 10^3$	0.51	0.5
$1 \times 10^5 \sim 2 \times 10^5$	0.26	0.6
$2 \times 10^6 \sim 10^6$	0.076	0.7

【例 2.2.2】　已知管外径 $d = 20$ mm，水温 $t_\text{f} = 20\ ℃$，管壁温 $t_\text{w} = 30\ ℃$，水流速 $u =$

0.5 m/s。试求冷却水横向流过单管时的对流换热系数。

解 （1）由附表 A－11 饱和水的热物理性质表，查得 20 ℃饱和水的物理性质参数

$$\lambda = 59.9 \times 10^{-2} \text{ W/(m} \cdot \text{℃)}; \nu = 1.006 \times 10^{-6} \text{ m}^2/\text{s}; Pr = 7.02$$

（2）由附表 A－11 饱和水的热物理性质表，查得当水的温度为管壁温 $t_w = 30$ ℃时 $Pr_w = 5.42$。

（3）计算雷诺数

$$Re = \frac{ud}{\nu} = \frac{0.5 \times 20 \times 10^{-3}}{1.006 \times 10^{-6}} = 9\ 940$$

（4）由雷诺数查表 2.2.2 得出

$$c = 0.26, n = 0.6$$

（5）列出相应的计算式

$$Nu = cRe^n Pr^{0.37}\left(\frac{Pr}{Pr_w}\right)^{0.25}$$

$$= 0.26 \times 9\ 940^{0.6} \times 7.02^{0.37} \times \left(\frac{7.02}{5.42}\right)^{0.25} = 142.8$$

（6）计算对流换热系数

$$h = \frac{\lambda}{d}Nu = \frac{59.9 \times 10^{-2}}{20 \times 10^{-3}} \times 142.8 = 4\ 277 \text{ W/(m}^2 \cdot \text{℃)}$$

2. 流体强制横向流过管束

在实际工程中，流体往往不是流过单管，而是流过由许多管子组成的管束，例如在管式换热设备中，管外流体一般从垂直于管轴心的方向冲刷管束。管束排列方式很多，但以图 2.2.6 所示的顺排与叉排两种最为普遍。从图 2.2.6 中可以看出，顺排时流体的流道相对平直，而且当流速较低或管间距较小时，易在管的尾部形成滞流区。叉排时流体的流道是交替收缩和扩张的，流体扰动性较好，只要管的间距设计合理，其换热就比顺排强烈，但流体的阻力损失大于顺排。

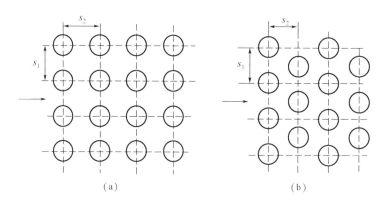

（a）　　　　　　　　　　　　（b）

图 2.2.6　流体在圆管束间的流动状态

（a）顺排；（b）叉排

影响对流换热系数的因素除了排列方式外，还有管子排数、管径以及管子间距等。流体强制横向流过管束的各种实用计算式见表 2.2.3。

表 2.2.3　流体强制横向流过管束的换热计算式

排列方式	液体计算式	气体计算式	适用范围
顺排	$Nu = 0.27Re^{0.63}Pr^{0.36}\left(\dfrac{Pr}{Pr_{w}}\right)^{0.25}$	$Nu = 0.24Re^{0.63}$	$10^{3} < Re < 2 \times 10^{5}$ $\dfrac{s_{1}}{s_{2}} < 0.7$
顺排	$Nu = 0.21Re^{0.84}Pr^{0.36}\left(\dfrac{Pr}{Pr_{w}}\right)^{0.84}$	$Nu = 0.018Re^{0.84}$	$2 \times 10^{5} < Re < 2 \times 10^{6}$
叉排	$Nu = 0.35Re^{0.6}Pr^{0.36}\left(\dfrac{Pr}{Pr_{w}}\right)^{0.25}\left(\dfrac{s_{1}}{s_{2}}\right)^{0.2}$	$Nu = 0.31Re^{0.6}\left(\dfrac{s_{1}}{s_{2}}\right)^{0.2}$	$\dfrac{s_{1}}{s_{2}} \leqslant 2$
叉排	$Nu = 0.40Re^{0.6}Pr^{0.36}\left(\dfrac{Pr}{Pr_{w}}\right)^{0.25}$	$Nu = 0.35Re^{0.6}$	$\dfrac{s_{1}}{s_{2}} > 2$ $Re = 10^{3} \sim 2 \times 10^{5}$
叉排	$Nu = 0.022Re^{0.84}Pr^{0.36}\left(\dfrac{Pr}{Pr_{w}}\right)^{0.25}$	$Nu = 0.019Re^{0.84}$	$Re = 2 \times 10^{5} \sim 2 \times 10^{6}$

　　表 2.2.3 各式中，s_{1} 是与流向垂直的横向管间距(m)；s_{2} 是与流向平行的纵向管间距 (m)(见图 2.2.6)；Pr_{w} 的定性温度为管壁温度；Nu，Re，Pr 的定性温度取流体在管束间的平均温度，特征尺寸为管外径；计算时流速取值为流通截面最窄处的流速(管束中的最大流速)$u_{\max}$。

　　表中各式的适用范围是：管排数大于等于 20，$0.7 < Pr < 500$。若管排数小于 20，那么应该在求得的平均对流换热系数 h 的基础上再乘以一个管排数修正系数 ε_{n}。常见的管排数修正系数 ε_{n} 如表 2.2.4 所示。

表 2.2.4　管排数修正系数 ε_{n} 的值

排数	1	2	3	4	5	6	8	12	16	20
顺排	0.69	0.80	0.86	0.90	0.93	0.95	0.96	0.98	0.99	1.00
叉排	0.62	0.76	0.84	0.88	0.92	0.95	0.96	0.98	0.99	1.00

　　对于壳管式换热器内流体与管束的换热，由于折流挡板的作用，流体有时与管束呈平行流动，有时又近似垂直于管束流动。当流向与管轴夹角 Φ 小于 90°时，对对流换热系数 h 应乘以冲击角修正系数 ε_{Φ} 中。冲击角修正系数 ε_{Φ} 中的值可查表 2.2.5。

表 2.2.5　圆管管束冲击角修正系数 ε_{Φ} 的值

冲击角 Φ	15°	30°	45°	60°	70°	80°~90°
顺排	0.41	0.70	0.83	0.94	0.97	1.00
叉排	0.41	0.53	0.78	0.94	0.97	1.00

【例 2.2.3】 某冷凝器为 12 排顺排管束。已知管外径 $d = 40$ mm；$\frac{s_1}{d} = 2$，$\frac{s_2}{d} = 3$；空气的平均温度 $t_f = 20$ ℃；空气通过最窄截面的平均流速 $u = 10$ m/s；冲击角 $\Phi = 50°$。求对流换热系数 h。

解 （1）查附表 A – 10 得 $t_f = 20$ ℃时空气的物理性质参数为

$$\lambda = 2.59 \times 10^{-2} \text{ W/(m} \cdot \text{℃)}, v = 15.06 \times 10^{-6} \text{ m}^2/\text{s}$$

（2）求 Re 数

$$Re = \frac{ud}{v} = \frac{10 \times 40 \times 10^{-3}}{15.06 \times 10^{-6}} = 2.66 \times 10^4$$

（3）根据管束的顺排结构、雷诺数及 $\frac{s_1}{s_2} = \frac{2}{3} < 0.7$ 三个条件选择相应的计算式

$$Nu = 0.24 Re^{0.63} = 0.24 \times (2.66 \times 10^4)^{0.63} = 147.19$$

（4）由此可得 12 排换热器的对流换热系数

$$h = \frac{\lambda}{d} Nu = \frac{2.59 \times 10^{-2}}{40 \times 10^{-3}} \times 147.19 = 95.31 \text{ W/(m}^2 \cdot \text{℃)}$$

（5）根据表 2.2.4 得知顺排 12 排管的修正系数为 $\varepsilon_{12} = 0.98$。

（6）根据表 2.2.5 通过内插计算得 $\Phi = 50°$ 的冲击角修正系数为 $\varepsilon_\Phi = 0.88$。

（7）管束为 12 排、冲击角为 50°的实际对流换热系数 h' 为

$$h' = \varepsilon_n \varepsilon_\Phi h = 0.98 \times 0.88 \times 95.31 = 82.2 \text{ W/(m}^2 \cdot \text{℃)}$$

三、自然对流换热的计算

流体自然对流换热是指流体与固体壁面相接触，由于两者温度不同，靠近壁面的流体受壁面温度的影响，造成流体温度和密度的改变，流体主体与固体壁面附近的流体间因存在密度的差异而形成浮力，结果导致固体壁面附近的流体上升（或下降）和流体主体的流体下降（或上升）的自然对流。因此，流体与壁面之间的温度差是流体产生自然对流的根本原因。

空间自然对流换热主要分为两种类型：一类是流体在较大空间中自然对流，因为空间大，自然对流不受干扰，称为大空间的自然对流换热，如室内暖气片与室内空气的换热；另一类是流体在封闭狭小空间内自然对流，冷热流体相互干扰，称为有限空间的自然对流换热，如双层玻璃窗之间空气的对流换热等。

1. 大空间自然对流换热的计算

经实验研究得出大空间自然对流换热的准则数方程为

$$Nu = c(GrPr)^n \tag{2.2.17}$$

式中 c 和 n 是由实验确定的常数，其值的选择可按换热表面的形状及 $GrPr$ 的数值范围由表 2.2.6 查取。进行计算时，把壁温 t_w 看作定值，定性温度为壁面温度和流体温度的平均值 $t_m = \frac{t_w + t_f}{2}$，特征尺寸见表 2.2.6。

表 2.2.6　大空间自然对流换热方程式中的 c,n 值

壁面形状与位置	流动情况	特征长度	流态	c	n	适用范围 $GrPr$
垂直平壁或圆柱		壁面高度 H	层流	0.59	1/4	$10^4 \sim 10^9$
			紊流	0.10	1/3	$10^9 \sim 10^{13}$
水平圆柱		圆柱外径 d	层流	1.02	0.148	$10^{-2} \sim 10^2$
				0.85	0.188	$10^2 \sim 10^4$
				0.48	1/4	$10^4 \sim 10^7$
			紊流	0.125	1/3	$10^7 \sim 10^{12}$
水平热壁上面 或 水平冷壁 下面		矩形取两个边长的平均值;非规则形取平壁面积与周长之比 A/U;圆盘取 $0.9d$	层流	0.54	1/4	$2 \times 10^4 \sim 8 \times 10^6$
			紊流	0.15	1/3	$8 \times 10^6 \sim 10^{11}$
水平热壁下面 或 水平冷壁 上面			层流	0.58	1/5	$10^5 \sim 10^{11}$

【例 2.2.4】　有一锅炉房,房内有一个直径为 10 cm 的烟筒竖直放置,长度为 2 m。若锅炉房的室内温度为 30 ℃,烟筒的平均壁温为 90 ℃,求烟筒的散热量。

解　(1)求出定性温度

$$t_m = \frac{t_w + t_f}{2} = \frac{90 + 30}{2} = 60 ℃$$

(2)由此得出

$$\alpha_V = \frac{1}{T_m} = \frac{1}{273 + 60} = \frac{1}{333} \text{ K}^{-1}$$

(3)由附表 A – 10 空气的热物理性质表查得 60 ℃时空气的物理性质参数

$$\lambda = 2.9 \times 10^{-2} \text{ W/(m · ℃)}; \nu = 18.97 \times 10^{-6} \text{ m}^2/\text{s}; Pr = 0.696$$

(4)烟筒散热量 Q

①特征尺寸取筒高 $H = 2$ m

$$Gr = \frac{\alpha_V g \Delta t H^3}{\nu^2} = \frac{9.8 \times (90 - 30) \times 2^3}{333 \times (18.97 \times 10^{-6})^2} = 3.93 \times 10^{10}$$

②$GrPr = 3.93 \times 10^{10} \times 0.696 = 2.74 \times 10^{10}$

③根据 $GrPr$ 值查表 2.2.6 可知 $c = 0.1, n = \dfrac{1}{3}$

④将 c 和 n 值代入准则方程式得

$$Nu = c(GrPr)^n = 0.1 \times (2.74 \times 10^{10})^{1/3} = 301$$

⑤由 $Nu = \dfrac{hH}{\lambda}$ 可得

$$h = \frac{\lambda}{H}Nu = 301 \times \frac{2.9 \times 10^{-2}}{2} = 4.36 \ \text{W/(m}^2 \cdot ℃)$$

⑥求得烟囱竖直部分的散热量

$$Q = hA\Delta t = h\pi dH(t_w - t_f) = 4.36 \times 3.14 \times 0.1 \times 2 \times (90 - 30) = 164 \ \text{W}$$

2. 有限空间自然对流换热的计算

有限空间的自然对流换热是指在封闭的夹层内由高温壁到低温壁的换热过程,且其换热过程是热壁和冷壁两个自然对流过程的组合。封闭夹层的几何位置可分垂直、水平等情况,如图 2.2.7 所示。

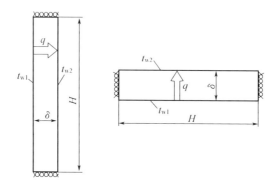

图 2.2.7　有限空间自然对流换热

(1)有限空间的自然对流换热的计算公式为

$$Q = Nu\frac{\lambda}{\delta}A(t_{w1} - t_{w2}) \tag{2.2.18}$$

或

$$q = \frac{Q}{A} = Nu\frac{\lambda}{\delta}(t_{w1} - t_{w2}) \tag{2.2.19}$$

式中　Q——热流量,W;

　　　Nu——努塞尔准则数;

　　　λ——定性温度时的流体在封闭夹层中的导热系数,W/(m·℃);

　　　δ——封闭夹层的厚度,m。

(2)有限空间的自然对流换热在各种条件下 Nu 的计算公式如表 2.2.7 所示。

表 2.2.7　有限空间的自然对流换热 Nu 的计算式

夹层位置	Nu 准则方程式	适用范围
垂直夹层	$Nu = 0.197(GrPr)^{\frac{1}{4}}\left(\dfrac{\delta}{H}\right)^{\frac{1}{9}}$	$6\ 000 < GrPr < 2 \times 10^5$
	$Nu = 0.073(GrPr)^{\frac{1}{3}}\left(\dfrac{\delta}{H}\right)^{\frac{1}{9}}$	$2 \times 10^5 < GrPr < 1.1 \times 10^7$

表 2.2.7(续)

夹层位置	Nu 准则方程式	适用范围
水平夹层 (热面在下)	$Nu = 0.059(GrPr)^{0.4}$	$1\ 700 < GrPr < 7\ 000$
	$Nu = 0.212(GrPr)^{\frac{1}{4}}$	$7\ 000 < GrPr < 3.2 \times 10^5$
	$Nu = 0.061(GrPr)^{\frac{1}{3}}$	$3.2 \times 10^5 < GrPr$
倾斜夹层 (热面在下, 与水平夹角 为 θ)	$Nu = 1 + 1.446\left(1 - \dfrac{1\ 708}{GrPr\cos\theta}\right)$	$1\ 708 < GrPr\cos\theta < 5\ 900$
	$Nu = 0.229(GrPr\cos\theta)^{0.252}$	$5\ 900 < GrPr\cos\theta < 9.23 \times 10^4$
	$Nu = 0.157(GrPr\cos\theta)^{0.285}$	$9.23 \times 10^4 < GrPr\cos\theta < 10^6$

【例 2.2.5】 冷、热两个竖直壁面之间夹层的厚度为 25 mm,高度为 500 mm,热壁面的温度为 15 ℃,冷壁面的温度为 -15 ℃,求夹层之间空气单位面积的传热量。

解 (1)求定性温度

$$t_m = \frac{t_{w1} + t_{w2}}{2} = \frac{15 + (-15)}{2} = 0\ ℃$$

(2)查得 0 ℃时空气的热物理性质参数为

$$\rho = 1.293\ kg/m^3;\mu = 17.2 \times 10^{-5}\ Pa \cdot s;\lambda = 2.44 \times 10^{-2}\ W/(m \cdot K)$$

$$Pr = 0.707$$

(3)空气的体积膨胀系数为

$$\alpha_V = \frac{1}{T_m} = \frac{1}{273} K^{-1}$$

(4)
$$GrPr = \frac{g\alpha_V \Delta t \delta^3}{\nu^2}Pr = \frac{g\alpha_V \Delta t \delta^3 \rho^2}{\mu^2}Pr$$

$$= \frac{9.81 \times \dfrac{1}{273} \times [15 - (-15)] \times 0.025^3 \times 1.293^2}{(17.2 \times 10^{-6})^2} \times 0.707$$

$$= 6.724 \times 10^4$$

(5)根据 $GrPr$ 值,从表 2.2.7 中选择公式计算 Nu

$$Nu = 0.197(GrPr)^{\frac{1}{4}}\left(\frac{\delta}{H}\right)^{\frac{1}{9}}$$

$$= 0.197 \times (6.724 \times 10^4)^{\frac{1}{4}}\left(\frac{0.025}{0.5}\right)^{\frac{1}{9}}$$

$$= 2.261$$

(6)单位面积的传热量为

$$q = Nu\frac{\lambda}{\delta}(t_{w1} - t_{w2})$$

$$= 2.261 \times \frac{2.44 \times 10^{-2}}{0.025} \times [15 - (-15)] = 66.2\ W/m^2$$

单元4 沸腾换热与凝结换热

● 学习目标

　　(1)熟悉沸腾换热的概念和管内沸腾换热过程。

　　(2)了解大容器沸腾换热的机理和热管技术。

　　(3)掌握影响沸腾换热的因素。

● 重点内容

　　(1)大容器沸腾换热机理。

　　(2)影响凝结换热的因素。

　　流体相变换热设备在工业生产实践中的应用非常广泛,如发电厂中的凝汽器、锅炉,制冷装置中的冷凝器和蒸发器,热管式换热器等。在有相变的对流换热过程中流体都是在饱和温度下放出或者吸收汽化潜热,因而沸腾换热和凝结换热都属于高强度换热,与无相变的对流换热相比换热过程更加复杂。下面将对这两种有相变的对流换热分别进行介绍。

一、沸腾换热

　　当液体与高于其饱和温度的壁面接触时,液体就被加热而沸腾。工质在饱和温度下吸收热量由液态转变为气态的过程称为沸腾。沸腾的特征是液体内部不断地产生气泡,这些气泡在换热表面上的某些地点(称汽化核心)不断地产生、长大、脱离壁面,并穿过液体层进入上部的气相空间,使换热表面和液体内部都受到强烈扰动。对同一种流体而言,沸腾对流换热系数一般要比无相变的对流换热系数高得多,例如在常压下水的沸腾对流换热系数可达 5×10^4 W/(m² · K),而强制对流时的对流换热系数最高值才为 10^4 W/(m² · K)。

　　沸腾按发生的场合可分为大容器沸腾(或称池内沸腾)和管内沸腾(或称有限空间沸腾、受迫流动沸腾)两种。大容器沸腾时,液体内一方面存在着由温度差引起的自然对流,另一方面又存在着因气泡运动所导致的液体运动。管内沸腾是液体在一定压差作用下,以一定的流速流经加热管时所发生的沸腾现象,又称为强制对流沸腾。管内沸腾时,液体的流速对沸腾过程产生影响,而且在加热面上所产生的气泡不是自由上浮的,而是被迫与液体一起流动的,出现了复杂的气液两相流动。

　　无论是大容器沸腾还是管内沸腾,都有过冷沸腾和饱和沸腾之分。当液体主体温度低于相应压力下的饱和温度,而加热面温度又高于饱和温度时,将产生过冷沸腾。此时,在加热面上产生的气泡将在液体主体重新凝结,热量的传递是通过这种汽化－凝结的过程实现的。当液体主体的温度达到其相应压力下的饱和温度时,离开加热面的气泡不再重新凝结,这种沸腾称为饱和沸腾。

　　1. 大容器沸腾换热

　　通过对水在一个大气压(1.013×10^5 Pa)下的大容器饱和沸腾换热过程的实验观察,得到了图2.2.8所示的曲线,称为饱和沸腾曲线。曲线的横坐标为沸腾温差 $\Delta t = t_w - t_s$,或称为加热面的过热度;纵坐标为热流密度 q。如果控制加热面的温度,使其缓慢增加,可以观察到四种不同的换热状态。

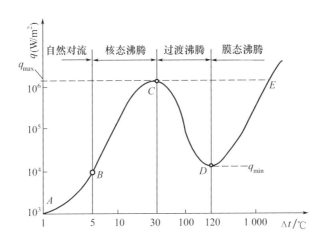

图 2.2.8　水在常压下的饱和沸腾曲线

（1）自然对流

当沸腾温差 Δt 比较小时（图中 AB 段），加热面上只有少量气泡产生，并且不脱离壁面，看不到明显的沸腾现象，热量传递主要靠液体的自然对流，因此可近似地按自然对流换热规律计算。

（2）核态沸腾

如果沸腾温差 Δt 继续增加，加热面上产生的气泡将迅速增多，并逐渐长大，直到在浮升力的作用下脱离加热面，进入液体。这时的液体已达到饱和，并具有一定的过热度，因此气泡在穿过液体时会继续被加热而长大，直至冲出液体表面，进入气相空间。由于加热面处液体的大量汽化以及液体被气泡剧烈地扰动，换热非常强烈，热流密度 q 随 Δt 迅速增加，直至峰值 q_{max}（图中 C 点）。因为从 B 到 C 这一阶段，气泡的生成、长大及运动对换热起决定作用，所以这一阶段的换热状态被称为核态沸腾（或泡态沸腾）。由于核态沸腾温差小、换热强，因此在工业上被广泛应用。

（3）过渡沸腾

如果从 C 点继续提高沸腾温差 Δt，热流密度 q 不仅不增加，反而迅速降低至一极小值 q_{min}（图中 D 点）。这是由于产生的气泡过多，连在一起形成汽膜，覆盖在加热面上不易脱离，使换热条件恶化。这时的汽膜有时会破裂成大气泡脱离壁面，所以从 C 到 D 这一阶段的换热状态是不稳定的，称为过渡沸腾。

（4）膜态沸腾

在 D 点之后，随着沸腾温差 Δt 的继续提高，加热面上开始形成一层稳定的汽膜，汽化在气液界面上进行，热量除了以导热和对流的方式从加热面通过汽膜传到气液界面外，热辐射传热方式的作用也随着 Δt 的增加而加大，因此热流密度也随之增大。从 D 点以后换热状态称为膜态沸腾。

由以上分析可见，沸腾温差的量变会引起沸腾换热机理的质变，由核沸腾转变为过渡态沸腾的转折点 C 点称为临界点，相应的沸腾温差称为临界温差，此时的热流密度称为临界热流密度 q_C。对于图 2.2.8 中水的沸腾来说，其临界温差为 30 ℃，临界热流密度为 1.1×10^6 W/m²。

需要指出的是，工程实际中一般总是设法把换热控制在核沸腾区内操作，不允许在膜态沸腾区内进行换热。这是由于泡态沸腾区有较大的对流换热系数,而在膜态沸腾区内,虽然热流密度 q 也可能很大,但由于液体的液面压力一定,饱和温度一定,Δt 的增大,实质上只是加热壁面温度的不断上升。当壁面温度超过金属材料所能承受的温度时,金属壁会烧坏。因此工程实际中沸腾温差 Δt 要严格控制在临界点以下。

2. 管内沸腾换热过程

(1)竖直管内沸腾换热

图 2.2.9 是竖直管内液体的沸腾情况。若进入管内液体的温度低于饱和温度,这时流体与管壁之间的换热是液体的对流换热。之后液体在壁面附近被加热到饱和温度 t_s,但此时管内中心温度尚低于 t_s,仅管壁有气泡产生,属于过冷沸腾。随后液体在整个截面上达到饱和温度,进入饱和核态沸腾。这时流动状态先是泡状流,渐变成块状流,进入泡态沸腾。随着液体被加热和气泡的继续增多,在管中心形成气体芯,液体被压成环状,紧贴管壁呈薄膜流动,出现环状流。此时的汽化过程主要发生在液气交界面上,热量主要以对流方式通过液膜,属于液膜的对流沸腾。继而液体薄膜受热进一步汽化,中间气相的流速继续增加。由于气液界面的摩擦,气流能将液面吹离壁面,并携带于蒸汽流中,这样液膜变成了小液珠分散在气流中,似雾状,故称为雾状流。此时管壁接触的是蒸汽,因此对流换热系数骤然下降,管壁温度升高。若雾状的小液珠再进一步汽化,就发展成单一的气相了,从而进入单相蒸汽流的对流换热过程。

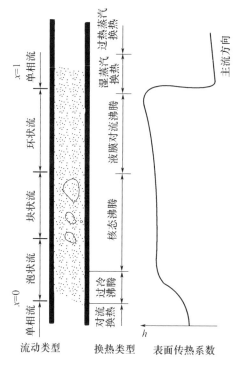

图 2.2.9 竖直管内沸腾过程

(2)水平管内沸腾换热

对于发生在水平管内的沸腾换热,如果流速较高时,管内的情形与竖直管基本相似。但在流速较低时,受重力的影响,气体和液体分别集中在管的上、下两半部分,如图 2.2.10 所示。进入环状流后,管道上半部容易过热而烧坏。

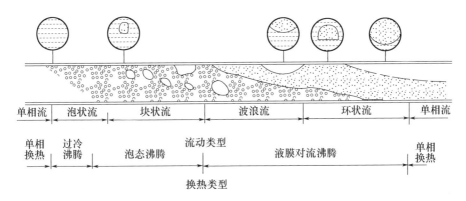

图 2.2.10　水平管内沸腾过程

3. 影响沸腾换热的因素

沸腾对流换热系数除了与液体的物理性质参数有关外,还受到沸腾液体的润湿能力、导热性能以及壁面材料、表面形状等因素的影响。

(1)液体表面压力

液体表面压力的大小决定了液体的沸点(饱和温度)的高低。在饱和状态下,压力越低,沸点就越低,换热温差就越大,越有利于沸腾换热。

(2)液体的性质

液体沸腾时,其内部的扰动程度,气、液两相的导热能力,以及形成气泡的脱离与液体的导热系数、密度、黏度和表面张力有关,所以这些因素对沸腾换热有重要的影响。一般情况下,对流换热系数随着液体的导热系数和密度的增加而增大,随液体的黏度和表面张力的增大而减小。

(3)不凝性气体

在制冷系统蒸发器管路内,不凝性气体如空气的存在会使蒸发器内的总压力升高,导致沸点升高,换热温差降低,严重影响蒸发器的吸热制冷。因此应严禁不凝性气体混入制冷系统内。

(4)液位高度

在大容器沸腾中,当传热表面上的液位足够高时,沸腾表面传热系数与液位高度无关。但当液位降低到一定值时,沸腾对流换热系数会明显地随液位的降低而升高,这一特定的液位值称为临界液位。

(5)沸腾表面的结构

热壁面的材料不同,粗糙度不同,则形成气泡核心的条件不同,对沸腾换热将产生显著的影响。通常是新的或清洁的加热壁面对流换热系数的值较高,当加热壁面被油垢污染后,对流换热系数急剧下降。壁面越粗糙,气泡核心越多,越有利于沸腾换热。换热器表面上的微小凹坑最容易产生汽化核心。为加强换热,可采用烧结、钎焊、火焰喷涂、电离沉积等物理与化学的方法,在换热器表面上形成一层多孔或多沟槽结构,也可采用机械加工的方法在换热器表面形成沟槽结构,或在沸腾管路上设置散热肋片。如图 2.2.11 所示,W－TX管管壁加工出很多细小的凹槽,GEWA－T 管加工出细密的螺纹,而多孔管表面形成了多孔结构,通过这些措施,既可以增加汽化核心,也可以增加表面换热面积,当然前者的作用是主要的。

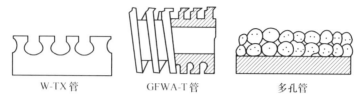

| W-TX管 | GFWA-T管 | 多孔管 |

图 2.2.11　强化沸腾换热的表面结构

二、凝结换热

1. 蒸汽凝结的两种方式

工质在饱和温度下释放热量由气态转变为液态的过程称为凝结(冷凝)。凝结换热是伴随相变的对流换热。蒸汽和低于相应压力下饱和温度的冷壁面相接触时,就会放出汽化潜热,凝结成液体附着在壁面上。在制冷系统中冷凝器内制冷剂蒸气与管壁之间的换热、在发电厂中凝汽器内水蒸气与管壁之间的换热等都是凝结换热。

根据凝结液润湿壁面的性能不同,蒸汽凝结分为膜状凝结和珠状凝结两种。

如果凝结液能够很好地润湿壁面,就会在壁面上形成连续的液体膜,这种凝结形式称为膜状凝结,如图 2.2.12 所示。随着凝结过程的进行,液体层在壁面上逐渐增厚,达到一定厚度以后,凝结液将沿着壁面流下或坠落,但在壁面上覆盖的液膜始终存在。在膜状凝结中,纯蒸汽凝结时气相内不存在温度差,所以没有热阻。而蒸汽凝结所放出的热量,必须以导热的方式通过液膜才能到达壁面,又由于液体的导热系数不大,所以液膜几乎集中了凝结换热的全部热阻。因此液膜越厚,其热阻越大,对流换热系数就越小。膜状凝结的对流换热系数主要取决于凝结液的性质和液膜的厚度。

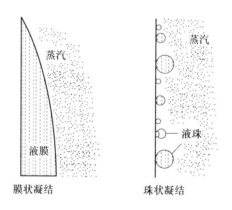

图 2.2.12　膜状凝结与珠状凝结

如果凝结液不能很好地润湿壁面,则因表面张力的作用将凝结液在壁面上集聚为许多小液珠,并随机地沿壁面落下,这种凝结称为珠状凝结,如图 2.2.12 所示。随着凝结过程的进行,液珠逐渐增大,待液珠增大到一定程度后,则从壁面上落下,使得壁面重新露出,可供再次生成液珠。由于珠状凝结时蒸汽不必通过液膜的附加热阻,而直接在传热面上凝结,故其对流换热系数远比膜状凝结时的大,有时大到几倍甚至几十倍。

工程实际中采用的冷凝器中,大多数为膜状凝结,即使采取了产生珠状凝结的措施,也往往因为传热面上结垢或其他原因,难以持久地保持珠状凝结。所以,工业冷凝器的设计均以膜状凝结换热为计算依据。

2. 影响凝结换热的因素

(1)蒸汽所受的压力

蒸汽所受压力的大小决定了气体冷凝温度(饱和温度)的高低。在饱和状态下,压力越大,冷凝温度就越高,与壁面换热温差就越大,越有利于凝结换热。

(2)蒸汽的流速和流向

如果蒸汽流动方向与液膜流动方向一致可加速液膜流动,使之变薄,表面传热系数增大。

当流动方向相反时,会增加液膜厚度,对流换热系数减小。但如果蒸汽流速较高时,将会把液膜吹离表面,不论流向如何,都会使对流换热系数增大。

(3)蒸汽中含有不凝性气体

当蒸汽中含有不凝性气体(如空气、氮气)时,即使含量极微,也会对凝结换热产生十分有害的影响。例如水蒸气中含有1%的空气能使凝结对流换热系数降低60%。因为不凝结气体层的存在,使蒸汽在抵达液膜表面进行凝结之前,必须以扩散方式穿过不凝结气体层,使蒸汽与壁面之间的热阻加大,削弱了热量的传递。因此,排除不凝性气体是保证制冷系统冷凝器正常运行的关键。

(4)冷凝器壁面情况的影响

若冷凝器凝结壁面粗糙、有锈层或有油膜时,将增加液膜流动的阻力,从而使液膜加厚,增大热阻,降低对流换热系数。因此,要注意保持冷凝器凝结壁面的光滑和清洁,注重冷凝器的排油操作。

(5)冷却面的排列方式

对于单管,管子横放比竖放的凝结对流换热系数大。对于管束,冷凝液体从上面流到下面,处于下面管排的液膜比上面管排的厚一些,凝结对流换热系数要小一些。因此将管子的排列旋转一定角度,会减薄下面管子液膜厚度,增强换热。

(6)凝结表面的几何形状

工程实际采用的冷凝器中,大多数为膜状凝结,强化换热的基本原则是尽量减小黏滞在壁面上液膜的厚度。减小液膜厚度有两种方法:①在凝结表面加工出尖锋,使凝结液膜拉薄。②在凝结表面加工出沟槽,使液膜分段排泄,以提高液膜的排泄速度。如图2.2.13所示。

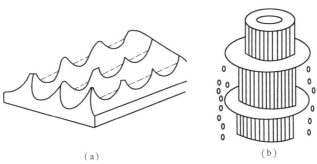

(a)　　　　　　　　　　　　　　(b)

图2.2.13　强化换热表面

(a)加工出尖锋;(b)加工出沟槽

三、热管技术

一般情况下,由于汽化潜热和凝结潜热的存在,有相变的换热要比无相变的换热强度大。热管技术就是利用流体的汽化吸热和凝结放热,实现高强度传热的。热管,又称"热超导体",它通过在全封闭真空管内工质的气、液相变来传递热量,具有极高的导热性,比纯铜导热能力高上百倍。热管的工作原理很简单,如图 2.2.14 所示,热管分为蒸发受热端(高温部分)和冷凝放热端(低温部分)两部分。当受热端开始受热的时候,管壁周围的液体就会瞬间汽化,产生蒸汽,此时这部分的压力就会变大,蒸汽流在压力的作用下向冷凝端流动。蒸汽流到达冷凝端后冷凝成液体,同时也放出大量的热量,冷凝后的液体借助毛细力回到蒸发受热端完成一次循环。典型的热管是由管壳、吸液芯和端盖组成,将管内抽到负压后充以适量的工作液体,使紧贴管内壁的吸液芯毛细多孔材料中充满液体后加以密封。管的一端为蒸发段(加热段),另一端为冷凝段(冷却段),根据需要可以在两段中间布置绝热段。当热管的一端受热时,毛细芯中的液体蒸发汽化,蒸汽在微小的压差下流向另一端放出热量凝结成液体,液体再沿多孔材料靠毛细力的作用流回蒸发段。如此循环,热量由热管的高温端传至低温端。

图 2.2.14 热管工作原理图

思考与练习题

1. 简述对流换热的过程。

2. 影响对流换热系数的因素有哪些?暖气片的表面为什么凹凸不平?

3. 简述 Nu，Pr，Re 和 Gr 的定义式和物理意义。

4. 什么是定性温度和特征尺寸?

5. 为什么暖气片一般都放在窗户的下面?

6. 为什么同一种流体沸腾时的对流换热系数要比无相变时大很多?

7. 影响沸腾换热的因素有哪些?

8. 试说出膜状凝结和珠状凝结的形成条件。

9. 影响凝结换热的因素有哪些?

10. 试从沸腾过程分析,为什么用电加热器加热时,当加热功率 $q > q_{max}$ 时易发生壁面被烧毁的现象,而采用蒸汽加热则不会?

11. 空气横掠管束时,沿流动方向管排数越多,换热越强,而蒸汽在水平管束外凝结时,沿液膜流动方向管束排数越多,换热强度降低。试对上述现象做出解释。

12. 管内径为 25 mm,水在管内的流速为 2 m/s,入口温度为 25 ℃,出口温度为 45 ℃,管壁温度 90 ℃,假定管长 4 m,求平均对流换热系数。

13. 有一根水平放置的高压蒸汽管道,外壁温度为 35 ℃,隔热层外径 $d = 500$ mm,周围空气温度 20 ℃,计算每米蒸汽管道上的自然对流散热量。

14. 烟气垂直流过 8 排叉排管束,管外径 $d = 60$ mm,管间距 $s_1 = 60$ mm,$s_2 = 28$ mm,管壁温度 $t_w = 70$ ℃。烟气平均温度为 400 ℃,平均流速 $u = 5$ m/s。试求烟气在管束中的平均对流换热系数以及热流密度。

15. 为减少屋顶的散热量,在屋顶上设置一水平夹层。夹层厚 150 mm,长 6 m,宽 4 m。室内温度 18 ℃,室外温度 – 10 ℃。求夹层的散热量。

16. 空气横向流过 8 排顺排管束,管束中最窄截面处流速 $u_{max} = 10$ m/s,空气平均温度 25 ℃,壁温 $t_w = 60$ ℃,$\dfrac{s_1}{d} = 1.5$,$\dfrac{s_2}{d} = 2.5$,$d = 19$ mm,求空气的对流换热系数。

知识链接

波纹管换热器的特点以及应用介绍

近几年波纹管换热器得到长足的发展,制造厂家逐渐增多,应用范围日益扩大。一方面是因为波纹管换热器这种强化型换热设备以其良好的强化传热性能逐渐被市场所接受,另一方面主要是各生产厂家逐步完善管理制度,提高设计、制造质量以及劳动部门加大监察力度的结果。目前,以沈阳仪器仪表工艺研究所为主编单位编制的行业标准《不锈钢波纹换热管基本参数与技术条件》已完成报批稿。该标准正式发布后会进一步促进整个行业发展。本文针对波纹管换热器制造过程中应注意的问题,提出了作者的观点,希望对有关厂家有所指导和帮助。

波纹换热管有两道环缝,而普通光管换热管对接时只允许一道环缝(直管)或两道环缝(U 型管)。按 GB151—89 规定,该对接接头应进行射线探伤,抽查数量应不少于接头总数的 10%,且不少于一条,而波纹换热管每根管都会有 2 个接头,即使按 10% 抽检,数量也偏多。另外按照原来的有关探伤标准规定,换热管的壁厚均要求不小于 2 mm,而波纹换热管壁厚仅 0.6 ~ 1.2 mm,故而无法按标准实施。所以一般生产厂家均不做射线探伤,但目前如果有检测需要可按 GB16749—1997 附录 B 执行。

波纹管换热器是在保持管壳式换热器结构的基础上,对传热元件进行开发设计,用专用设备将薄壁不锈钢光管加工成内外均为连续波纹状曲线的波纹管。

波纹管因其特殊结构,而具有以下几个特点。

1. 传热系数高。由于波纹管在其管壁形成波纹,大大提高流体的紊流强度,不断改变流体的流速和流动方向,破坏底层的层流,改变介质边界层的流动状态,从管壁表面到主流之间的温度梯度被破坏或消除,因而大大提高管内外的对流换热系数,而且在较低流速下即可达到紊流速度。

2. 可承受中低压力,耐腐蚀,寿命长。波纹管由于本身的波纹曲线和冷加工变形,即使管壁较薄,也能承受较大的压力,实验室测得用直径 33 mm、厚 0.5 mm 的光管制成波纹管,内外压破坏的最低压差为 1.8 MPa,最高可达到 3.3 MPa。根据这个压力确定波纹管的使用设计压力为 1.6 MPa 以下,对于化工行业中的中低压换热工况,是安全可靠的。对于不同

的介质可以选用不同的不锈钢材质,可以大量使用优质材料,提高设备抗腐蚀能力,减少运行维护费用,延长设备使用寿命。

3.适应大温差工况,可自我补偿温差应力。波纹管是由连续的波纹组成的,管壁薄,不锈钢材质韧性好,使它具有一定的轴向伸缩能力,这种能力可以补偿和吸收换热管和筒体在工作状态下由于温差应力和压差应力产生的变形,因此波纹管是可以自我补偿的柔性元件,对管板和筒体产生的应力小,因而换热管与管板的焊缝不易产生裂纹。波纹管使用温度范围可以从 -20 ℃到450 ℃,对于某些大温差、大压差工作场合,即使使用固定管板式的波纹管换热器,筒体不装膨胀节,也能安全运行。

4.可以防垢、清垢。在波纹管内外,流体对管壁的冲刷比较强烈,同时不锈钢的材质表面光洁度较高,因而可以在一定程度抑制水垢的生成。另外波纹管在受到温差的作用变形时,污垢与金属的热膨胀系数相差极大,加上不锈钢表面的光滑曲线,因此污垢与波纹管之间产生较大的拉应力,促使污垢脱落,实现自动清理。

波纹管换热器具有传热系数高、阻力小、不结垢、节能、体积小等一系列优点,可广泛应用在热电、石油化工、节能、城市集中供热等领域。

任务三　辐　射　换　热

> **任务提要** ....•

本任务主要介绍热辐射概念和基本定律,并介绍辐射换热的计算方法。

> **任务要求** ....•

熟悉热辐射基本概念、掌握热辐射的基本定律、了解物体间辐射换热计算。

热辐射是热量传递的三种基本方式之一,与导热和对流传热方式有着本质上的区别。本部分主要介绍热辐射的基本概念和基本定律。

单元 1　热辐射的基本概念

● **学习目标**

(1)熟悉辐射换热的基本概念。

(2)掌握热辐射的基本定律。

(3)了解物体间辐射换热计算。

● **重点内容**

物体间辐射换热计算。

一、热辐射的本质和特点

物体通过电磁波传递能量的过程称为辐射。物体会因各种原因向外发射辐射能。其中,因物体内部微观粒子热运动而使物体通过电磁波向外发射辐射能的过程称为热辐射。

自然界中各个物体都在不停地向空间发出热辐射,同时又在不断地吸收其他物体发出的热辐射。辐射与吸收过程的综合结果造成了以辐射方式进行的物体间的热量传递,我们把互不接触的物体通过相互辐射进行热量传递的过程称为辐射换热。

各类电磁波的波长可以从几万分之一微米(μm)到数千米,其名称和分类如图2.3.1所示。

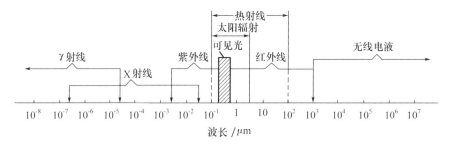

图2.3.1 电磁波谱

波长 $\lambda = 0.38 \sim 0.76 \ \mu m$ 范围内的电磁波属于可见光,波长 $\lambda < 0.38 \ \mu m$ 的电磁波是紫外线、X射线等, $\lambda = 0.76 \sim 1\ 000 \ \mu m$ 之间的电磁波称为红外线, $\lambda > 1\ 000 \ \mu m$ 的电磁波是无线电波。通常把波长 $\lambda = 0.1 \sim 00 \ \mu m$ 的电磁波称为热射线,其中包括可见光线、部分紫外线和红外线,它们投射到物体上能产生较显著的热效应。当然,波长与各种效应是不能截然划分的。工程上辐射体的温度一般在 2 000 K 以下,热辐射主要是红外辐射,可见光的能量所占比例很小,通常可以略去不计。

由于热辐射的本质在于依靠电磁波传递能量,因而具有如下特点。

1. 热辐射与导热、对流不同,导热和对流必须由冷、热物体直接接触或通过中间介质相接触,才能进行热量传递,热辐射则不需要冷、热物体直接接触,也不需要任何中间介质,甚至可以在真空中进行热量传递。

2. 热辐射过程不仅有能量转移,还伴随有能量转化,即发射时热能转变为辐射能,吸收时又由辐射能转换为热能。

3. 任何物体只要温度在绝对零度以上,都可以不停地向外发射电磁波。当两物体温度不同时,高温物体辐射给低温物体的能量大于低温物体辐射给高温物体的能量,其总效果是高温物体将能量传给了低温物体。即使两个物体的温度相同,这种辐射换热仍在进行,只不过每一个物体辐射出去的能量等于它吸收的能量,从而达到动平衡。由此可见,在辐射换热过程中,热量的传递不像导热和对流只是单方向的过程,而是发射和接收同时进行的双向过程。

二、吸收、反射和透射

当外界的辐射能投射到物体上时,将发生吸收、反射和透射现象。如图2.3.2所示,在投射辐射能量 Q 中,有一部分 Q_α 被吸收,一部分 Q_ρ 被反射,一部分 Q_τ 被透射,即

$$Q_\alpha + Q_\rho + Q_\tau = Q$$

或

$$\frac{Q_\alpha}{Q} + \frac{Q_\rho}{Q} + \frac{Q_\tau}{Q} = 1$$

式中 $\dfrac{Q_\alpha}{Q}$ ——物体的吸收比,用 α 表示;

$$\frac{Q_\rho}{Q}$$——物体的反射比,用 ρ 表示;

$$\frac{Q_\tau}{Q}$$——物体的透射比,用 τ 表示。因此

$$\alpha + \rho + \tau = 1 \qquad\qquad (2.3.1)$$

式中 α,ρ,τ 分别表示投射的总能量中被吸收、反射和透射能量所占的份额。

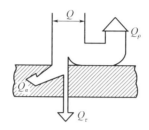

图 2.3.2　物体的吸收、反射和透射

　　大多数固体和液体对热辐射是不能穿透的,即 $\tau = 0$ 或 $\alpha + \rho = 1$。于是,吸收能力大的固体和液体,其反射能力就小;反之,吸收能力小的固体和液体,其反射能力就大。而气体对热辐射几乎没有反射能力,即 $\rho = 0$ 或 $\alpha + \tau = 1$。显然,吸收性大的气体,其穿透性就差。由此可知,固体和液体的辐射与吸收都是在物体表面上进行的,辐射和吸收特性主要取决于物体表面的性质,而气体的辐射和吸收则在整个气体容积中进行。

　　自然界中所有物体的 α,ρ 和 τ 的数值均在 $0 \sim 1$ 之间变化。为方便起见,总是从理想物体着手,然后再把实际物体与理想物体比较。把吸收比 $\alpha = 1$ 的物体称为绝对黑体(简称黑体);把反射比 $\rho = 1$ 的物体称为绝对白体(简称白体);把透射比 $\tau = 1$ 的物体称为绝对透明体(简称透明体)。显然,这些物体都是假定的理想物体。黑体在热辐射分析中有其特殊的重要性。据定义,黑体的 $\alpha = 1$,这意味着黑体能吸收各种波长的辐射能。尽管在自然界中并不存在黑体,但可以人工制造出十分接近于黑体的模型。如图2.3.3所示的空腔壁上的小孔(小孔面积与腔壁总面积之比相当小),当辐射能经小孔进入空腔后经过多次吸收和反射,最终离开小孔的能量将是微乎其微的,可认为全部被吸收。所以,空腔上的

图 2.3.3　黑体模型

小孔具有黑体的性质。这种黑体模型在黑体辐射的实验研究方面是非常有用的。

单元 2　热辐射的基本定律

● **学习目标**

(1)熟悉斯忒藩 – 玻耳兹曼定律。

(2)掌握基尔霍大定律。

(3)理解辐射换热量计算公式。

● **重点内容**

辐射换热量计算。

一、斯忒藩－玻耳兹曼定律（四次方定律）

为了从数量上表示物体的辐射能力,需要引入一个称为辐射力 E 的物理量。它是指物体在单位时间内单位面积上向其半球空间所有方向发射的全波长能量,单位是 W/m^2。它表明了物体发射辐射能的大小,其值与物体表面性质及温度有关。对于黑体(本书中凡属黑体的量均用下角标"b"表示),理论和实验证明:

$$E_b = c_b \left(\frac{T}{100} \right)^4 \qquad (2.3.2)$$

式中 E_b 为黑体的辐射力,W/m^2;$c_b = 5.67 \ W/(m^2 \cdot K^4)$,称为黑体辐射系数;$T$ 为绝对温度,K。

式(2.3.2)即为斯忒藩－玻耳兹曼定律的表达式,它表明黑体的辐射力与其绝对温度的四次方成正比,所以又称为四次方定律。

一切实际物体的辐射力都小于同温度下黑体的辐射力,我们把物体的辐射力 E 与同温度下黑体的辐射力 E_b 之比称为该物体的发射率(又称黑度),用符号 ε 表示,即

$$\varepsilon = \frac{E}{E_b} \qquad (2.3.3)$$

物体的发射率表征该物体辐射力接近黑体辐射力的程度。发射率的大小取决于物体种类、表面温度和表面状况。一般物体的发射率范围在 $0 \sim 1$ 之间,具体数值由实验测定。表2.3.1列出了一些常用材料的发射率数值。由表中发射率值可知,金属表面具有较小的发射率,表面粗糙的物体或氧化的金属表面则具有较大的发射率。

表 2.3.1　常用材料表面的发射率

材料类别和表面状况	温度/℃	发射率 ε	材料类别和表面状况	温度/℃	发射率 ε
表面磨光的铝	225～575	0.039～0.057	铬	100～1 000	0.08～0.26
表面不光滑的铅	26	0.055	有光泽的镀锌铁皮	25	0.228
在 600 ℃时氧化后的铝	200～600	0.11～0.19	已经氧化的灰色镀锌铁皮	25	0.276
表面磨光的铁	425～1 020	0.144～0.377	石棉纸	40～370	0.93～0.945
氧化后表面光滑的铁	125～525	0.78～0.82	粗糙表面的红砖	20	0.93
具有光滑的氧化层表皮的铜板	25	0.82	耐火砖	500～1 000	0.8～0.9
精密磨光的金	255～635	0.018～0.035	各种不同颜色的油质涂料	100	0.92～0.96
磨光的黄铜	25	0.06	平整的玻璃	25	0.937
在 600 ℃时氧化后的黄铜	200～600	0.61～0.59	上过釉的瓷制品	25	0.924
磨光的铜	80～115	0.018～0.023	木材	20	0.8～0.92
在 600 ℃时氧化后的铜	200～600	0.57～0.87	碳化硅涂料	1 010～1 400	0.82～0.92
氧化后的灰色铅	25	0.281	油毛毡	20	0.93
磨光的纯银	225～625	0.02～0.032	抹灰的墙	20	0.94
雪	0	0.8	水(厚度大于 0.1 mm)	0～100	0.96

注:大部分非金属材料的黑度值都很高,且与表面状况关系不大,在缺乏资料时,可近似地取作0.90。

知道了各种材料的发射率值后,就可按下式确定实际物体的辐射力:

$$E = \varepsilon E_b = \varepsilon c_b \left(\frac{T}{100}\right)^4 \qquad (2.3.4)$$

式中 εc_b 的数值在 $0 \sim 5.67$ 之间。

若某物体对辐射到它表面上的各种不同波长的辐射线表现出同样的吸收比,则称该物体为灰体。自然界中并不存在灰体,它仅作为一种假想物体。绝大多数工程材料在热射线主要能量的波长范围内都容许被近似地按灰体处理。式(2.3.4)即可作为灰体辐射力计算公式。

二、基尔霍夫定律

实际物体的辐射力和吸收比之间有无内在的联系呢?基尔霍夫定律对这个问题给出了回答。该定律揭示了物体的辐射力 E 与吸收比 α 之间的关系。该定律可由研究两个表面的辐射换热中导出。假定两块不透热的平板,面积很大,又靠得很近,忽略端部散热的影响,使一板面辐射的能量全部落在另一板面上。见图2.3.4,若板1为黑体表面,其辐射力、吸收比和表面温度分别为 $E_b, \alpha_b = 1$ 和 T_1。板2为任意物体表面,其辐射力、吸收比和表面温度分别为 E, α 和 T_2。

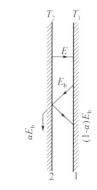

图2.3.4 基尔霍夫定律推导

板2所辐射出来的能 E 量投射到黑体表面1上时,全部被黑体表面所吸收。而黑体表面1辐射出去的能量 E_b 投射到板2上时只吸收 αE_b,其余部分 $(1-\alpha)E_b$ 则被反射回到黑体表面1上,并完全被黑体表面所吸收。对于板2而言,辐射出去的能量为 E,吸收的能量为 αE_b,两者的差额就是两板之间在单位时间单位面积上的辐射换热量 q

$$q = E - \alpha E_b$$

若辐射体系处于温度平衡 $(T_1 = T_2)$ 状态,则 $q = 0$,于是上式为

$$\frac{E}{\alpha} = E_b \qquad (2.3.5)$$

式(2.3.5)为基尔霍夫定律的数学表达式。它可以表述为:在热平衡条件下,任何物体的辐射力与它对来自黑体辐射的吸收比的比值,恒等于同温度下黑体的辐射力。这个比值仅取决于温度,与物性无关。从基尔霍夫定律可以得出如下的结论。

(1)在相同温度下,辐射力大的物体,其吸收比也大,亦即善于辐射的物体也善于吸收。

(2)因为所有实际物体的吸收比都小于1,所以在同温度条件下黑体的辐射力最大。

(3)将式(2.3.5)与式(2.3.3)相对照,则有

$$\alpha = \varepsilon \qquad (2.3.6)$$

这是基尔霍夫定律的另一种表达形式,可表述为:在与黑体处于热平衡的条件下,任何物体对黑体辐射的吸收比等于同温度下该物体的发射率(黑度)。

根据灰体的定义可知,灰体的吸收比只取决于本身情况,与投射辐射无关。于是,不论对于基尔霍夫得出的两个条件(黑体投入辐射和热平衡)是否满足,灰体的吸收比恒等于同温度下该物体的发射率。这个结论对辐射换热条件下的吸收比的确定带来了实质性的简化。

必须指出,当研究物体表面对太阳能的吸收时,一般不能把物体作为灰体,即不能把物体在常温下的发射率作为对太阳能的吸收比。因为太阳辐射中可见光占了约46%的比例,而大多数物体对可见光的吸收表现出强烈的选择性。常温下物体的红外线辐射一般又与

物体的颜色无关,所以物体的吸收比和发射率不可能相等。例如夏天穿的白色衣服对太阳辐射的吸收比低,而自身辐射的发射率高。白色油漆对太阳辐射的吸收比仅为 0.12,而黑色油漆则为 0.96,但在常温条件下,各种颜色油漆的发射率均高达 0.9 左右。表 2.3.2 给出了一些材料对太阳辐射的吸收比。

表 2.3.2　不同材料对太阳辐射多吸收比 α 和在常温(25 ℃)下的发射率 ε

材料	α	ε	材料	α	ε
高度抛光的铝表面	0.15	0.04	红砖	0.75	0.93
高度抛光的铜表面	0.18	0.03	砾石	0.29	0.85
失去光泽的铜表面	0.65	0.75	白色大理石	0.46	0.95
铸铁	0.94	0.21	无光泽的黑漆	0.96	0.95
沥青	0.90	0.90	白色油漆	0.12	0.92

三、辐射换热量计算公式

由理论推导证明,两物体间在单位时间单位面积的辐射换热量计算公式为

$$q_{12} = \varepsilon_\alpha c_b \left[\left(\frac{T_1}{100} \right)^4 - \left(\frac{T_2}{100} \right)^4 \right] \qquad (2.3.7)$$

式中 ε_α 称为辐射换热系统的系统发射率(系统黑度)。

对于两平行平壁(表面积 $A_1 = A_2 = A$)间的辐射换热,系统发射率为

$$\varepsilon_\alpha = \frac{1}{\dfrac{1}{\varepsilon_1} + \dfrac{1}{\varepsilon_2} - 1}$$

辐射换热量为

$$\Phi_{12} = q_{12} A$$

对于空腔内的物体(表面积 A_1)与空腔内壁(表面积 A_2)间的辐射换热,系统发射率为

$$\varepsilon_\alpha = \frac{1}{\dfrac{1}{\varepsilon_1} + \dfrac{A_1}{A_2}\left(\dfrac{1}{\varepsilon_2} - 1 \right)}$$

辐射换热量为

$$\Phi_{12} = q_{12} A_1$$

以上各式中的 ε_1 和 ε_2 分别为表面 1 和表面 2 的发射率(黑度)。

思考与练习题

1. 什么是辐射和热辐射? 什么是辐射换热?
2. 热辐射区别于导热和对流的特点是什么?
3. 为什么夏季穿浅色衣服比穿深色衣服感觉凉爽?
4. 保温瓶的夹层玻璃表面为什么要镀一层反射比很高的材料?
5. 冬天利用玻璃菜窖培植蔬菜的道理是什么?
6. 为了减少两平行平板的辐射换热,在平行平板之间放置另一块平板(称遮热板),如图 2.3.5 所示。已知两平行平板的温度

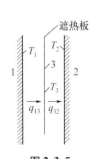

图 2.3.5

为 T_1 和 T_2,发射率为 ε_1 和 ε_2,放置遮热板后 T_1 和 T_2 不变。这块遮热板两面的发射率相等为 ε_3,假定这些平板的尺寸比起它们之间的距离大得多,求两平板间的辐射换热量。

7. 住宅墙壁中竖直空气间隔的空气厚度为 0.1 m,墙高 3.5 m,宽 5 m。空气将两侧的红砖块与灰泥墙隔开,若砖和灰泥表面分别受到温度为 −10 ℃ 和 20 ℃ 的空气作用,求该墙面的辐射热损失。已知红砖的发射率 $\varepsilon=0.93$,灰泥墙的发射率 $\varepsilon=0.94$。

8. 房间表面积为 80 m^2,其壁面温度为 20 ℃,在室内置有一表面积为 6 m^2,温度为 200 ℃ 的加热炉。当加热炉的发射率 $\varepsilon_1=0.95$,房间壁面的发射率 $\varepsilon_2=0.9$ 时,求辐射换热量。

9. 热咖啡装在长 0.4 m 的圆柱形保温瓶内,瓶内径 0.1 m,瓶外表面与外套内表面镀银,使发射率 $\varepsilon_1=\varepsilon_2=0.25$。若咖啡温度为 87 ℃,环境温度为 27 ℃,求咖啡的辐射热损失。

知识链接

热辐射的研究

热辐射是 19 世纪发展起来的一门新学科,它的研究得到了热力学和光谱学的支持,同时用到了电磁学和光学的新兴技术,因此发展很快。到 19 世纪末,这个领域已经达到这样的高峰,以至于量子论这个婴儿注定要从这里诞生。热辐射实际上就是红外辐射。1800 年,赫谢尔(W. Herschel)在观察太阳光谱的热效应时首先发现了红外辐射,并且证明红外辐射也遵守折射定律和反射定律,只是比可见光更易于被空气和其他介质吸收。1821 年,塞贝克(T. J. Seebeck)发现温差电现象并用之于测量温度。1830 年,诺比利(L. Nobili)发明了热辐射测量仪。他用温差电堆接收包括红外辐射在内的热辐射能量,再用不同材料置于其间,比较它们的折射和吸收作用。他发现岩盐对热辐射几乎是完全透明的,后来就用岩盐一类的材料做成了各种适用于热辐射的"光学"器件。

与此同时,别的国家也有人对热辐射进行研究。例如:德国的夫琅和费在观测太阳光谱的同时也对光谱的能量分布做了定性观测;英国的丁铎尔(J. Tyndall)、美国的克罗瓦(A. P. P. Crova)等人都测量了热辐射的能量分布曲线。其实,热辐射的能量分布问题很早就在人们的生活和生产中有所触及。例如:炉温的高低可以根据炉火的颜色判断;明亮得发青的灼热物体比暗红的温度高;在冶炼金属中,人们往往根据观察颜色凭经验判断火候。因此,很早就对热辐射的能量分布问题产生了兴趣。

美国人兰利(S. P. Langley)对热辐射做过很多工作。1881 年,他发明了热辐射计,可以很灵敏地测量辐射能量。图 1 就是兰利的热辐射计。他用四个铂电阻丝组成电桥,从检流计测出电阻的温度变化。为了测量热辐射的能量分布,他设计了很精巧的实验装置,用岩盐做成棱镜和透镜,仿照分光计的原理,把不同波长的热辐射投射到热辐射计中,测出能量随波长变化的曲线,从曲线可以明显地看到最大能量值随温度增高向短波方向转移的趋势(图 2)。1886

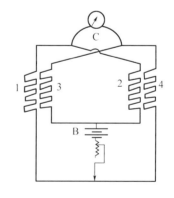

图 1 兰利的热辐射计

年,他用罗兰凹面光栅作色散元件,测到了相当精确的热辐射能量分布曲线。

兰利的工作大大激励了同时代的物理学家从事热辐射的研究。随后,普林舍姆(E. Pringsheim)改进了热辐射计;波伊斯(C. V. Boys)创制了微量辐射计;帕邢(F. Paschen)又将

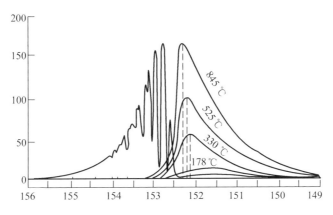

图2 能量随波长变化的曲线

微量辐射计的灵敏度提高了多倍。这些设备为热辐射的实验研究提供了极为有力的武器。

与此同时,理论物理学家也对热辐射展开了广泛研究。1859年,基尔霍夫证明热辐射的发射本领和吸收本领的比值与辐射物体的性质无关,并提出了黑体辐射的概念。所谓黑体,指的是完全黑的物体,它可以吸收外来辐射的全部能量,这当然是一种理想境界,实际上找不到这样的物体。但是物理学家可以利用这一模型对热辐射进行理论计算。1879年,斯忒藩(J. Stefan)根据实验总结出黑体辐射总能量与黑体温度四次方成正比的关系。1884年这一关系得到玻耳兹曼从电磁理论和热力学理论的证明。

1893年,维恩(W. Wien)仿照分子运动的理论从理论上推出了辐射能量分布定律,这个定律用一个指数型的函数来表示辐射能量密度随辐射波长变化的关系。这个关系能够近似地与实验所得相符:波长小和波长大的辐射成分,其能量密度都比较小。从维恩分布定律还可以推出:对应于能量密度最大值的波长 λ_m 与温度 T 成反比。人称维恩位移定律,这也与实验结果大体一致。然而,究竟维恩这两个热辐射定律对不对?尚待更精密的热辐射实验进行验证。

维恩是一位理论、实验都有很高造诣的物理学家。他所在的研究单位叫德国帝国技术物理研究所(Physikalisch Technische Reichsanstalt),简称PTR,以基本量度基准为主要任务。当时正值钢铁、化工等重工业大发展的时期,急需高温量测、光度计、辐射计等方面的新技术和新设备,所以,这个研究所就开展了许多有关热辐射的实验。所里有好几位实验物理学家,其中有鲁本斯(H. Rubens)、普林舍姆、卢梅尔(O. R. Lummer)和库尔班(F. Kurl-baum),他们都对热辐射做出了重大贡献,维恩则是这个科研集体的主将。

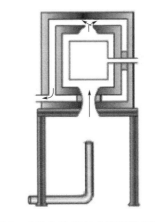

图3 卢梅尔和普林舍姆用的空腔炉

1895年,维恩和卢梅尔建议用加热的空腔代替涂黑的铂片来代表黑体,使得热辐射的实验研究又大大地推进了一步。随后,卢梅尔和普林舍姆用专门设计的空腔炉进行实验。本来这个项目是维恩发起的,他找到卢梅尔合作,后来不久,维恩因和新任的研究所所长意见不合,离开了柏林,就改由普林舍姆和卢梅尔合作。他们用的加热设备如图3所示。

维恩的离去使这个研究所的热辐射研究失去了理论支柱。鲁本斯有一位好友叫普朗克(Max Planck)，是柏林大学的理论物理学教授，他建议请普朗克来所里做理论咨询工作。于是，从维恩离开不久之后，普朗克经常来参加 PTR 的讨论会。逐渐他也对热辐射的研究发生了兴趣。由于他在热力学领域有深厚造诣，很自然地就接替维恩，成为了这群实验物理学家中间的理论核心人物。

维恩分布定律在 1893 年发表后引起了物理学界的注意。实验物理学家力图用更精确的实验予以检验；理论物理学家则希望把它纳入热力学的理论体系。普朗克认为维恩的推导过程不大令人信服，假设太多，似乎是凑出来的。于是从 1897 年起，普朗克就投身于研究这个问题。他企图用更系统的方法以尽量少的假设从基本理论推出维恩公式。经过两三年的努力，终于在 1899 年达到了目的。他把电磁理论用于热辐射和谐振子的相互作用，通过热力学中一个基本概念——熵的计算，推出了维恩分布定律，从而使这个定律获得了普遍的意义。

然而就在这时，PTR 成员的实验结果表明维恩分布定律与实验有偏差。1899 年卢梅尔与普林舍姆向德国物理学会报告说，他们把空腔加热到 800 ~ 1 400 K，所测波长为 0.2 ~ 6 μm，得到的能量分布曲线基本上与维恩公式相符，但公式中的常数，似乎随温度的升高略有增加。次年 2 月，他们再次报告，在长波方向(他们的实验测到 8 μm)有系统偏差。温度越高，偏离得越厉害。

接着，鲁本斯和库尔班将长波测量扩展到 5.2 μm。他们发现在长波区域辐射能量密度与绝对温度成正比。

普朗克刚刚从经典理论推导出的维恩能量分布定律，看来又需做某些修正。

正在这时，瑞利从另一途径也提出了能量分布定律。瑞利是英国著名物理学家，他看到维恩分布定律在长波方向的偏离，感到有必要提醒人们，在高温和长波的情况下，麦克斯韦－玻耳兹曼的能量均分原理似乎仍然有效。他根据能量均分原理很简洁地推出了能量密度正比于绝对温度的公式。这个公式人们通称为瑞利公式。这样一来，热辐射的能量分布规律有了两个公式：一个是维恩公式，在短波方向和实验相符；一个是瑞利公式，在长波方向与实验相符。

普朗克是理论物理学家，但他并不闭门造车，而是密切注意实验的进展，并保持与实验物理学家的联系。正当他准备重新研究维恩分布定律时，他的好友鲁本斯告诉他自己新近红外测量的结果，确证长波方向能量密度与绝对温度有正比关系，并且告诉普朗克，"对于(所达到的)最长波长(即 51.2 μm)，瑞利提出的定律是正确的。"这个情况立即引起了普朗克的重视。他连夜进行计算，试图找到一个公式，把代表短波方向的维恩公式和代表长波方向的瑞利公式综合在一起。普朗克是热力学理论的高手，他熟练地运用熵的计算，用插入法把两个公式合在一起，很快就得到了新的指数公式。这就是后来人们所谓的普朗克辐射能量分布定律，和维恩能量分布定律相比，仅在指数函数后多了一个(-1)。

鲁本斯得知这一公式后，马上做实验验证，结果发现新的公式完全符合自己的实验结果。他喜出望外，立刻告诉了普朗克，哪知普朗克并不高兴。因为普朗克是一位严谨的理论物理学家，他不满足于仅仅是靠拼凑找到的经验公式。不过，两人还是在 1900 年 10 月 19 日向德国物理学会做了报告。普朗克的题目叫《维恩光谱方程的改进》，报告了他得到的经验公式。

实验结果越是证明新的公式与实验相符，就越促使普朗克致力于探求这个公式的理论基础。他以最紧张的工作,经过两三个月的努力,始终没有能够从经典理论推出为什么辐射公式的指数后面要加上(-1)。在实在不得已的情况下,他不情愿地用上了玻耳兹曼的统计方法,假设能量是不连续的辐射,出乎他的预料,竟立即推出了改进过的黑体辐射公式。

也就是说,只有假设能量是一份一份地辐射和吸收,就能得到与实验相符的理论公式。

普朗克以公式 $\varepsilon = hv$ 代表一份一份的能量,并称之为能量子,他还根据黑体辐射的测量数据,计算出常量 h 的值,这个常量人们后来称为普朗克常量。1900 年 12 月 14 日普朗克在德国物理学会上再次报告。这一天就成了量子的诞生日。

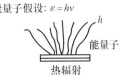
图 4　从热辐射发出的能量子

普朗克提出能量子假说有划时代的意义。但是,不论是普朗克本人还是他的同时代人,当时对这一点都没有充分认识。在 20 世纪的最初 5 年内,普朗克的工作几乎无人问津,普朗克自己也感到不安,总想回到经典理论的体系之中,企图用连续性代替不连续性。为此,他花了许多年的精力,但最后还是证明这种企图是徒劳的。

任务四　传热过程和换热器

> ## 任务提要

本任务主要介绍传热过程分析和计算、强化传热和隔热保温技术;介绍几种典型的换热器,以及换热器设计计算。

> ## 任务要求

掌握传热过程的概念和计算方法,了解传热的增强和减弱措施及临界热绝缘直径的概念;了解换热器的基本概念,掌握用对数平均温差法进行换热器热计算的方法。

单元 1　传 热 过 程

• **学习目标**

(1)熟悉无限大平壁的传热过程计算。

(2)掌握通过无限长圆筒壁的传热过程计算。

• **重点内容**

通过无限长圆筒壁的传热过程分析与计算。

工程上,把热量从温度较高的流体经过固体壁传给另一侧温度较低流体的过程,称为总传热过程,简称传热过程。传热过程的热流量可表示为

$$\Phi = kA\Delta t = kA(t_{f1} - t_{f2}) \tag{2.4.1}$$

式中　A——传热面积,m^2;

Δt——热流体和冷流体间的传热温差,K 或 ℃;

k——传热系数,W/($m^2 \cdot K$)。

传热系数是表征传热能力大小的参数,k 越大,表示该传热系统的传热能力越强。

一、通过无限大平壁的传热过程

热流体通过一个大平壁把热量传给冷流体,就构成一个简单的通过平壁的传热过程,如图 2.4.1 所示。该传热过程由热流体与平壁左侧表面之间的对流换热过程、平壁的导热过程和冷流体与平壁右侧表面之间的对流换热过程组成。

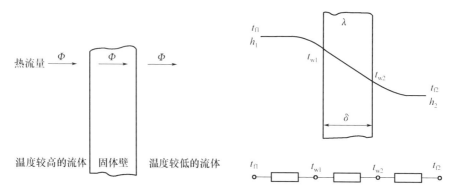

图 2.4.1 通过大平壁的传热及热阻网络图

设热、冷流体的温度分别为 t_{f1},t_{f2};热、冷流体与壁面之间的对流换热系数分别为 h_1,h_2;平壁的厚度为 δ;平壁材料的导热系数为 λ,对于稳态、无内热源的情况,此传热过程单位面积的总热阻为 r_k 三个局部热阻之和,即

$$r_k = r_{h_1} + r_\lambda + r_{h_2} = \frac{1}{h_1} + \frac{\delta}{\lambda} + \frac{1}{h_2} \tag{2.4.2}$$

由式(2.4.1)有

$$k = \frac{1}{r_k} = \frac{1}{\dfrac{1}{h_1} + \dfrac{\delta}{\lambda} + \dfrac{1}{h_2}} \tag{2.4.3}$$

由上式知,传热系数即为平壁单位面积总传热热阻的倒数。故热流密度为

$$q = k(t_{f1} - t_{f2}) = \frac{t_{f1} - t_{f2}}{r_k} = \frac{t_{f1} - t_{f2}}{\dfrac{1}{h_1} + \dfrac{\delta}{\lambda} + \dfrac{1}{h_2}} \tag{2.4.4}$$

通过平壁的热流量为

$$\Phi = qA = \frac{t_{f1} - t_{f2}}{\dfrac{1}{h_1} + \dfrac{\delta}{\lambda} + \dfrac{1}{h_2}} \cdot A \tag{2.4.5}$$

对于 n 层平壁的稳态传热,若各层材料的导热系数分别为 λ_1,λ_2,$\cdots$,λ_n,各层厚度分别为 δ_1,δ_2,$\cdots$,δ_n,且各层之间接触良好,无接触热阻,则通过多层平壁的传热系数为

$$k = \frac{1}{r_k} = \frac{1}{\dfrac{1}{h_1} + \sum_{i=1}^{n} \dfrac{\delta_i}{\lambda_i} + \dfrac{1}{h_2}} \tag{2.4.6}$$

通过多层平壁的热流密度为

$$q = \frac{t_{f1} - t_{f2}}{\dfrac{1}{h_1} + \displaystyle\sum_{i=1}^{n} \dfrac{\delta_i}{\lambda_i} + \dfrac{1}{h_2}} \qquad (2.4.7)$$

二、通过无限长圆筒壁的传热过程

如图 2.4.2 所示,管内的热流体通过无限长圆筒(圆管)把热量传给圆筒(圆管)外冷流体。该传热过程由管内热流体与圆筒壁内表面之间的对流换热、圆筒壁内的导热和管外冷流体与圆筒壁外表面之间的对流换热过程组成。其总热阻也是由三个热阻串联相加,只是由于圆筒壁内外表面面积不等,其热阻应按总面积计算。

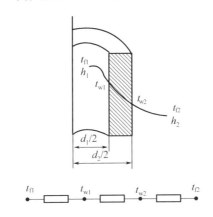

图 2.4.2　无限长圆筒壁的传热及热阻网络图

设热、冷流体的温度分别为 t_{f1},t_{f2};热、冷流体与圆筒壁面之间的表面传热系数分别为 h_1,h_2;圆筒壁的内、外径及长度分别为 d_1,d_2,l;圆筒壁内、外壁面的温度分别为 t_{w1},t_{w2}。单层圆筒壁的总传热热阻为

$$R_k = \frac{1}{h_1 \pi d_1 l} + \frac{1}{2\pi \lambda l}\ln\frac{d_2}{d_1} + \frac{1}{h_2 \pi d_2 l} \qquad (2.4.8)$$

在稳态、无内热源条件下通过圆筒壁的热流量为

$$\Phi = \frac{t_{f1} - t_{f2}}{\dfrac{1}{h_1 \pi d_1 l} + \dfrac{1}{2\pi \lambda l}\ln\dfrac{d_2}{d_1} + \dfrac{1}{h_2 \pi d_2 l}} = \frac{t_{f1} - t_{f2}}{R_k} = \frac{\Delta t}{R_k} \qquad (2.4.9)$$

此过程与通过平壁传热过程的差别在于通过圆筒壁的传热面积沿热流方向是变化的,因此在实际应用中需说明是以哪一侧面积作为传热面积。工程上习惯以外壁的面积 A_2 作为传热计算的基准面积,此时式(2.4.9)可以写成

$$\Phi = kA_2\Delta t = \frac{A_2\Delta t}{\dfrac{d_2}{d_1} \cdot \dfrac{1}{h_1} + \dfrac{d_2}{2\lambda}\ln\dfrac{d_2}{d_1} + \dfrac{1}{h_2}} \qquad (2.4.10)$$

因此,以圆管外壁面面积 A_2 为基准的传热系数为

$$k = \frac{1}{\dfrac{d_2}{d_1} \cdot \dfrac{1}{h_1} + \dfrac{d_2}{2\lambda}\ln\dfrac{d_2}{d_1} + \dfrac{1}{h_2}} \qquad (2.4.11)$$

当然也可以圆管内壁面面积 A_1 为基准进行计算,此时式(2.4.10)和式(2.4.11)也做

相应的变化即可。

工程上为了方便起见,当管壁的 $d_2/d_1 < 2$ 时,可采用平壁传热系数的计算公式(2.4.3)来计算。此时取管壁厚为 δ,若 h_2 与 h_1 相当,换热面积 A 取内外壁面积的平均值;若 $h_2 \gg h_1$,可取 h 较小侧的面积作为近似计算中的换热面积。

对于 n 层不同材料圆筒壁的情形,各层圆筒壁仍然是传热过程的串联环节,总热阻等于串联热阻之和。如果各层圆筒壁接触紧密,没有接触热阻,内外直径分别为 $d_1,d_2,d_3,\cdots,d_{n+1}$,各层材料的导热系数分别为 $\lambda_1,\lambda_2,\cdots,\lambda_n$,且为常数,管内外的对流换热系数分别为 h_1,h_2,传热过程为稳态、无内热源,则热流量的表达式为

$$\Phi = \frac{t_{f1} - t_{f2}}{\dfrac{1}{h_1 \pi d_1 l} + \displaystyle\sum_{i=1}^{n} \dfrac{1}{2\pi\lambda_i l}\ln\dfrac{d_{i+1}}{d_i} + \dfrac{1}{h_2 \pi d_{n+1} l}} \tag{2.4.12}$$

同样,通过圆筒壁的传热也可用通过单位管长的热流量表示,即

$$q_l = \frac{\Phi}{l} \tag{2.4.13}$$

单元 2　传热的增强和削弱

- **学习目标**

(1)熟悉增强传热的措施。

(2)掌握传热的削弱方法及临界热绝缘直径概念。

- **重点内容**

传热的削弱方法及临界热绝缘直径概念。

在实际工程应用中,为满足不同工程实际的需要,经常遇到需要强化和削弱传热的问题。

所谓强化传热是指采取措施提高换热设备的热流量,使换热更快,换热效率更高。而削弱传热则是采取措施减少换热设备的热流量,避免热量(或冷量)的损失。

一、传热的增强

强化传热的措施有很多,如提高流体的流速、增强流体的湍流程度、改良流体物性以及增大传热面积等,其基本原则是减小传热过程中最大的局部热阻值。在对流换热系数较小的一侧壁面采用肋壁从而增大换热面积是经常采用的强化传热的有效措施。所谓肋壁就是在壁的光面上增加一些延伸体(肋片或肋挂等),增大传热面积,减小该表面的对流换热热阻,从而减小传热总热阻。

图 2.4.3 表示厚度为 δ 的平壁加肋后的传热情况。假定加肋后右侧表面面积为 A_2,其对流换热热阻为 $1/(A_2 h_2)$,由于加肋后散热表面面积增加,因此在 h 较小的一侧设置肋片,能够有效地减小对流换热热阻。

关于肋壁传热计算的具体内容可查阅其他教科

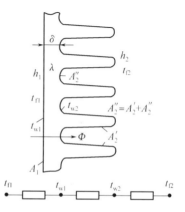

图 2.4.3　肋壁的传热及热网络图

书,在此不做介绍。

二、传热的削弱及临界热绝缘直径

工程上常常也遇到要求限制或削弱传热的情况,例如保温车、冷藏车、建筑物的设计,以及各种热力设备和热力传输管道等。为了减少其传热量,就应增大传热总热阻。通常的做法是采用增加一层附加导热热阻的方法,如在管道外面敷设适当的热绝缘层来削弱传热。必须指出,对于平壁来说,敷设或加厚热绝缘层总会加大总热阻,从而达到削弱传热的目的。但是,对于管道,在管道外面敷设附加的热绝缘层后,在串联热路中增加了一个导热热阻,但同时热绝缘层外表面的对流换热热阻却由于外直径的增大而减小了。在小直径管道上包以导热系数较大的热绝缘层,就有可能使外表面对流换热热阻的减少量超过导热热阻的增加量,从而使传热总热阻反而减小,加大热损失。因此只有热绝缘层外径超过某一值后才能确保起到减少单位管长热损失的作用,此直径称为临界热绝缘直径,用 d_c 表示。

设管外径为 d_2,包裹热绝缘层后的外径为 d_x,包裹热绝缘层后总热阻的变化量为

$$\Delta R = \frac{1}{2\pi\lambda_{ins}}\ln\frac{d_x}{d_2} - \left(\frac{1}{\pi h_2 d_2} - \frac{1}{\pi h_2 d_x}\right) \tag{2.4.14}$$

将上式对 d_x 求一阶导数并令之等于零,得 ΔR 为极小值时对应的包裹热绝缘层后的外径即为临界热绝缘直径 d_c,于是有

$$\frac{\mathrm{d}\Delta R}{\mathrm{d}d_x} = \frac{1}{\pi d_x}\left(\frac{1}{2\lambda_{ins}} - \frac{1}{h_2 d_x}\right) = 0$$

$$d_x = d_c = \frac{2\lambda_{ins}}{h_2} \tag{2.4.15}$$

式中 h_2——管道热绝缘层外表面对环境的对流换热系数,$W/(m^2 \cdot K)$;

λ_{ins}——热绝缘材料的导热系数,$W/(m \cdot K)$。

综上所述,如果管外径 $d_2 > d_c$,增加附加层总是有利于削弱传热的。但若管外径 $d_2 < d_c$,包裹热绝缘层后的外径必须大于 d_c 才能削弱传热,否则包裹热绝缘层后反而会强化传热。包裹外径等于 d_c 时正好热阻最小,传热量最大。

因为工程上所用的热力管道的热绝缘层的外径通常都大于 d_c,所以随着热绝缘层厚度增加,管道热损失减小。但是与管道热绝缘的情况相反,为使输电线路具有最大的散热能力,则应使绝缘层的外径尽可能等于或接近于临界热绝缘直径 d_c。

削弱辐射传热的措施是在两辐射表面间插入遮热板。

单元3　换热器简介

● 学习目标

(1)熟悉换热器的分类方式。

(2)掌握几种典型换热器的结构特点。

● 重点内容

(1)壳管式换热器结构特点。

(2)板式换热器结构特点。

可以实现使热量从热流体传给冷流体的设备,统称为换热器。换热器的种类一般按工

作原理、结构以及流动形式来进行分类。

一、按工作原理分类

1. 间壁式换热器

间壁式换热器是目前使用最广泛的一种换热器。在这类换热器中，冷、热流体同时在固体换热面的两侧连续流过，热流体通过壁面将热量传给冷流体。在换热过程中，两种流体并不接触，因此这种换热器也称为表面式换热器。

2. 回热式换热器

在这类换热器中，冷、热流体交替地与固体材料接触。当热流体与固体材料接触时，加热面吸收热量；然后冷流体流过该表面时，加热面再将蓄积的热量传递给冷流体。锅炉的再生空气预热器和燃气轮机的空气回热器就属此类换热器。

3. 混合式换热器

在这类换热器中，两种流体直接接触并相互混合进行热量的传递。此类换热器不需要用固体壁将两种流体隔开，可节省金属材料。火电厂除氧器和喷水式蒸汽减温器都属此类换热器。

二、按结构分类

1. 壳管式换热器

它是间壁式换热器的一种主要形式。在这种换热器中，一种流体在管内流动，另一种流体在管外流动。为提高换热效果，在外壳内常装有折流挡板，以保证管外流体较好地冲刷管壁，并提高流速，同时挡板也起支承管子的作用。规定管外流体从换热器的一端流到另一端为1个壳程，管内流体从管子的一端流到另一端为1个管程。图2.4.4所示为1壳程1管程(1－1型)壳管式换热器。

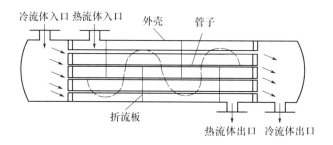

图2.4.4 壳管式换热器示意图

2. 套管式换热器

它也是间壁式换热器的一种形式。这种换热器由两根同心圆管组成，一种流体在内管内流动，一种流体在外管与内管构成的环形通道内流动，其优点是没有大直径的外壳，承压能力强，可作为高压流体的热交换器，但其缺点是换热量较小，而且占地面积较大，如图2.4.5所示。

3. 肋管式换热器

此类换热器在管外加有肋片，以减小管外热阻，从而达到强化传热的目的。高层建筑供暖系统采用的钢管散热器,就是一种典型的肋管式换热器,如图 2.4.6 所示。

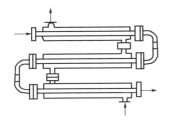 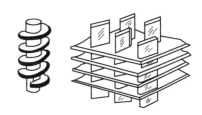

图 2.4.5　套管式换热器　　　　　图 2.4.6　肋管式换热器

4. 板式换热器

除上述类型的换热器外,还有一种换热器以板作为间壁,这种换热器称为板式换热器。由于流体沿板流动的换热系数较小,通常在板上加翅片或尽量使流体做螺旋运动。

三、按流动形式分类

按流体的流动形式,间壁式换热器又可分为顺流、逆流和复杂流(包括交叉流、混合流等)换热器等三种。两种流体总体上平行流动且方向相同时称为顺流,两种流体总体上平行流动但方向相反时称为逆流,其他流动方式统称为复杂流。图 2.4.7 为流动形式示意图。

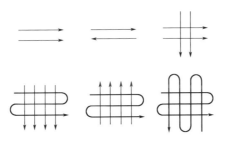

图 2.4.7　流动形式示意图

单元 4　换热器的平均温差

● **学习目标**

(1)熟悉平均温差的含义。

(2)掌握平均温差公式的应用。

(3)了解换热器的平均温差公式的推导过程。

● **重点内容**

换热器平均温差公式的应用。

在进行换热器传热计算时,必须要求得冷、热两种流体之间的温差。由于换热器中冷、热流体沿换热面流动时,沿途温度要发生变化,从而两者的温差也会随之发生变化。因此在计算换热器整个换热面上的换热量时,必须使用整个换热面上的平均温差 Δt_m。

不管换热器流体流动是顺流、逆流,还是复杂流,热流体和冷流体温度沿换热面的变化通常是非线性的,因此冷、热流体间的平均温差不能以换热面两端温度的算术平均值计算。

图 2.4.8 是换热器在简单的顺流、逆流时冷、热流体的温度分布(无相变)。

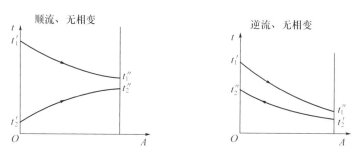

图 2.4.8 顺流、逆流时冷、热流体的温度分布

习惯上,以下角标"1"表示温度较高的热流体,以下角标"2"表示温度较低的冷流体;以上角标"′"表示进口处的流体温度,以上角标"″"表示出口处的流体温度。所以 t_1',t_1''分别为热流体的进出口温度,t_2',t_2''分别为冷流体的进出口温度。由图 2.4.8 看出,顺流时冷流体的出口温度总小于热流体的出口温度,即 $t_2'' < t_1''$;但逆流时冷流体的出口温度有可能大于热流体的出口温度,即 $t_2'' > t_1''$。如果 $t_2'' > t_1''$可以判断必为逆流,但 $t_2'' < t_1''$则有可能是顺流,也有可能是逆流。

在入口条件、换热面积、传热系数、流体种类及流量等条件都相同的条件下,逆流传热效率最高,顺流最低,其他复杂流介于逆流和顺流之间。因此设计换热器时应尽量采用逆流。

下面以单流程壳管式换热器(1-1 型)中顺流时流体的温度分布为例,推导对数平均温差的计算公式(见图 2.4.9)

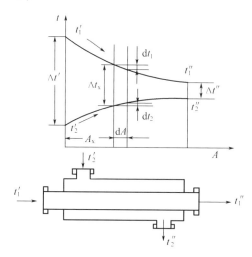

图 2.4.9 单流程壳管式换热器

几点假设如下:

(1)冷、热流体的流量 q_{m1},q_{m2}比定压热容 c_{p1},c_{p2}和传热系数 k 均为常数;

(2)换热器外壳的散热损失忽略不计,即认为冷流体的吸热量等于热流体的放热量;

(3)沿轴向导热量忽略不计,认为冷、热流体的热交换只在管径方向进行。由假设(2)得热平衡方程为

$$\Phi = q_{m1}c_{p1}(t_1' - t_1'') = q_{m2}c_{p2}(t_2'' - t_2')$$ (2.4.16)

在距热流体进口 A_x 处取一微元面积 dA，该微元面积的换热量为

$$d\Phi = kdA\Delta t_x$$ (a)

热流体的放热量为

$$d\Phi_1 = -q_{m1}c_{p1}dt_1$$ (b)

冷流体的吸热量为

$$d\Phi_2 = q_{m2}c_{p2}dt_2$$ (c)

由热平衡条件，即 $d\Phi_1 = -d\Phi_2 = d\Phi$，(b)(c)变形为

$$dt_1 = -\frac{d\Phi}{q_{m1}c_{p1}}$$ (d)

$$dt_2 = \frac{d\Phi}{q_{m2}c_{p2}}$$ (e)

由(d)~(e)得

$$dt_1 - dt_2 = d(\Delta t_x) = -\frac{d\Phi}{q_{m2}c_{p2}} - \frac{d\Phi}{q_{m1}c_{p1}}$$ (f)

将(a)代入(f)，并令 $m = \dfrac{1}{q_{m2}c_{p2}} + \dfrac{1}{q_{m1}c_{p1}}$，有

$$\frac{d(\Delta t_x)}{\Delta t_x} = -kmdA$$ (g)

两边积分

$$\int_{\Delta t'}^{\Delta t''} \frac{d(\Delta t_x)}{\Delta t_x} = -\int_0^A kmdA$$

$$\ln\frac{\Delta t''}{\Delta t'} = -kmA$$ (h)

由热平衡方程(2.4.16)，可推得

$$m = \frac{1}{q_{m2}c_{p2}} + \frac{1}{q_{m1}c_{p1}}$$

$$= \frac{1}{\Phi}[(t_1' - t_2') - (t_1'' - t_2'')] = \frac{\Delta t' - \Delta t''}{\Phi}$$ (i)

将(i)代入(h)，整理得

$$\Phi = kA\frac{\Delta t' - \Delta t''}{\ln\dfrac{\Delta t'}{\Delta t''}} = kA\frac{\Delta t'' - \Delta t'}{\ln\dfrac{\Delta t''}{\Delta t'}}$$

与式(2.4.1)比较，冷、热流体的平均温差为

$$\Delta t_m = \frac{\Delta t' - \Delta t''}{\ln\dfrac{\Delta t'}{\Delta t''}} = \frac{\Delta t'' - \Delta t'}{\ln\dfrac{\Delta t''}{\Delta t'}}$$ (2.4.17)

由于上式的结构为对数平均公式的结构，故称为对数平均温差。式中 $\Delta t' = t_1' - t_2'$ 为进口处冷、热流体的温差；$\Delta t'' = t_1'' - t_2''$ 为出口处冷、热流体的温差。

如果将顺流换为逆流进行同样的推导过程，可得到相同的对数平均温差计算式(2.4.17)，但是必须注意 $\Delta t' = t_1' - t_2''$，表示热流体进口处冷、热流体的温差；$\Delta t'' = t_1'' - t_2'$，表示热流体出口处冷、热流体的温差。

为避免计算时分子分母出现负值，按式(2.4.17)的关系，$\Delta t'$ 与 $\Delta t''$ 完全可以调换位置，所以将对数平均温差计算式表示为

$$\Delta t_m = \frac{\Delta t_{max} - \Delta t_{min}}{\ln \dfrac{\Delta t_{max}}{\Delta t_{min}}}$$

式中　Δt_{max}——$\Delta t'$ 与 $\Delta t''$ 中较大者;

　　　Δt_{min}——$\Delta t'$ 与 $\Delta t''$ 中较小者。

当 $\Delta t_{max}/\Delta t_{min} \leqslant 2$ 时,可以用算术平均温差 $\Delta t_{max} = (\Delta t_{max} + \Delta t_{min})/2$ 来替代对数平均温差,其误差不超过 4%。

对于复杂流动形式的换热器,其对数平均温差可通过以下方法求得:先以冷热流体进、出口温度计算出逆流布置条件下的对数平均温差,然后乘以温差修正系数 Ψ,即

$$\Delta t_m = \Psi \frac{\Delta t_{max} - \Delta t_{min}}{\ln \dfrac{\Delta t_{max}}{\Delta t_{min}}} \qquad (2.4.18)$$

修正系数 Ψ 除和流动方式有关外,还与辅助量 P 和 R 有关,一般情况下 P 和 R 定义为

$$P = \frac{t_2'' - t_2'}{t_1' - t_2'} = 冷流体加热温升/两流体进口温差$$

$$R = \frac{t_1' - t_1''}{t_2'' - t_2'} = 热流体冷却温降/冷流体加热温升$$

但对于一次交叉流,有两种情况,一种是两种流体都不混合,如图 2.4.10(c)所示,两种流体的流道都被分隔,流体在流动平面的两个方向上均有温度变化;另一种是一种流体混合,另一种流体不混合,如图 2.4.10(d)所示,可以混合的流体流道没有被分隔,流体的混合

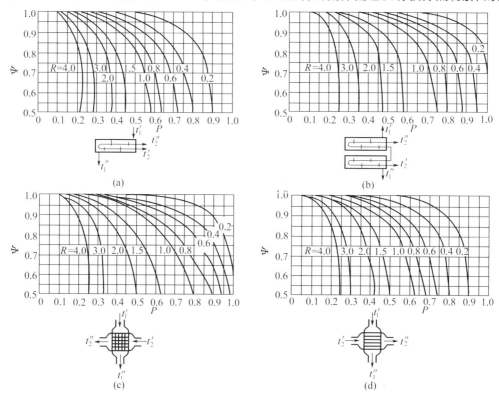

图 2.4.10　修正系数 Ψ 值

(a)1 壳程,2,4,6,8 等管程;(b)2 壳程,4,8,12,16 等管程;(c)一次交叉流,两种流体均不混合;

(d)一次交叉流,一种流体混合,另一种流体不混合

使垂直于流动方向的温度趋于均匀。所以,流体是否混合也会影响平均温差。因此,对于一次交叉流,一种流体混合,另一种流体不混合,即图2.4.10(d)所示情况,P 和 R 定义为

$$P = 无混合流体的温度变化/两流体进口温差$$

$$R = 混合流体的温度变化/无混合流体的温度变化$$

然后,根据流动形式及 P 和 R 的值,从图2.4.10中可查出相应的 Ψ 值,更详细的图可以查换热器设计手册。当 R 超出图中所给范围时,可用 $1/R$ 代替 R,用 PR 代替 P 查图。

当流体在冷凝器或蒸发器中发生相变换热时,一种流体在整个换热面上均保持饱和温度不变,另一种流体温度按对数规律变化,对这类换热器没有顺流、逆流之分,但其平均温差仍可用式(2.4.17)计算。

单元5 平均温差法的换热器热计算

- **学习目标**

(1)熟悉换热器设计计算的一般步骤。

(2)掌握对数平均温差法校核计算的主要步骤。

- **重点内容**

对数平均温差法校核计算的主要步骤。

换热器的热计算有两种方法:平均温差法和效能 - 传热单元数法(ε - NTU)。本书只介绍平均温差法的热计算,有关 ε - NTU 法,请参阅相关文献。

换热器的热计算分为两种,一种是设计计算,一种是校核计算。设计计算是根据给定的换热量,求换热器的换热面积;而校核计算是根据已知的换热面积求工作流体的出口温度或核算换热器的换热量。

设计计算时,一般已知热流体和冷流体的初、终温(t'_1,t''_1,t'_2,t''_2)中的 3 个,质量流量(q_{m1}、q_{m2}),比定压热容(c_{p1},c_{p2})以及需要传递的热流量 Φ,要求确定换热器的类型、传递面积等。校核计算是对已有换热器进行校核,一般是给定热力工况的某些参数,校核流体出口温度及热流量。

设计计算一般按以下步骤进行:

(1)根据给定条件,由热平衡方程

$$\Phi = q_{m1} c_{p1} (t'_1 - t''_1) = q_{m2} c_{p2} (t''_2 - t'_2)$$

求出 Φ 或 q_m 或进出口温度中的未知量。

(2)选定流动方式,由冷、热流体的进、出口温度确定对数平均温差 Δt_m。

(3)初步布置传热面(选定传热面的形状和尺寸,如平板或圆管、圆管的直径、壁厚、管间距等),结合流体的质量流量,求出两侧的换热系数 h 并计算出相应的传热系数 k。

(4)由传热方程 $\Phi = kA\Delta t_m$,求出所需的换热面积 A 及其他参数如管长 l。

(5)计算换热器的流动阻力 Δp,若流动阻力过大,则应改变方案重新设计。校核计算时,由于两种流体的出口流体温度未知,流体的物性无法确定,表面换热系数 h 和总传热系数 k 无法求得,所以要用试算法。对数平均温差法校核计算的主要步骤如下:

(1)假定一种流体的出口温度 t''_1(或 t''_2),据热平衡方程

$$\Phi = q_{m1} c_{p1} (t'_1 - t''_1) = q_{m2} c_{p2} (t''_2 - t'_2)$$

求出另一流体的出口温度 t_2''（或 t_1''），并计算传热热流量 Φ^1。

（2）根据换热器的流动方式及冷、热流体的进、出口温度求得对数平均温差 Δt_m。

（3）根据换热器的结构，算出相应工作条件下的表面换热系数 h 和传热系数 k。

（4）由传热方程 $\Phi = kA\Delta t_m$ 计算传热热流量 Φ^2，并与 Φ^1 相比较，若两者相等或相对误差小于5%，则表明前述假定的流体出口温度与事实相符或相近，计算结束；否则重复步骤（1）~（4）直至取得满意的结果。

用对数平均温差法进行换热器校核计算需要多次试算，有时工作量较大。效能 - 传热单元法的计算式中只包含一个出口温度，因此求解时无须试算，可直接得到出口温度。所以效能 - 传热单元法更适用于换热器的校核计算。

【例2.4.1】 用一外径为25 mm，壁厚为2 mm的钢管做换热表面。已知管内水侧 $h_1 = 4\,000$ ［W/(m²·K)］，管外烟气侧 $h_2 = 100$ ［W/(m²·K)］，烟气的平均温度为450 ℃，水的平均温度为50 ℃，钢管热导率为40 W/(m·K)。因 $d_2/d_1 < 2$，可近似按平壁公式进行计算，求:(1)传热系数;(2)钢管两侧的壁面温度。

解 （1）由式（2.4.6），通过平壁传热的传热系数为

$$k = \frac{1}{r_k} = \frac{1}{\dfrac{1}{h_1} + \dfrac{\delta}{\lambda} + \dfrac{1}{h_2}} = \frac{1}{\dfrac{1}{4\,000} + \dfrac{0.002}{40} + \dfrac{1}{100}} = 97.09\ [\text{W/(m}^2\cdot\text{K)}]$$

（2）由于 $h_1 \gg h_2$，可取 h_2 一侧（管外侧）的面积 A_2 作为近似计算中的换热面积，则每米管长的传热热流量为

$$q_l = \frac{\Phi}{l} = \frac{kA_2(t_{f2} - t_{f1})}{l} = k\pi d_2(t_{f2} - t_{f1})$$

$$= 97.09 \times \pi \times 0.025 \times (450 - 50) = 3\,050.17\ (\text{W/m})$$

对管外烟气表面换热

$$t_{f2} - t_{w2} = \frac{\Phi}{h_2 A_2}$$

$$t_{w2} = t_{f2} - \frac{\Phi}{h_2 A_2} = t_{f2} - \frac{k(t_{f2} - t_{f1})}{h_2}$$

$$= 450 - \frac{97.09 \times (450 - 50)}{100} = 61.64\ (\text{℃})$$

由于是串联热路，从壁面导热可得

$$q = \frac{\Phi}{A_2} = \frac{q_l l}{\pi d_2 l} = \frac{q_l}{\pi d_2} = \frac{t_{w2} - t_{w1}}{\delta/\lambda}$$

$$t_{w1} = t_{w2} - \frac{\delta}{\lambda} \cdot \frac{q_1}{\pi d_2} = 61.64 - \frac{0.002 \times 3\,050.17}{40 \times \pi \times 0.025} = 59.70\ (\text{℃})$$

【例2.4.2】 一台逆流套管式换热器，热流体为120 ℃的高压热水，流量为12 m³/h;冷流体为10 ℃的空气，流量为18 000 m³/h（标准状态下），经过换热器后被加热到50 ℃;若总传热系数为 $k = 60$ W/(m²·K)。试求所需的传热面积。

解 热水流量 $q_{V1} = \dfrac{12}{3\,600} = 3.33 \times 10^{-3}$ m³/s，查附表 A - 10，水的密度 $\rho_w = 943.1$ kg/m³，比热容 $c_w = 4.25$ kJ/(kg·K)，所以热流体水的质量流量为

$$q_{m1} = q_{m1w} = \rho_w q_{V1} = 943.1 \times 3.33 \times 10^{-3} = 3.140\,5\ (\text{kg/s})$$

标准状态下冷流体空气的体积流量

$$q_{V2} = \frac{18\,000}{3\,600} = 5 \ (\text{m}^3/\text{s})$$

查附表 A‑9,标准状态下空气的密度 $\rho_n = 1.293 \ \text{kg/m}^3$,比定压热容 $c_{p1n} = 1.005 \ \text{kJ/(kg·K)}$。所以,空气的质量流量为

$$q_{m2} = q_{m_1 n} = \rho_n q_{V2} = 1.293 \times 5 = 6.465 \ (\text{kg/s})$$

由热平衡方程式

$$\Phi = q_{m1} c_{p1} (t_1' - t_1'') = q_{m2} c_{p2} (t_2'' - t_2')$$

可得

$$\Phi = q_{m2} c_{p2} (t_2'' - t_2) = 6.465 \times 1.005 \times (50 - 10) = 259.893 \ (\text{kW})$$

同样,由热平衡方程式可得

$$t_1'' = 100.5 \ ℃$$

按对数平均温差公式,逆流时

$$\Delta t_m = \frac{\Delta t_{\max} - \Delta t_{\min}}{\ln \dfrac{\Delta t_{\max}}{\Delta t_{\min}}} = \frac{(100.5 - 10) - (120 - 50)}{\ln \dfrac{100.5 - 10}{120 - 50}} = 79.8 \ (℃)$$

所以,传热面积为

$$A = \frac{\Phi}{k \Delta t_m} = \frac{259.893}{60 \times 10^{-3} \times 79.8} = 54.28 \ (\text{m}^2)$$

思考与练习题

1. 传热系数 k 与对流换热系数 h 有何不同?传热过程总传热热阻应怎样计算?

2. 怎样才能增强传热?怎样才能使增强传热的措施收到事半功倍的效果?

3. 仅从传热角度看换热器顺流或逆流布置哪种更好?

4. 在什么情况下要考虑临界热绝缘直径问题?

5. 冬季室内空气温度 $t_{f1} = 20 \ ℃$,室外大气温度 $t_{f2} = -10 \ ℃$,室内空气与壁面的对流换热系数 $h_1 = 8 \ \text{W/(m}^2 \cdot ℃)$,室外壁面与大气的对流换热系数 $h_2 = 20 \ \text{W/(m}^2 \cdot ℃)$,已知室内空气的结露温度 $t_D = 14 \ ℃$,若墙壁由 $\lambda = 0.6 \ \text{W/(m} \cdot ℃)$ 的红砖砌成,为了防止墙壁内表面结露,该墙的厚度至少应为多少?

6. 一玻璃窗,尺寸为 70 cm × 45 cm,厚度为 4 mm,冬天室内、外温度分别为 20 ℃ 和 −8 ℃,内表面的自然对流换热系数为 $h_1 = 10 \ \text{W/(m}^2 \cdot \text{K})$,外表面的强迫对流换热系数为 $h_2 = 50 \ \text{W/(m}^2 \cdot \text{K})$,玻璃的导热系数 $h_1 = 10 \ \text{W/(m}^2 \cdot \text{K})$,试确定通过玻璃的热损失。

7. 蒸汽管道的内、外径各为 300 mm 和 320 mm,管外敷有 120 mm 厚的石棉热绝缘层,其导热系数 $\lambda_2 = 0.1 \ \text{W/(m} \cdot \text{K})$,钢管的导热系数 $\lambda_1 = 50 \ \text{W/(m} \cdot \text{K})$。管内蒸汽的温度 $t_{f1} = 300 \ ℃$,管外周围空气的温度 $t_{f2} = 20 \ ℃$,管子内、外侧的对流换热系数各为 $h_1 = 150 \ \text{W/(m}^2 \cdot \text{K})$,$h_2 = 10 \ \text{W/(m}^2 \cdot \text{K})$。试求每米管长的热损失 q_l 及石棉热绝缘层内、外表面温度 t_{w1} 和 t_{w2}。

8. 一直径为 2 mm、表面温度为 90 ℃ 的导线,被周围温度为 20 ℃ 的空气冷却,原先裸线表面与空气的对流换热系数 $h = 22 \ \text{W/(m}^2 \cdot ℃)$。如果在导线外包上厚度为 4 mm 的橡胶

绝缘层,其导热系数 $\lambda = 0.16$ W/(m·℃),绝缘层外表面与空气的对流换热系数 $h = 12$ W/(m²·℃),若通过导线的电流保持不变,试求包上橡胶绝缘层后的导线温度 t_w 及该导线的临界热绝缘直径 d_c。如果单从传热角度看包多厚的绝缘层最利于传热?

9. 已知 $t_1' = 300$ ℃,$t_1'' = 210$ ℃,$t_2' = 100$ ℃,$t_2'' = 200$ ℃,试计算下列流动布置时的对数平均温差:(1)顺流布置;(2)逆流布置;(3)一次交叉,两种流体均不混合 $1-2$ 型;(4)壳管式,热流体在壳侧;(5)$2-4$ 型壳管式,热流体在壳侧。

10. 一逆流布置的空气加热器用热水每小时加热空气 1 600 kg,使空气的温度从 $t_2' = 20$ ℃提高到 $t_2'' = 70$ ℃,空气的比定压热容 $c_{p2} = 1.005$ kJ/(kg·K)。为了加热空气,每小时使用 $t_1' = 105$ ℃的热水 1 050 kg,水的比定压热容 $c_{p1} = 4.187$ kJ/(kg·K)。如果传热系数 $k = 46.5$ W/(m²·K),试确定所需的换热面积。

知识链接

天舒空气能高效原子弹换热器打响业内新革命

近日,天舒空气能(江苏天舒电器有限公司)研发和生产出一种超高效的换热器产品,这种换热器的换热效率比板式换热器、套管式换热器高出 40%,比普通壳管式换热器高出 20%。该换热器产品获得两项国家发明专利,四项国家实用新型专利。天舒公司将这种超高效的换热器命名为"天舒高效原子弹换热器"。天舒高效原子弹换热器从 2013 年 11 月开始全面应用到天舒空气能热泵产品中。

天舒空气能成立于中国空气能行业起步初期,是最早的一批空气能企业。为了生产出适应中国环境和用户使用习惯的空气能热泵产品,天舒公司成立初期就建立了"两器"(蒸发器和冷凝器)研究所,专门从事两器产品的技术研发工作。空气能热泵产品的"两器"既类似于空调产品"两器",又不同于空调产品的"两器"。因为热泵产品是在特定环境条件下使用的,它必须能够满足在低温甚至超低温环境下制取高温热水的条件。因此,空气能热泵产品的"两器"的设计和技术要求都要比普通空调产品更为复杂,要求更高。

对于空气能热泵产品来说,换热效率如何直接决定了产品的能效,影响产品使用效果,地域范围,甚至产品的寿命。使用普通换热器的产品在开放的空气能热泵热水器水循环中,每年会因为结垢问题损失 5% ~10% 的换热效果,5 年以上就会损失 40% ~50%,那么使用 5 年的普通空气能热泵热水器就可能出现无法换热,热量无法转移而烧坏压缩机等现象,严重影响消费者对空气能热泵产品的信心。因此,更多明智的消费者愿意选择高能效的产品。

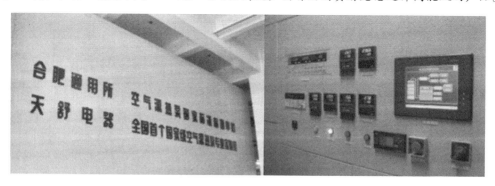

天舒空气能坚持"以科技为先导",致力于研发生产更高能效的空气能热泵产品。如何

实现蒸发器不结霜,如何尽快化霜,如何实现自清洁功能,如何提高换热效果及换热器防结构等问题成为天舒研发团队需要攻克的重要课题。从2006年开始,天舒空气能研发团队经过两年的研发,终于实现了天舒空气能热泵产品在有灰尘的环境中自清洁、自去污、不结垢功能,实现了在系统的内部匹配,实现冷媒流道均匀除垢和冷媒流动中高效换热,实现了天舒空气能热泵产品内部换热器与翅片换热器的无阻隔大面积换热,实现了产品高能效使用。

空气能热泵产品要区别于空调产品。空调产品的循环换热系统是全封闭的,采用高清洁度的水或冷热媒介质换热,换热器内部不易结垢。而空气能热泵热水器的换热环境是全开放的,水箱内部的水会是来自全国不同地区不同水质的水,甚至可能是含钙率较高的地下水。天舒空气能两器研究所自2004年开始就对这个问题进行了技术攻关,第一代天舒空气能热泵产品使用的是板式换热器,第二代使用的是套管换热器,而从2008年开始,天舒空气能热泵产品使用壳管式换热器。公司重新设计了换热器的内部结构,把原先"内氟外水"的结构改为"内水外氟"的结构。同时换热器内部铜管由天舒公司自主生产,电脑数码加工,形成凹凸不平的换热面;设计使用回旋涡流装置,既提高了换热面积,又提高了换热过程中水流冲击的去污能力。经过天舒科研人员的对比计算和实验结果显示,这种换热产品比同类的板式换热器、套管式换热器提高换热效率25%以上。2008年开始使用这种天舒设计的高效壳管式换热器后,天舒公司的热泵产品最低能效也超过了国家节能产品COP = 1:4.4的要求。在中国新一轮能效标识的强制要求下,天舒的每一款产品都能达到国家二级能效标准以上,大部分产品都达到一级能效标准。

然而,技术发展日新月异的今天,精益求精、追求卓越的精神是不能止步的。消费者的要求、市场的门槛、国家的标准只会越来越高。因此,天舒两器研发队伍持之以恒,决心将产品换热器的换热效果在原有基础上再提高10%。经过近四年的技术攻关,天舒公司研发了新型换热器。这种换热器采用双螺旋结构,换热面积又增加了15%左右,盘管紧凑,可以保证冷媒充分换热,且体积更小,可以节省产品整体设计空间。这样,这种换热器的换热效率就比原先设计的换热器又高出15%,超出原先10%的研发改进目标。另外,这种换热器可以在水流过程中实现自清洗的功能,完成了换热器产品永不结垢的革命性创新。即使在水质差、高污染的地区,天舒的产品使用多年后也不会结垢,换热效果没有任何下降。该换热器产品已经获得了两项国家发明专利(专利号:ZL200710036954.8,ZL201010277324.1)和四项国家实用新型专利(专利号:ZL200920075444.6,ZL201220452133.9,ZL201220453526.1,ZL201220453541.6)。同时,天舒公司也在积极的申报欧盟专利和美国专利,欧美很多相关企业希望通过技术合作的方式与天舒空气能共同生产这种高效换热器产品。

这种换热器的诞生,标志着天舒公司技术研发水平进入一个新的高度,标志着空气能热泵热水器应用史上新的创新,新的革命。天舒公司总经理王天舒笑言:"我们把这种高效换热器命名为'天舒高效原子弹换热器',它会像一颗原子弹在行业内腾起漂亮的蘑菇云!"

天舒空气能两器研究所花费近1 500万的资金研发出天舒高效原子弹换热器,填补了国内空气能热泵产品换热器技术领域的空白,达到国际领先水平。天舒高效原子弹换热器的诞生为中国热泵热水器产品更高能效的提升,为中国节能环保事业,为整个热泵行业的发展做出了巨大的贡献。天舒王总表示,天舒公司在未来5年内将投入2 000万的研发资金,对该产品进行更深度的研发,以满足完全产业化的生产需求。

项目三　热工测试技术

任务一　热工测试简介

> **任务提要** ....

本任务主要介绍测试、热工测试的意义,热工测试技术的测量方法和测量手段,热工测试工作的任务,热工测试技术研究对象的性质。

> **任务要求** ....

(1)熟悉热工测试的意义。

(2)理解热工测试技术的测量方法和测量手段。

(3)掌握热工测试的工作任务。

一、测试的意义

人类进入 21 世纪,随着科学技术的迅猛发展,人类社会已从工业化社会推进到信息化社会,对于各种信息的检测、转换、存储和加工的技术显得日益重要。以检测、转换为主要内容的"测试技术"已形成一门专门的科学技术。作为认识客观世界必不可少的现代化手段,依靠各种先进的测量方法对工业过程实现自动控制,通过准确测量提供的可靠数据进行各种复杂的科学实验。即使在计算机和计算科学飞速发展的今天,各种数学模型和数值计算结果也需要测量提供的数据进行验证。

"测试"包含着测量和试验两个内容。测量是人类认识客观事物本质不可缺少的基本手段。它将被测系统中的某种信息,如运动流体的速度、压力、流量、温度检测出来,并加以量度。试验则是通过某种人为的方法,把被测系统本身存在的许多信息中的某种"有用"信息,用专门的装置人为地把它激发出来,以便检测。总之,现代科学技术的发展离不开测试技术,测试技术的发展也离不开现代科学技术。测试技术在现代科学技术中占有重要位置。

二、热工测试的意义

1. 热过程和热传递现象

热过程和热传递现象可以说无处不在。在工业生产中,如火力发电的锅炉、汽轮机、热力系统等;钢铁厂的炼钢、炼铁、轧钢;石油化工企业的裂解、分馏;水泥厂的烧结、烘焙等生产过程都存在着热过程或热传递现象;同时在热物理现象的科学研究,如强化传热、生物力学、航天卫星、农业气象、人工温室、太阳能利用等诸多机理性研究中大量地存在着热过程或热传递现象。由于温差必然发生换热;由于流动必然会有速度;由于存在梯度,就会产生迁移;这一切按系统归结起来无一例外地可分为燃烧、加热或冷却、流动、热力循环等热物理过程。

对于如此众多的热工对象和复杂的热工过程,必须有专门的测试技术去研究、掌握它。

2. 典型的热力生产过程——火力发电厂生产过程

火力发电厂的生产过程是典型的热力过程之一。要保证发电厂安全、连续、经济运行和产品质量,就必须对热力过程中的热工参数进行测量,并靠监测和控制进行保证。

在热力生产过程控制系统中,测量是控制系统中的主要组成部分。依靠测量输出的信号,火力发电厂整个控制系统才能进行自动调节、程序控制、热工信号和连锁保护。

随着现代化热力发电厂日益向大容量、高参数发展,热工检测项目有上百个,测点多达千余个。这些热工参数不仅包括温度、压力、流量、液位分析、烟气分析外,还包括汽轮机的振动幅值测量、偏心度测量、轴位移、缸体膨胀、差胀等位移测量,转速测量及煤的称量等。遍布汽轮机、锅炉及附属设备各个部位。

图 3.1.1 以锅炉和汽轮机系统为例,给出了主要测点概况。据统计 200 MW 机组的测点数约为 600 个点。按照工艺过程的需要,检测到的信号做不同的处理,适应不同的用途。测点④用于测量汽包水位,作为调节给水量的主信号,是保证电厂安全生产的主要信号。分析主蒸汽含盐量信号测点⑫,测量主蒸汽温度测点⑬,压力测点⑭,流量测点⑮是为监视中间产品——蒸汽的质量和数量;测点⑲用于测量排烟温度,对了解锅炉设备的经济性及尾部受热面是否有结露有参考作用。

3. 现代化的热工测试技术

测试技术是一种随着现代技术发展而发展的技术。现代科学和技术的发展离不开测试技术,对测试技术不断提出新的要求,从而刺激着测试技术向前发展。另一方面各种学科领域的新成就,如新揭示的物理和化学原理、新发现的材料、新的微电子学和计算机技术等常常首先反映在测试方法和测试仪器设备的改进中。测试技术总是从其他关联的学科吸取营养而得以发展。

热工测试技术也与其他测试技术一样,一方面随着人们对自然界热现象认识的加深,需要测试提供更多、更准确、更可靠的数据;而另一方面,新技术、新材料、新工艺的引入,大大丰富了热工测试的技术和手段。

在热工参数的测量中,各种测量中的静态测量(被测量不随时间而变化)已愈来愈显示出其局限性。现代热物理过程的研究和热工过程都要求对动态量(被测量随时间而变化)加以测量。例如,由稳定的温度测量到脉动温度测量;由稳定的压力测量到变化频率上千赫兹的脉动压力测量;由稳定的速度测量到脉动速度的测量,等等。往往一个热工测试项目,就有上千个高频率的动态量,并需要远距离采集和实时控制。

现代化的热工测试技术由原来单一的力学测量方法(机械测量方法),进而发展成为电学测量方法(非电量的电量测试方法)和光学、声学等现代测试方法。由原来单一的用一次仪表读取数据,到现在的大量运用传感器技术、微电子技术和计算机技术组成的"实时"自动测试系统。其高精确度、高灵敏度、高响应速度,以及耗能少、结构小,可以连续测量,自动控制等特点,使热工测试技术产生了革命性的变化,达到以往测试中无法达到的水平。

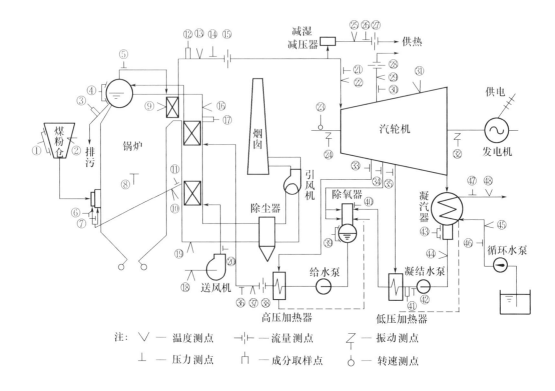

注：∨ — 温度测点　⊣⊢ — 流量测点　↯ — 振动测点
　　⊥ — 压力测点　⊓ — 成分取样点　○ — 转速测点

图 3.1.1　火力发电厂机、炉系统示意和测点举例
①④㊴㊸—料位测点；②⑨⑩⑬⑯⑱⑲㉒㉕㉙㉛㊲㊹㊺㊽—温度测量点；
③⑫⑰㊶—成分分析取样点；⑤⑥⑦⑧⑪⑭㉑㉖㉚㉝㉞㉟㊱㊷
㊻㊼—压力测量点；⑮㉘㉝—流量测量点；㉓—转速测量点；㉔㉜—振动测量点

三、热工测试技术的测量方法和测量手段

1. 测量方法

测量方法取决于测量对象与测量要求。

(1)直接测量与间接测量

直接测量　用仪器、仪表测量,对读数不需做任何运算就可得到测试结果。其特点是简单、迅速,但精度较低。适用于要求较低的静态量的测量。例如用玻管式温度计测量流体温度,用弹簧管压力表测量管道中流体的压力等。

间接测量　测量与被测物理量有确定函数关系的量,由函数关系表达式运算,得到所需的被测物理量。其特点是精度较高,如热力过程的内能 U,焓 I,熵 S 的测量,需要测量热力系统的压力 p、温度 t、比热容 v。如测量电工学中的导体电阻率 ρ,需测量导体的几何参数:直径 d,长度 l 和电阻 R,通过 $\rho = \pi d^2 R/(4l)$ 计算即可得到。

(2)接触测量与非接触测量

接触测量　仪器、仪表的敏感元件(如温度计的感温包、热线风速仪的热线等)必须与被测对象接触。

非接触测量　一般是采用光学测量原理。由于不与被测对象接触,从测量方法上避免了对被测物理场(如温度场、速度场等)的干扰,消除了由于"接触"而带来的方法误差。

（3）稳态测量与动态测量

稳态测量　在测量的时间域内，被测热物理量不随时间变化或随时间变化十分缓慢。这种测量被认为是稳态测量，也叫静态测量。

动态测量　被测热物理量在测量的时间域内随时间变化很快。在现代热工测试中动态热物理量的测试将成为测试内容的主要部分。

（4）手动测量与远动、运动、自动测量

手动测量　手动采集测量数据，目测读取被测热物理量。显然，这种测量方法仅适合静态测量。

远动、运动、自动测量　对于日益深入研究的热物理量现象、复杂的被测对象、众多的热物理量，只有采用"实时采集""实量储存"的现代热物理测试技术才能满足测试要求。

（5）点的测量与场的测量

点的测量　在测量的空间域内，某个被测物体上某一点的温度，某个被测流体某处的速度等。对研究被测对象的热物理过程，点的测量有相当的局限性。

场的测量　在测量的空间域内，对整个热物理过程实施场的测量。如温度场的测量采用热成像技术和激光干涉测量技术；速度场、浓度场等的测量采用现代流动显示技术。

（6）单纯测量与组合系统测量

单纯测量　最基本的单一方法，测量后的后续工作需后一步完成。

组合系统测量　将微电子技术、计算机技术、控制技术、传感器技术等的应用有机地组合起来，拓展了功能。使测量、控制、诊断及图像显示、误差处理、分析融为一体，真正体现了"现代测试技术"。

2. 测量手段

"工欲善其事，必先利其器"。在测试技术飞速发展的今天，由直接测量发展到间接测量；由接触式测量向非接触式测量发展；由静态测量发展到动态测量；由手动测量发展到远动、运动、自动测量；由点的测量向场的测量方向发展；由单纯的测量发展到组合系统的测量。现代科学技术的发展与进步，使得众多新技术，如计算机、激光、红外技术、系统分析技术、信号处理技术、图像处理技术大量应用于热工测试领域中，将热工参数转换成各种其他的物理量（如：力学量、电学量、声学量、光学量等）进行检测。开辟了热工测试技术新的领域，注入了许多新的内容。因此，热工测试技术的测量手段已经突破了传统热工测试的模式，成为一个集"声、光、热、电……"多种手段相互交叉的综合技术。

（1）力学测量手段

力学测量手段是将被测物理量转换成力学量加以测量。在热工参数的检测中，可将热工参数转换成位移、压缩、膨胀、拉伸、扭矩等力学量进行测量。如弹簧管式压力计，利用弹性敏感元件在被测量物理量——压力的作用下，产生弹性变形后的位移指示出的数值，达到测量压力的目的。同样，利用物质的热膨胀性质与温度的关系为基础制作的膨胀式温度计，将被测物理量——温度转换成感温液体体积与充液物体体积变化的差值，达到测量温度的目的。

力学测量手段简单、直观，易于操作，但测量精度差。对于随时间变化很快的被测物理量，从测量原理、测量精度、测量数据上讲，力学测量手段显然有所不适应。

（2）电学测量手段

电学测量手段是将被测物理量转换成电学量加以测量。电学测量手段，又称为非电量

的电测技术。该技术是将被测的热物理量转换成了与之有确定对应关系的电学量之后,再进行测量的一种手段。

①电学测量手段的基本测量原理

在利用电学测量手段来测量热物理量时,首先必须将输入的被测物理量通过与之相匹配的传感器转换成电学量输出而进行测量,如图3.1.2所示。

$$\text{被测热物理量} \longrightarrow \boxed{\text{传感器}} \longrightarrow \text{电学量}$$

(如压力、温度、速度等)　　　(如电流、电压、电阻、电容、电感、电磁等)

图3.1.2　电学基本测量原理

这里所说的传感器,从广义的角度来讲,是一种感受被测物理量,利用各种不同的物理效应,将被测物理量转换成易于测量、传输、转换的电学量的装置或器件。其信号变换形式如图3.1.3所示。

$$\text{被测热物理量} \rightarrow \text{传感器的各种物理效应} \left\{\begin{array}{l} \text{压电效应} \\ \text{压磁效应} \\ \text{压阻效应} \\ \text{热电效应} \\ \text{热磁效应} \\ \text{热电磁效应} \\ \text{应变效应} \\ \text{光电效应} \\ \text{热阻效应} \\ \text{磁阻效应} \\ \text{霍尔效应等} \end{array}\right\} \rightarrow \text{电学量}$$

图3.1.3　传感器基本信号变换形式

②电学测量手段的优点

随着微电子技术、半导体技术、计算机技术、控制技术的发展,电学测量手段的传感器技术发展日益成熟,对各种热物理量采用电测技术的手段,具有以下主要的优点:

a.在极宽的被测振幅范围内能比较容易地改变仪器的灵敏度,并且有较宽的全量限。

b.有极宽的频率测量范围。在此频率域内,测试仪器惯性较小,动态特性和动态响应特性好。不仅能测量随时间变化很慢的物理量,也可以测量随时间变化较快的物理量。

c.由于输出信号为电信号,这使得信号加工、处理、传输、控制变得容易。这就可以实施远距离的自动测量。

d.对测量结果可实施数字显示和进行数据处理,便于自动控制和分析。

(3)光学测量手段

在流体力学、传热传质学和燃烧物理学中,常常需要对速度场、温度场和浓度场进行有关的测量和研究。在工业上广泛应用的各种燃煤、燃油锅炉、加热炉及窑炉燃烧系统,内燃机、柴油机、燃气轮机的燃烧系统,金属焊接与等离子喷涂以及国防工业中的爆炸、爆燃等实验中,都要求对其过程中的燃烧火焰温度进行测量。常规的接触式的测量方法往往因火焰温度太高(如:氧-乙炔火焰温度为3 060~3 135 ℃,氧-氢火焰温度为2 500~2 700 ℃,而有些低温等离子体温度可高达500 000 ℃)而无法测量。

热物理量的光学测量技术是近几年发展起来的一门全新的测试技术。它是利用热物理量所引起光学性质的变化来度量出该热物理量。或者更广泛地说是用光学手段来测量热物理量。

①光学手段测量原理

由于流体折射率和流体的密度存在着一定的函数关系。而流体的密度又与其温度、压力、成分、浓度和马赫数等具有确定的函数关系。所以用光学诊断手段可以对流体的热力学状态参数,如温度和密度等参数的空间分布进行定性和定量的测量。

利用温度高于绝对零度的所有物体都会向外发射热辐射能的原理,通过测量物体发射的辐射能大小来度量物体的温度。这种测量温度的辐射学方法采用的是光学测量手段达到测量的目的。

利用运动流体中的微粒对光的散射作用。将激光束照射在流体上,测速系统中的光检测器接受微粒散射的光学量,经过两次多普勒频移和数字信号处理系统可得到流体的运动速度。

②光学测量手段的优点

a.非接触测量。采用光学手段进行测量,不会对被测物体的温度场、速度场、密度场等产生干扰引发"畸变",带来误差。同时可对远距离物体、高速运动的目标、带电物体以及无法接触的目标进行测量。

b.动态、实时测量。光学测量手段的基本宗旨是将被测物体的热物理量转换为光学量输出,其传播速度就是光的速度。所以它所测到的热物理量正是被测对象在该时刻的热物理量,几乎没有滞后时间。

c.场的测量。在近代流体力学研究中,对于紊流的形成和发展、分离流动、旋涡运动和高速流动中黏性、非黏性干扰等各种复杂的流动现象需要深入研究。对于作为热动力状态变化的火焰和热辐射进行燃烧和热传导研究及其他的热物理现象的研究,都需要对被测物体所呈现的状态进行时间域和空间域的测量。研究某一时刻该物体一切点的热物理量分布称为热物理量的测量。如温度场、速度场等。

d.可视化技术。采用光学测量手段可以直观地显示现象。由直观的感性观察,到获得定量化的图像,得到清晰、准确的物理概念,从而提出描写测量过程的数字物理模型。

四、热工测试工作的任务

一般意义上讲,测试工作是人们用专门的技术手段(技术是指具有深厚的数学、物理及相关专业的理论基础,需要多种学科知识的综合运用),运用一定的仪器、仪表(运用技术,组成系统),靠实验结果的后续,找到被测量的量值和性质的过程。

测试工作是为了获取相关研究对象的状态、运动和特征等方面的信息。对于热物理过程,信息是其客观存在或内、外部运动状态特征的反映。信号则是信息的载体。为了获取有用的信息,如何设计试验或检测方案以最大限度地突出所需要的信息,并以比较明显的信号形式表现出来,这无疑是测试工作的首要任务。在测试中,哪些信息是可以直接检测的,哪些信息需要由外界激励得到系统响应才能测试得到,这需要对测试对象进行分析。

在获取信息的过程中,被研究对象的信息量总是非常丰富的。测试工作不可能也不需要获取该事物的全部信息,而是力求用最简捷的方法获得和研究与任务相联系的、最有用的、最能反映和表征事物本质特征的有关信息。在这里,则是根据一定的目的和要求,限于获取有限的、观察者感兴趣的某些特定信息。例如研究一支普通的热电偶用以测量某一动态温度时,我们感兴趣的是热电偶的时间常数以及系统的响应程度。可以通过对热电偶施加一定的激励而观察它的响应。这时,我们不用去研究热电偶材料的微观表现。而当我们要研究热电偶特性和材料的均匀性时,有关材料的性质和缺陷的信息又是非常重要的了。

另外在被测事物众多的信息面前,往往需要找出反映事物的主要特征的信息,而忽略其他一些次要的、不代表事物特征的信息,从而突出事物的主要信息。例如在接触式测温的误差分析中,对于低速高温气流的温度测量时,传热误差与速度误差相比,占据重要位置,误差的修正应从前者入手。而在高速低温的气流温度测量时,速度误差的修正又上升为主要矛盾。如此种种例子,则需灵活分析。

信号是信息的载体。信息总是通过某些物理量的形式表现出来,这些物理量就是信号。从信号的获取、变换、加工、传输、显示和控制等方面来看,以电量形式表示的电信号最为方便。这点在后面还要阐述。

信号中虽然携带信息,但是信号中既含有我们所需的信息,也常常会有大量不感兴趣的其他信息,后者统称干扰。相应对信号也有"有用"信号和"干扰"信号或"噪音"的提法,但这是相对的。在一种场合中,我们认为是干扰的信号,在另一种场合却可能是有用的信号。例如齿轮噪声对于工作环境是一种"污染"。但是齿轮噪声是齿轮传动缺陷的一种表现,因此可以用来评价齿轮的运行水平并用做故障诊断。测试工作者的一个任务就是需要从复杂的信号中去伪存真,排除干扰提取有用的信息。

五、热工测试技术研究对象的性质

热工测试技术是热能与动力工程专业学习的主要内容之一。其主要学习任务是在了解力学测试技术的基础上,进一步学习热工测试技术中的电测技术和光测技术的基本原理和测试方法。掌握一定程度的热工实验测试技能;熟悉实验数据的整理方法和测量误差的分析方法。同时对先进测试技术有个初步了解。为培养学生解决工程问题和科学实验研究能力打好基础。

热工测试技术学习的基本要求:

①熟悉温度、压力、流速等热物理量的力学测量方法;掌握温度、压力、流速等热物理量电测法和光测法的基本原理。正确使用热工测试实验研究中的测试仪表。

②测试技术是本课程的重点,应了解各种热物理过程研究对测试的要求以及为满足测试要求所采用的合理措施和提高测量准确度的方法。

③掌握静态测量的基本内容。初步能运用动态测量的基础知识,进行热物理量过程的动态性能测试和了解热物理量空间分布的测量方法。

④初步了解激光测量技术的应用。

⑤通过一定量的实验,掌握基本的应用测试技能,学会误差分析方法,并能正确地处理实验数据。

任务二 压力测试技术

> **任务提要** ....•

本任务主要介绍液柱式压力计、弹性式压力计、电气式压力计、活塞式压力计,以及压力计的选用、校验和安装。

> **任务要求** ....•

(1)熟悉几种典型压力计的结构特点。

(2)掌握压力计的选用、校验和安装要点。

压力是指流体在单位面积上的垂直作用力,运动着的流体压力是指流体的滞止压力,即静压力和动压力之和($P = P_i + P_d$)。动压力 P_d 在流体流动速度低于 60 m/s 时,可由下式计算

$$P_d = \frac{W^2 \rho}{2} \tag{3.2.1}$$

若流体在高速($M = W/a > 0.2$,a 为该介质中的声速)运动时,则动压力应按下式计算

$$P_d = P_i \left[\left(\frac{W^2}{2} \cdot \frac{1}{RT} \cdot \frac{\kappa - 1}{\kappa} + 1 \right)^{\frac{\kappa}{\kappa-1}-1} \right] \tag{3.2.2}$$

式中　P——流体总压力,Pa;

　　　P_i——流体静压力;

　　　P_d——流体动压力,Pa;

　　　W——流体流速,m/s;

　　　κ——被测介质的绝热指数,蒸汽为 1.3,空气和双原子气体为 1.4,单原子气体为 1.67;

　　　R——介质的气体常数;

　　　T——被测介质的绝对温度,K;

　　　ρ——被测介质的密度,kg/m³。

随着科学技术的不断发展,及时准确地进行压力测量是电力、化工、纺织等工业生产和科学研究能够顺利进行的必要保证。

压力测量的仪表简称压力表或压力计。它按不同的用途和要求,可以有指示型、记录型或带有远传变送、报警调节等装置。

目前我国推行国际单位制,但是由于过去一贯使用工程单位制,在过渡时期两种单位制将同时存在。

在压力测量中,常有表压、绝对压力、负压或真空度之分。工业上压力测量的指示值均为表压。所谓绝对压力值即为表压和大气压力之和。低于大气压力的压力值称负压或真空度。

根据测量原则的不同,压力测量仪表可分为下列四大类:

1. 液柱式压力计;

2. 弹性式压力计;

3. 电气式压力计;

4. 活塞式压力计。

压力计的精度等级有 0.005,0.02,0.05,0.1,0.2,0.35,1.0,1.5,2.5,4.0 等 10 个级别,一般 0.35 级以上的压力计作为校验用的标准压力计,1.0 级以下的压力计作为生产测量用。

一、液柱式压力计

液柱式压力计以流体静力学原理为基础,用水银、水或酒精作为工作液,用于测量低压,负压或真空度。

1. U 型液柱式压力计

U 型液柱式压力计,是最简单而又能准确的测量压力、负压和压差的仪表。如果 U 型管一端通大气,另一端接通被测压力,这时便可测知左右两管中的液体液位差 h 来测得压力值,如图 3.2.1 所示。

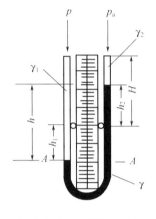

图 3.2.1　U 型管压力计

根据流体静力平衡原理可知,在 U 型管截面上,左边被测压力 p 作用在液面上的力被右边一段高度为 h 的液柱和大气压力 p_a 作用在液面上的力所平衡,即

$$(\gamma_1 h + p)A = (h\gamma + p_a)A$$

式中　A——U 型管内孔截面积,m^2;

　　　γ——U 型管内所充工作液重度,N/m^3;

　　　γ_1——U 型管内工作液面上流体的重度,N/m^3;

　　　p_a——大气压力,N/m^2;

　　　h——U 型管左右两液柱的高度差,mm;

　　　p——被测压力,N/m^2。

由上式可得

$$h = \frac{1}{\gamma - \gamma_1}(p - p_a) = \frac{1}{\gamma - \gamma_1}p_b \qquad (3.2.3)$$

式中 p_b 为表压,N/m^2。

由式(3.2.3)可见,U 型管两边液柱的高度差 h 与被测压力的表压成正比。比例系数 $\frac{1}{\gamma - \gamma_1}$ 取决于工作液与被测流体的重度差,U 型压力计的工作液常用酒精、水、水银、四氯化碳等,取用何种工作液要视被测压力的大小和被测流体的性质而定。U 型压力计的测量准确度和读数标尺的精度、U 型管径粗细的均匀性、工作液的毛细管作用以及压力计的安装等诸因素有关。

当工作液与压力计管壁接触时,液体分子与固体分子间有一相互附着力,当附着力大于液体分子间的内聚力时,液面出现向下凹的现象,此时读数应以凹面的最低点为基准。当附着力小于液体分子的内聚力时,液面有出现向上凸的现象,此时读数以凸面的最高点为基准。见图 3.2.2。

该种压力计在安装时必须使左右两管和水平面保持垂直，否则会造成较大的测量误差。

2. 单管液柱式压力计

U 型液柱式压力计在使用时需要进行二次读数，容易带来较大的误差，如果将 U 型压力计中的一根管改为大直径的杯，即成为单管液柱式压力计，如图 3.2.3 所示。

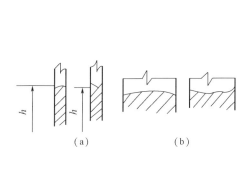

图 3.2.2　液封表面形状

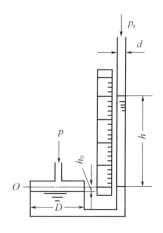

图 3.2.3　单管压力计

单管液柱式压力计的工作原理和 U 型液柱式压力计相同，只是左边杯子内径 D 远远大于右边管子内径 d。左边杯内工作液体积的减少量始终与右边管内工作液体积的增加量相等，所以左边杯内液面的下降远远小于右边管内液面的上升（即 $h_0 < h$），因为

$$\frac{\pi}{4}D^2 h_0 = \frac{\pi}{4}d^2 h$$

或

$$h_0 = \frac{d^2}{D^2}h$$

则被测压力的表压值和液柱高度差值的关系可写成

$$h\left(1 + \frac{d^2}{D^2}\right) = \frac{p_b}{\gamma - \gamma_1}$$

$$h = \frac{p_b}{(\gamma - \gamma_1)\left(1 + \frac{d^2}{D^4}\right)} = K p_b \qquad (3.2.4)$$

式中 K 为比例系数。

由于 $D \gg d$，所以 $K \approx \frac{1}{\gamma - \gamma_1}$，这样就只需进行一次读数，即可得知被测压力值。例如：当 $D = 100$ mm，$d = 5$ mm 时，则

$$K = \frac{1}{\left(1 + \frac{d^2}{D^2}\right)(\gamma - \gamma_1)} = \frac{1}{1.002\,5(\gamma - \gamma_1)} \approx \frac{1}{\gamma - \gamma_1}$$

可见在测量精度要求不太高时，只需以 $\frac{1}{\gamma - \gamma_1}$ 修正（所引起的误差只有 0.25%）就行，只在高精度测量时才需以 $\frac{1}{\left(1 + \frac{d^2}{D^2}\right)(\gamma - \gamma_1)}$ 修正。

3. 斜管微压计

当所测压力(或压差)很小时,测量管中的液位变化量较小,为了减少读数误差,将垂直测量管倾斜放成一定的角度,使测量管中液位变化增大,从而达到测量微小压力的目的。如图 3.2.4 所示。

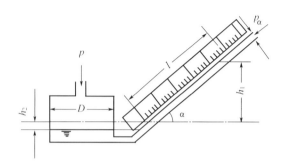

图 3.2.4   斜管微压计原理

假设斜管的倾斜角度为 α,在所测压力的作用下,测压管内的液面在垂直方向升高一定的高度 h_1,而容器内的液面下降 h_2 高度,则两液位的高度差为

$$h = h_1 + h_2 \tag{3.2.5}$$

式中 $h_1 = L\sin\alpha$。

由于 $LF_1 = h_2 F_2$,所以 $h_2 = L\dfrac{F_1}{F_2} = L\dfrac{d^2}{D^2}$。经整理得

$$h = L\left(\sin\alpha + \frac{d^2}{D^2}\right) \tag{3.2.6}$$

或

$$\frac{h}{L} = \sin\alpha + \frac{d^2}{D^2}$$

从式 3.2.6 可以看出,当 α 越小时,测量同样大小的压力,读数标尺上 L 越大。因此,使测压计的灵敏度增加,α 角越小,仪表的灵敏度越大,但测量限度越小。但 α 角不能太小,因为 α 角太小时,管内液面拉得太长,使读数不易准确,反而会造成较大误差。

在有些微压计上有 1/2,1/5,……小孔,它表示测压管的斜度,即 $\left(\sin\alpha + \dfrac{d^2}{D^2}\right)\sqrt{0.81} = 1/2$……斜管微压计可以与测速元件配合,测量流体的速度。

二、弹性式压力计

弹性式压力计是用各种弹性元件作为感受件,以弹性元件受力后的反作用力与被测压力平衡。此时弹性元件的变形就是被测压力的函数,可以用测量弹性变形(位移)来测得压力。

目前普遍使用的弹性元件有三类:一是薄膜式(包括膜盒式),二是波纹管式,三是弹簧管式。各种弹性元件的形式和特性见表 3.2.1。

表 3.2.1　弹性元件的结构特性

类别	名称	示意图	测量范围/MPa		输出量特性	动态性质	
			最小	最大		时间常数/s	自振频率/Hz
薄膜式	平薄膜	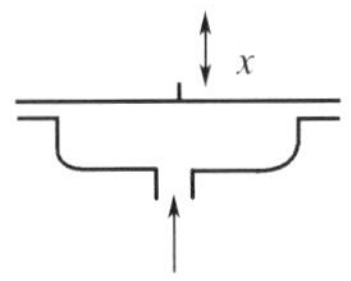	$0\sim10^{-2}$	$0\sim10^{2}$	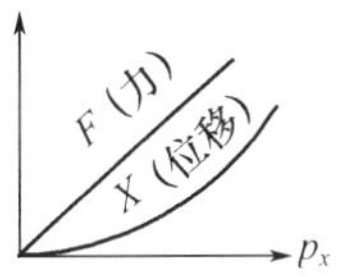	$10^{-5}\sim10^{-2}$	$10\sim10^{4}$
	波纹膜	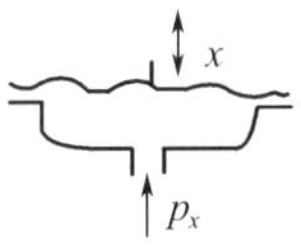	$0\sim10^{4}$	$0\sim1$	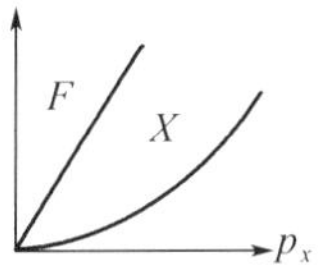	$10^{-2}\sim10^{-1}$	$10\sim100$
	弹性膜	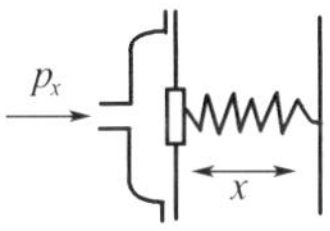	$0\sim10^{-3}$	$0\sim0.1$	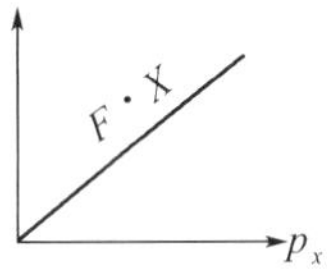	$10^{-2}\sim1$	$1\sim100$
波纹管式	波纹管	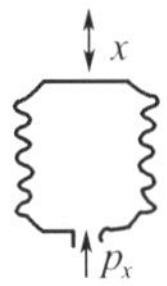	$0\sim10^{-5}$	$0\sim1.0$	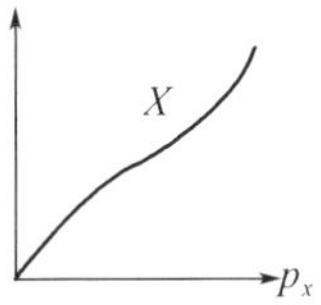	$10^{-2}\sim10^{-1}$	$10\sim100$
弹簧管式	单圈弹簧管	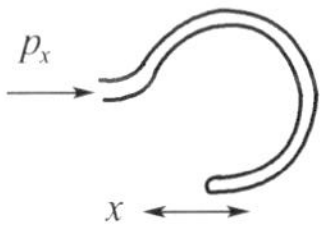	$0\sim10^{-4}$	$0\sim10^{3}$	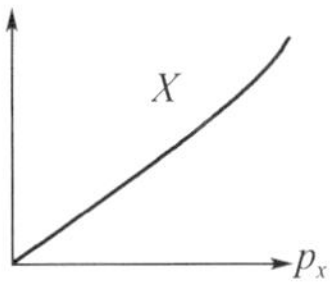		$100\sim1\,000$
	多圈弹簧管	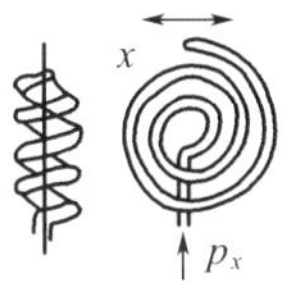	$0\sim10^{-5}$	$0\sim10^{2}$	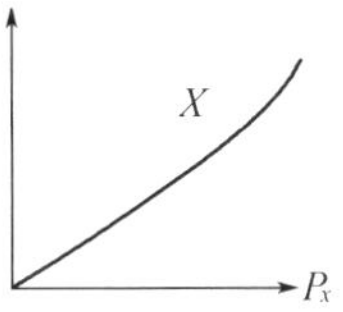		$10\sim1\,000$

　　由表3.2.1可以看出,各种弹性元件的测量范围几乎包括所有常用压力,其输出参数(应力或位移)全部或部分地与被测压力成比例关系。因此仪表可得到线性的标尺。所有弹性元件都有良好的动态特性,其时间常数和自振频率可适应通常热力过程自动调节的要求,所以弹性元件常被作为自动调节器的感受元件。

　　对于脉动频率较高的压力来说,弹性元件是不适用的,弹性元件的品质在很大程度上取决于材料的性质和加工的质量。一般弹性元件要求使用比较特殊的合金材料,也要求进行严格而复杂的热处理。

　　1. 膜盒式微压计

　　膜盒式微压计在工业上被广泛用来测量空气和烟气的压力或负压。它的结构和工作原理如图3.2.5所示。

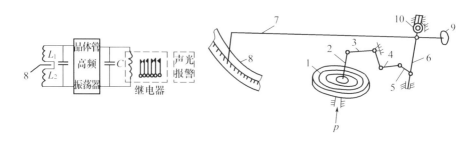

图 3.2.5 膜盒式微压计结构图

1—膜盒;2—连杆;3—铰链块;4—拉杆;5—曲柄;6—转轴;7—指针;8—面板;9—金属片;10—游丝

膜盒式微压计是采用金属膜盒作为压力–位移转换元件。被测压力 p 对膜的作用力为膜盒弹性变形的反力所平衡。膜盒数在压力 p 作用下所产生的弹性变形位移由连杆 2 输出,使铰链 3 做顺时针偏转,再经拉杆 4 和曲柄 5 拖动转轴 6 及指针 7 做逆时针偏转,在面板 8 的刻度标尺上显示出被测压力的大小。游丝 10 用以消除动间隙的影响。由于膜盒位移与被测压力成正比,因此仪器具有线性刻度。

此外,这一类微压计还附有被测压力低于下限或高于上限给定值的声光报警,它的电子线路和装置是一个晶体管高频率振荡器。通过压力指针 7 尾部的金属片 9 出入振荡线圈 L_1L_2 之间,使得振荡器停振或起振,从而控制下限或上限,继电器动作断开或接通声光报警线路,实现下限(或上限)的报警作用。

2. 波纹管式压力计

波纹管式压力计也常被用来测最低压力和负压,采用带有弹簧管的波纹管作为压力–位移的转换元件,它的结构原理如图 3.2.6 所示。

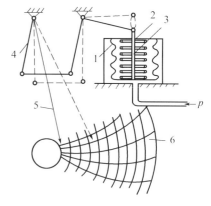

图 3.2.6 波纹管式压力记录仪

1—波纹管;2—弹簧;3—推杆;
4—连杆机构;5—记录笔;6—记录纸

波纹管 1 本身具有对被测介质的隔离作用和压力的转换作用。压力 P 为作用于波纹管底部的力,被弹簧 2 所产生的弹性反力所平衡,弹簧压缩变形位移与被测压力成正比,并由推杆 3 输出,经连杆机构 4 的传动和放大,使记录笔在记录纸 6 上记下被测压力数值。

3. 弹簧管式压力计

它是一根扁圆形截面的管子,弯成中心角为 θ 的圆弧形,B 端封闭,A 端接被测压力,如将 A 端固定,则弹簧管在受内压后,其自由端(B 端)就会发生位移,位移最大为 W,如图 3.2.7 所示。这种现象简释如下:

由于管子的截面为扁圆形,其长轴为 a,短

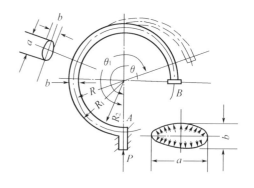

图 3.2.7 弹簧管的变形和自由端位移

轴为 b,短轴与圆弧的平面平行,即 $R-r=b$。其中 R 为圆弧的外半径,r 为圆弧的内半径。

扁圆形的弹簧管内部受压后有变圆的趋势,即长轴 a 变小,短轴 b 变大,圆弧 R 变大。当弹簧管外部受压后有变扁的趋势,即长轴 a 变大,短轴 b 变小,圆弧 R 变短。

令 R' 为受压变化后的圆弧外半径,r' 为变化后的圆弧内半径,则在变化前后的外圆弧长分别为 $R\theta$ 和 $R'\theta'$,变化前后内圆弧长分别为 $r\theta$ 和 $r'\theta'$,其中 θ 为圆弧中心角。可以近似地认为变化前后的弧长不变,即

$$R\theta \approx R'\theta', \quad r\theta \approx r'\theta'$$
$$(R-r)\theta = (R'-r')\theta'$$

于是
$$R-r=b, \quad R'-r'=b'$$

则
$$b\theta = b'\theta' \tag{3.2.7}$$

由于弹簧管受压后 $b \neq b'$,所以 $\theta \neq \theta'$,亦即弹簧的自由端 B 要发生一个角位移 $\Delta\theta(\Delta\theta = \theta'-\theta)$。

由上述可知,当内部受正压作用时 $b'>b$,$\Delta\theta$ 为负值,而当内部受负压作用时,$\Delta\theta$ 为正值。如果管截面为圆形,$b'=b$,$a'=a$,于是 $\theta'=\theta$,亦即无论弹簧管内是否受压,自由端 B 不可能有位移。这就是为什么弹簧管压力计的弹簧管要做成扁圆形截面的原因。

根据弹性变形原理可知,中心角的相对变化值 $\dfrac{\Delta\theta}{\theta}$ 与被测压力 P 成正比。其关系可以用下式表示

$$\frac{\Delta\theta}{\theta} = P\frac{1-\mu^2}{E}\frac{R^4}{bh}\left(1-\frac{b^2}{a^2}\right)\frac{\alpha}{\beta+K} \tag{3.2.8}$$

式中　μ——弹簧管材料的泊松系数;

　　　E——弹簧管材料的弹性模数;

　　　h——弹簧管壁厚;

　　　K——弹簧管的几何参数,$K = \dfrac{Rh}{a^2}$;

　　　α,β——与 $\dfrac{a}{b}$ 比值有关的系数;

　　　R——弹簧管的曲率半径。

式(3.2.8)仅适用于计算薄壁(即 $\dfrac{h}{b}<0.720\,8$)弹簧管。当其他条件相同时,$\Delta\theta$ 与初始中心角 θ 有关,$\Delta\theta$ 随 θ 的增大而增大。因此为了要增大弹簧管受压变形时位移量,可采用多圈弹簧管结构,如图 3.2.8 所示。

单管弹簧压力计的结构如图 3.2.9 所示。被测压力由接头 9 通入,迫使弹簧管 1 的自由端 B 向外扩张,自由端 B 的弹性变形位移由拉杆 2 传向扇形齿轮 3,使扇形齿轮做逆时针偏转,带动中心齿轮 4 和指针做顺时针偏转,而指

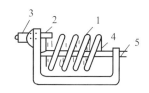

图 3.2.8　螺旋形多圈弹簧管
1—多圈弹簧管;2—引入管;3—接头;
4—杠杆套筒;5—输出轴

针的偏转度数可以通过面板 6 上的刻度读出来,该读数就是被测压力的数值。由于被测压力值和弹簧管自由端 B 的位移之间具有正比例关系,因此弹簧管压力计的刻度标尺是线性的。

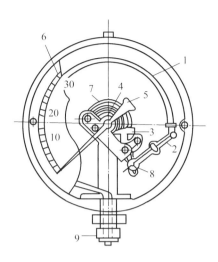

图 3.2.9 弹簧管压力计

1—弹簧管;2—拉杆;3—扇形齿轮;4—中心齿轮;5—指针;6—面板;7—游丝;8—调整螺钉;9—接头

游丝 7 是用来克服因扇形齿轮和中心齿轮的间隙所产生的误差。改变调整螺钉 8 的位置(即改变机械传动的放大系数)可以实现压力计量程的调整。

三、电气式压力计

1. 电阻应变式压力计

电阻应变式压力计是通过应变片将被测压力 P 转换成电阻值 R 的变化,再由桥式电路转换成电压(毫伏)输出信号,在毫伏计或记录仪表上显示出被测压力值。

(1)电阻应变式压力计的原理

电阻应变式压力计是将压力值转换成电阻来测量,该种压力计由传感器和检测仪两部分组成。

设有一根金属导线,长度为 L,截面积为 A,则导线电阻为

$$R = \rho \frac{L}{A}$$

当给导线施加一外力时,导线受力后会发生变形,受力变形后的导线的电阻值也发生变化。对式两边取对数,经微分得

$$\frac{\mathrm{d}R}{R} = \frac{\mathrm{d}\rho}{\rho} + \frac{\mathrm{d}L}{L} - \frac{\mathrm{d}A}{A} \tag{3.2.9}$$

取式中 $\dfrac{\mathrm{d}L}{L}$ 为轴向应变量,用 ε 表示;$\dfrac{\mathrm{d}A}{A} = -2\mu\varepsilon$ 为横向应变,u 为材料的泊松系数,则

$$\frac{\mathrm{d}R}{R} = (1 + 2\mu)\varepsilon + \frac{\mathrm{d}\rho}{\rho} \tag{3.2.10}$$

由式(3.2.10)可以看出,应变片电阻的变化是随应变片几何尺寸$(1+2\mu)$及电阻率$\dfrac{\mathrm{d}\rho}{\rho}$改变的结果。对于金属导体,由于$\dfrac{\mathrm{d}\rho}{\rho}$极小,可以忽略,因此$\dfrac{\mathrm{d}R}{R} \approx (1+2\mu)\varepsilon$。

衡量电阻片的灵敏度,通常以灵敏系数 $K = \dfrac{\mathrm{d}R/R}{\varepsilon}$ 表示。对于金属导体,$K \approx 1 + 2\mu$;对于半导体材料,$K \approx \pi E$。π 为半导体材料的压电电阻系数;E 为半导体材料的弹性模量。

2. 应变片式压力传感器

BPR -2 和 BPR -3 型膜片 - 圆筒式压力传感器, 就是其中的一种类型, 如图 3.2.10 所示。

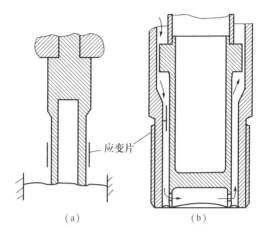

图 3.2.10 膜片 - 圆筒式压力传感器

(a) 自然冷却式; (b) 强迫冷却式

应变筒上端与外壳固定一起, 它的下端与不锈钢密封膜片紧密接触, 两片 PJ - 320 型康铜丝应变片 R_1 和 R_2 用特殊胶合剂贴紧在应变筒外壁上, R_1 沿应变筒的轴向贴放, 作为测量片, R_2 沿应变筒的径向贴放, 作为温度补偿片。应变片与筒体之间应不产生相对滑动, 并且保持电气绝缘。当被测压力作用于不锈钢膜片而使应变筒作轴向受压变形时, 沿轴向贴放的应变片 R_1 也将产生轴向压缩应变 ε_1, 于是 R_1 电阻值变小; 而沿径向贴放的应变片 R_2 由于本身受到横向压缩, 将引起纵向拉伸应变 ε_2, 故 R_2 电阻值变大。但是, 由于 ε_2 远比 ε_1 要小, 故 R_1 电阻值减小量将比 R_2 电阻增加量大。

3. 电阻应变压力传感器测量电路

电阻应变压力传感器中一般电阻应变片的灵敏度系数 K 均较小($K \approx 2$), 机械应变一般在 $10^{-5} \sim 10^{-3} \Omega$ 范围内, 故电阻应变片的电阻变化范围为 $10^{-4} \sim 5 \times 10^{-1}$, 因而测量电路应当能精确测量出这些小的电阻变化, 所以在电阻应变压力传感器中, 最常用的电路是桥式测量电路。电阻应变传感器的桥式测量电路如图 3.2.11 所示。

应变片 R_1, R_2 作为电桥中相邻的两臂, R_3, R_4 两电阻作为相邻两臂, 组合成测量电桥, 电桥 AB 端的输出电压为 u_{sc}; 从电桥 CD 端接入工作电压 u。当 4 个电阻达到某一定值时, $u_{sc} = 0$, 否则就有电压输出, 用灵敏度较高的检流计来测量, 这就实现了精确测量电阻值的微小变化量。

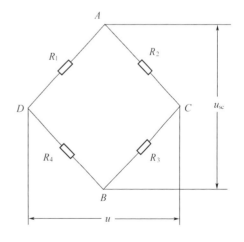

图 3.2.11 电阻应变压力传感器测量电路

在一般情况下 u_{sc} 和 u 的关系为

$$u_{sc} = \frac{R_1 R_2 - R_3 R_4}{(R_1 + R_2)(R_3 + R_4)} \cdot u \tag{3.2.11}$$

为了使测量前 $u_{sc} = 0$，只需使 $R_1 R_3 = R_2 R_4$，所以如恰当地选用各桥臂的电阻，可使输出电压只与应变片的电阻有关。在实际使用时，由于桥壁电阻变化远远小于本身值（$\Delta r_i \gg r_i$），桥负载电阻无限大时，输出电压 u_{sc} 可以近似用下式表示

$$u_{sc} = \frac{r_1 r_2}{(r_1 + r_2)^2} \left(\frac{\Delta r_1}{r_1} - \frac{\Delta r_2}{r_2} + \frac{\Delta r_3}{r_3} - \frac{\Delta r_4}{r_4} \right) u \tag{3.2.12}$$

在桥路供电压最大为 10 V（直流）时，压力传感器可以得到最大达 5 mV 的直流输出信号。传感器的非线性及滞后误差小于额定压力的 1%。

2. 电感式压力传感器

（1）自感传感器原理

当一个线圈中电流 I 发生变化，该电流所产生的磁通 Φ 也随之变化，因而在线圈本身产生感电动热 e_L，这种现象称为自感，产生的感应电势称为自感电势。由法拉第电磁感应定律可知，每匝线圈产生的感应电动势为

$$e_L = -\frac{\Delta \Phi}{\Delta t}$$

如有一线圈匝数为 w 时，则整个线圈自感电动势为

$$e_L = w e_L' = -w \frac{\Delta \Phi}{\Delta t} = -\frac{\Delta \Psi}{\Delta t} \tag{3.2.13}$$

式中 Ψ 为全磁通或磁链，其值 $\Psi = w\Phi$。

磁通 Φ（磁链 Ψ）与电流 I 成正比，其比例常数 L 称为磁感系数，或称电感，其值为

$$L = \frac{\Psi}{I} = \frac{w\Phi}{I} \tag{3.2.14}$$

因此

$$e_L = -L \frac{\Delta I}{\Delta t} \tag{3.2.15}$$

电感的单位为欧姆·秒（$\Omega \cdot s$），称为亨利（H）。由于

$$\left. \begin{array}{l} \Phi = \dfrac{wI}{\displaystyle\sum_{i=1}^{w} R_{mi}} \\[4mm] \displaystyle\sum_{i=1}^{m} R_{mi} = \sum_{i=1}^{m} \dfrac{l_i}{\mu_i S_i} \end{array} \right\} \tag{3.2.16}$$

式中 $\displaystyle\sum_{i=1}^{w} R_{mi}$——磁路的总磁阻；

l_i——第 i 段磁路的平均长度；

S_i——第 i 段磁路的截面积；

μ_i——第 i 段磁路的导磁系数；

n——磁路的系数。

将式（3.2.16）代入式（3.2.14）得

$$L = \frac{w^2}{\displaystyle\sum_{i=1}^{w} R_{mi}} = \frac{w^2}{\displaystyle\sum \frac{l_i}{\mu_i S_i}} \tag{3.2.17}$$

从式(3.2.17)可看出电感决定于线圈匝数、磁路几何尺寸与介质的导磁系数。

图3.2.12为自感传感器原理图,它是由线圈1、铁芯和衔铁3所组成。线圈套在铁芯2上,铁芯与衔铁之间有一空气间隙,空气间隙厚度为传感器的运动部分,与衔铁相连,当运动部分发生位移时,空气间隙厚度发生变化,从而使电感值发生变化。电感值变化可由下式计算

$$L = \frac{w^2}{\displaystyle\sum R_m} \tag{3.2.18}$$

式中 w——线圈匝数;

$\displaystyle\sum R_m$——以平均长度表示的磁路的总磁阻。

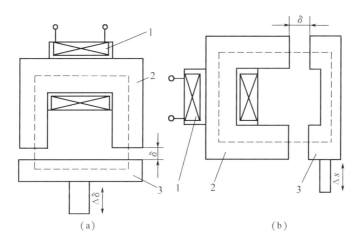

图3.2.12 自感传感器原理图

(a)变气隙;(b)变截面

1—线圈;2—铁芯;3—衔铁

空气间隙很小时,可以不考虑磁路的损失,则总磁阻为

$$\sum R_m = \sum \frac{l_i}{\mu_i S_i} + \frac{2\delta}{\mu_0 s} \tag{3.2.19}$$

式中 l_i——各段导磁体的磁路平均长度,cm;

μ_i——各段导磁体的导磁系数,H/cm;

S_i——各段导磁体的横截面积,cm²;

μ_0——空气间隙的导磁系数($\mu_0 = 4\pi \times 10^{-9}$ H/cm);

s——空气间隙截面积,cm²。

由于一般导磁体的磁阻比空气间隙磁阻小很多($\mu_i \ll \mu_0$),因此,计算时可以忽略,则式(3.2.18)可写成

$$L = \frac{w^2 \mu_0 s}{2\delta} \tag{3.2.20}$$

由上式可以看出,电感量与空气间隙厚度成反比,与空气间隙面积成正比。因此改变

空气间隙的厚度或空气间隙的面积,都可使电感量变化,如图 3.2.13 所示,为自感传感器的特性曲线。

2. 差动自感压力传感器

由于自感传感器具有难以克服的缺点,所以实际应用中常采用差动自感传感器。差动自感传感器是将两个直接自感传感器和一个公共衔铁结合在一起的一个传感器,如图 3.2.14 所示。在图 3.2.14 中,当衔铁的位移为零时,衔铁处在中间位置,两线圈电感相等,负载 Z_{fz} 上就没有电流,此时 $I_1 = I_2$,$\Delta I = 0$,输出电压 $u_{sc} = 0$。当衔铁有位移时,一个自感传感器的空气间隙增加,另一个则减小,从而使一个自感传感器的电感值减小,而另一个增加,此时 $I_1 \neq I_2$,在负载 Z_{fz} 上产生和

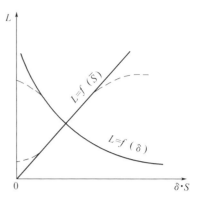

图 3.2.13　自感传感器的特性曲线

输出电压 u_{sc},其电流 ΔI 或输出电压的大小即可表示衔铁的位置,输出电压 u_{sc} 的极性的不同亦可表明衔铁的移动方向的不同。这样根据输出电压的大小和极性,就可知道自感传感器衔铁位移的大小和方向。

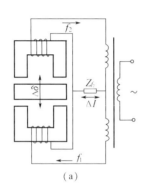 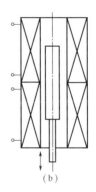

（a）　　　　　　　　　　　　　　（b）

图 3.2.14　差动自感传感器

（a）变气间隙厚度差动自感传感器;（b）螺管式差动自感传感器

差动自感传感器对于抗干扰、电磁吸力有一定的补偿作用,能改善特性曲线的非线性度。

图 3.2.15 就是 BYM 型自感压力器的结构和原理图,当被测压力 P 变化时,弹簧管的

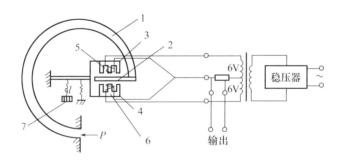

图 3.2.15　BYM 型压力传感器

1—弹簧管;2—衔铁;3,4—铁芯;5,6—线圈;7—调节螺钉

自由端产生位移,带动与自由端刚性相连的衔铁 2 移动,使传感器线圈 5 和 6 中的一个电感增加,另一个减少。线圈 5 和 6 分别装在铁芯 3 和 4 上,调节螺钉 7,用来调节传感器的机械零位,测知传感器输出信号的大小和极性,就测知压力的大小和压力的变化方向。所以这种传感器不但能测量压力的大小,也可用来测量压差。

3. 电容压力传感器

由于电容传感器有一些突出的优点,近几年来亦被应用于压力的测量。

由两平行极板组成的电容器,如果忽略其边缘效应,其电容量可由下式表示

$$C = \frac{\varepsilon_o \varepsilon_r s}{d} = \frac{\varepsilon s}{d} \tag{3.2.21}$$

式中　s——极板相互遮盖面积,m^2;

　　　d——两平行极板间的距离,m;

　　　ε——极板间介质的介电常数,F/m;

　　　ε_r——极板间介质的相对介电常数,F/m;

　　　ε_o——真空的介电常数 8.85×10^{-12},F/m。

由上式可见,在 ε_r,s,d 三个参量中,只需保持两个不变,改变其中一个,就可使电容量 C 变化,这就是电容传感器的工作原理,如图 3.2.16 所示。图中极板 1 为固定片,极片 2 为可动片,当动片 2 受被测量压力作用时,极板 2 发生位移,改变了两极板之间的距离,从而使电容量发生变化。

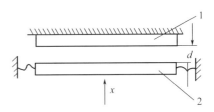

图 3.2.16　电容式压力传感器原理图
1—不动极板;2—动片

设动片 2 未动时的电容量为

$$C_0 = \frac{\varepsilon s}{d_0}$$

当动片 2 移动 x 值后,其电容值 C_x 为

$$C_x = \frac{\varepsilon s}{d_0 - x} \tag{3.2.22}$$

由式(3.2.22)可见,电容量 C 与被测量 x 不是线性关系。但是电容器的容抗 $X_C = \dfrac{1}{wc}$ 与 x 是线性关系。因此,如果电容传感器的输出为容抗时,就解决了传感器输出的线性化。

4. 振筒式压力传感器

图 3.2.17 是一种振筒式压力传感器的示意图。当忽略介质密度时,筒内外腔在任一压差作用下,由于电路开启,电干扰的冲击作用或机械扰动作用等,均通过线圈 3 和磁芯 2 给振筒壁 1 以冲击力,振筒壁 1 做自由振动。这时 1 和 5 之间的间隙发生变化,在线圈 4 中产生感应电势,经放大移相后又正反馈给线圈 3。当正反馈能量和扩散能量相等时,得到一稳定的自激振荡,其自激振荡频

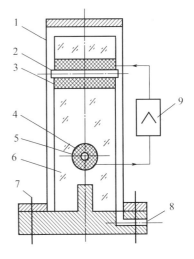

图 3.2.17 振筒压力传感器
1—振筒壁;2—激磁电磁铁磁芯;3—激磁线圈;
4—检测线圈;5—检测电磁铁磁芯;6—芯柱;
7—紧固螺钉;8—通气孔;9—反馈放大器

率接近于筒的自由振动频率(忽略了电磁影响)。当筒内外腔压差不同时,内力引起的振动反力就不同,于是自振频率也就不同,这就可以由其频率的变化量测得压差的变化量。以这种原则制成的压力计,精度可达千分之几到万分之几。

四、活塞式压力计

活塞式压力计是一种标准压力测量仪器,又是一种压力发生器,其结构如图 3.2.18 所示。

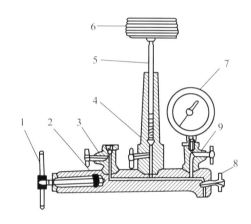

图 3.2.18 活塞式压力计

1—加压泵;2—传压介质;3—针形阀;4—活塞筒;5—活塞系统;6—砝码;7—压力表;8—手柄

活塞式压力计利用传压介质的静力平衡原理,摇动手柄 1 使螺旋压力发生器 2 前进,使管路中压力增加到 P,该压力值传给活塞 5 的底部,使其上升,若在活塞顶部的托盘 6 上加砝码,其重力和螺旋压力发生器所发生的压力达到平衡,则螺旋压力发生器所产生的力为

$$PA = W + W_0$$

式中　A——测量活塞 5 的面积,一般情况下其面积为 1 cm;

　　　W, W_0——砝码和测量活塞的重力,N。

因此

$$P = \frac{1}{A}(W + W_0) \tag{3.2.23}$$

当用来校验压力计时,螺旋压力发生器发出的压力 P,除传至活塞 5 外,同时还打开阀门 9,使压力传给弹簧压力计 7。当达到平衡时,砝码 6 的重力(由于活塞的面积为 1 cm²)就应该是压力计的指示计的校验过程。

五、压力计的选用、校验和安装

压力计的选用应根据使用要求、技术条件等具体情况来合理选择压力计的种类、型号、量程和精度级别等,压力表的分度范围及最小分度值见表 3.2.2。

1. 选用压力表的依据

(1)对压力测量的要求。例如压力测量的精度、被测压力的高低、测量范围以及要有附加装置等。

(2)被测介质的性质。如被测介质的温度高低、黏度大小、有无腐蚀性、脏污程度,是否易燃易爆等。

表 3.2.2　压力表的分度范围及最小分度值

仪表种类	工业单圈弹簧管压力表		弹簧管式标准压力表
外壳直径/mm	60	100,150,200,250	150
精度	2.5,4.0	1.0,1.5,2.5	0.4
分度范围/N/m²			
0 ~ 0.980 67 × 10⁵	0.049 × 10⁵	0.019 6 × 10⁵	0.000 49 × 10⁵
0 ~ 1.569 06 × 10⁵	0.049 × 10⁵	0.019 6 × 10⁵	0.009 805 65 × 10⁵
0 ~ 2.451 7 × 10⁵	0.098 × 10⁵	0.049 03 × 10⁵	0.009 806 65 × 10⁵
0 ~ 3.922 7 × 10⁵	0.098 × 10⁵	0.049 03 × 10⁵	0.019 613 × 10⁵
0 ~ 5.884 0 × 10⁵	0.196 × 10⁵	0.098 0 × 10⁵	0.019 613 × 10⁵
0 ~ 9.806 7 × 10⁵	0.49 × 10⁵	0.196 × 10⁵	0.049 03 × 10⁵
0 ~ 15.590 6 × 10⁵	0.49 × 10⁵	0.196 × 10⁵	0.098 066 5 × 10⁵
0 ~ 24.516 6 × 10⁵	0.940 × 10⁵	0.490 3 × 10⁵	0.098 066 5 × 10⁵
0 ~ 39.226 6 × 10⁵	0.98 × 10⁵	0.903 × 10⁵	0.196 1 × 10⁵
0 ~ 58.839 9 × 10⁵	0.961 33 × 10⁵	0.980 665 × 10⁵	0.196 1 × 10⁵
0 ~ 98.066 5 × 10⁵	4.903 30 × 10⁵	1.496 13 × 10⁵	0.490 3 × 10⁵
0 ~ 156.906 4 × 10⁵	4.903 30 × 10⁵	1.961 3 × 10⁵	0.980 66 × 10⁵
0 ~ 245.166 3 × 10⁵	9.806 65 × 10⁵	4.903 3 × 10⁵	0.906 65 × 10⁵
0 ~ 392.266 × 10⁵		4.903 3 × 10⁵	1.961 3 × 10⁵

（3）现场环境条件。如是否有高温、腐蚀、潮湿、振动等。除此之外,对于弹性压力计,为了保证弹性元件能在弹性变形的安全范围内可靠地工作,在选择压力计量程时,必须考虑留有足够的余地。一般被测压力的最大值不超过压力计满量程的 3/4,但是在测量波动较大的压力时,最高压力值不超过压力计满量程的 2/3。为了保证测量精度,被测压力的最低值不应低于压力表满量程的 1/3 为好。

2.压力计的校验和引起误差的因素

压力计的校验主要是指校验其指示值误差、变差和非线性相应进行零点、终点和非线性调整。

压力计校验设备主要是活塞式压力计的精度在 0.5 级以上的标准压力计。弹性压力计造成误差的原因主要是弹性元件的质量变化和传动 – 放大机构的摩擦、磨损、变间隙等。

（1）元件的弹性滞后现象。弹性滞后现象与磁滞现象相似,当被测压力恢复到原来值时,变形都不能恢复原形,而出现如图 3.2.19 所示的现象。这种现象对于弹簧管特别明显,会造成较大的变差。

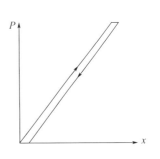

图 3.2.19　弹性滞后现象

（2）元件的弹性衰退。在压力计使用一段时间之后,指示值误差会逐渐增大,它主要与弹性元件的热处理有关。

（3）元件的温度影响。除了元件材料的应力之外,金属材料的弹性模数也会随温度的升高而降低。如果弹性元件直接与较高温度的介质接触或受到其他设备的热辐射影响,弹性压力计的指示值将随之偏高,造成指示值的误差。因此,弹性压力计一般应在温度低于50 ℃的环境下工作,或采取必要的防温隔离措施。

（4）取压点的引压管的安装不正确。

3. 压力计的安装

正确安装和选择合适的取压点,可以减少压力测量中的误差,为此,安装压力计时必须注意以下几点。

（1）压力计的传压管的安装位置不宜受到高温和振动的影响,传压管应尽可能短而直,应具有虹吸管或相当虹吸管的装置,如图 3.2.20 所示,避免蒸汽和其他高温介质直接和弹性元件接触。

（2）传压管路应严密不漏。

（3）若有较长的传压连接管时,必须在仪表前装接三通考克,三通考克的作用一是可以切断通路以便对仪表调整和调零;二是可冲洗连接管路。

（4）仪表的装设地点应保证便于检修和观察。

（5）压力计的中心位置与测点位置的垂直高度相差很大时,压力计的读数要考虑传压管内液柱垂直高度的修正。

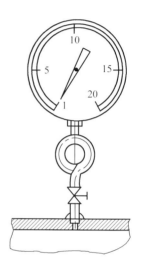

图 3.2.20 压力计的安装

任务三 温度测试技术

▶ **任务提要** ┈┈┈┈┈┈┈┈┈┈┈┈┈┈┈┈┈┈┈┈┈┈┈┈┈┈┈┈┈┈┈┈┈┈┈┈●

本任务主要掌握温度测量方法及测量仪表的性能,理解湿度的测量方法和仪表的性能。

▶ **任务要求** ┈┈┈┈┈┈┈┈┈┈┈┈┈┈┈┈┈┈┈┈┈┈┈┈┈┈┈┈┈┈┈┈┈┈┈┈●

（1）掌握温度测量方法及测量仪表的性能特点。

（2）理解湿度的测量方法和原理。

温度是表征物体冷热程度的一种物理参数。两个温度不同的物体接触后会有热量传递,温度高的物体向温度低的物体传递热量,一旦两个物体的温度相同后,两者之间就不会产生传热现象,此时称两者达到热平衡。这仅是对温度概念的定性解释,要准确说明物体温度的高低,必须用数量的大小来表示。将某些特殊温度点数量化（如水的结冰温度等）,这些特殊的温度点（称为定义基准点）连同其数值一起称为温标。"温标"即温度的标尺,可以用"温标"对其他温度进行测量。

一、温度测量方法及测量仪表

温度不能直接测量,而是借助于物质的某些物理特性是温度的函数,通过对某些物理特性变化量的测量间接地获得温度值。

1. 温度测量方法

根据温度测量仪表的使用方式,通常可分类为接触法与非接触法两大类。

(1)接触法　当两个物体接触,经过足够长的时间达到热平衡后,则它们的温度必然相等。如果其中之一为温度计,就可以用它对另一个物体实现温度测量,这种测温方式称为接触法。其特点是温度计要与被测物体有良好的热接触,使两者达到热平衡。因此测温准确度较高。由于感温元件要与被测物体接触,会破坏被测物体热平衡状态,并受被测介质的腐蚀作用,因此,对感温元件的结构、性能要求苛刻。

(2)非接触法　利用物体的热辐射能随温度变化的原理测定物体温度,这种测温方式称为非接触法。其特点是不与被测物体接触,也不改变被测物体的温度分布,热惯性小。通常用来测定 1 000 ℃ 以上的移动、旋转或反应迅速的高温物体的温度。

温度测量可按工作原理来划分,也可根据温度范围(高温、中温、低温等)或仪表精度(基准、标准等)来划分。

2. 温度测量仪表

(1)膨胀式温度计

膨胀式温度计是利用物体受热膨胀的原理制成的温度计,主要有液体膨胀式温度计、固体膨胀式温度计和压力式温度计三种。

①液体膨胀式温度计

最常见的玻璃管温度计,主要由液体储存器、毛细管和标尺组成。根据所充填的液体介质不同能够测量 −200 ~ 750 ℃ 范围的温度。

玻璃管液体温度计是利用液体体积随温度升高而膨胀的原理制作而成。其优点是直观、测量准确、结构简单、造价低廉,因此被广泛应用于工业、实验室和医院等各个领域及日常生活中。其缺点是不能自动记录、不能远传、易碎、测温有一定延迟。

②固体膨胀式温度计

它是利用两种线膨胀系数不同的材料制成,有杆式和双金属片式两种。这类温度计常用作自动控制装置中的温度测量元件,它结构简单、可靠,但精度不高。

③压力式温度计

它是利用密闭容积内工作介质随温度升高而压力升高的性质,通过对工作介质的压力测量来判断温度值的一种机械式仪表。

压力式温度计的工作介质可以是气体、液体或蒸汽。其优点是简单可靠、抗震性能好,具有良好的防爆性,故常用在飞机、汽车、拖拉机上,也可用它作温度控制信号。但这种仪表动态性能差,示值的滞后较大,不能测量迅速变化的温度。

(2)热电偶温度计

将两根不同的导体或半导体的一端焊接,另外两端作为输出就构成温度检测元件——热电偶。热电偶是目前世界上科研和生产中应用最普遍、最广泛的温度测量元件。它将温度信号转换成电势(mV)信号,配以测量毫伏的仪表或变送器可以实现温度的测量或温度信号的转换。具有结构简单、制作方便、测量范围宽、准确度高、性能稳定、复现性好、体积

小、响应时间短等优点。

①热电偶测温的基本原理

两种不同的导体(或半导体)A 和 B 组成闭合回路,如图 3.3.1 所示。当 A 和 B 相接的两个接点温度 t 和 t_0 不同时,则在回路中就会产生一个电势,这种现象叫作热电效应。由此效应所产生的电势通常称为热电势,用符号 $E_{AB}(t,t_0)$ 表示。

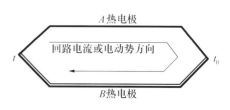

图 3.3.1　热电偶工作原理示意图

图 3.3.1 中的闭合回路称为热电偶,导体 A 和 B 称为热电偶的热电极。热电偶的两个接点中,置于被测介质(温度为 t)中的接点称为工作端或热端,温度为参考温度 t_0 的一端称为参考端或冷端。热电偶产生的热电势由接触电势和温差电势两部分组成。

接触电势由两种不同导体或半导体接触而产生,接触点温度越高,相应的接触电势就越大。产生接触电势的条件是:必须将两种不同导体相接触。温差电势是 A 或 B 热电极两端温度不相同时产生的电动势,热电极两端的温差越大,产生的电动势就越大。产生温差电势的条件是:热电极的两端必须存在温差。

②对热电偶材料的一般要求

从理论上讲,任何两种导体都可以配成热电偶,但实际上有很多限制。一般对热电偶材料有如下要求:

a.物理稳定性要高,长期稳定性要好;

b.化学性质稳定,在高温下不氧化和不容易被腐蚀;

c.要有足够的灵敏度,热电动势随温度的变化要足够大;

d.热电动势和温度成简单的函数关系,最好呈线性关系;

e.复现性要好,便于批量制造和互换;

f.热电偶材料的电阻随温度变化要小,电阻率要低;

g.机械性能要好,材质要均匀。

通用热电偶一般都具备以上条件,但也有些特殊用途的热电偶不能完全达到以上要求。这些热电偶是由于某种特殊的需要而开发的产品,为了满足其特殊需要,可能在某些方面上其性能和以上的指标略有差别。下面分别介绍比较通用的各种热电偶。

③常用廉价金属热电偶

这是工业中应用最多的一类热电偶,世界各国都有大量产品。它们具有足够的精确度和标准化分度表。热电偶产生的热电动势和温度几乎呈线性关系。

a.T 型(铜－康铜)热电偶　铜－康铜热电偶的测量范围为 $-200 \sim 350$ ℃。在此范围内是比较准确的廉价金属热电偶。测量温度低于 -200 ℃后,铜－康铜热电偶的热电动势随温度变化特性急剧下降。测量温度达到 350 ℃以上后,热电极容易被氧化而变质。

b.J 型(铁－康铜)热电偶　铁－康铜在很多国家已作为工业上最通用的热电偶。它价廉灵敏,并可在氧化性气氛中应用。它比铜－康铜热电偶灵敏,但其准确性和稳定性不如铜－康铜,尤其是 0 ℃以下时性能比较差,一般测量 0 ℃以下温度很少用它。其测量温度的上限在氧化气氛中(热电极容易失去电子)可达到 750 ℃,在还原性气氛中(热电极容易得到电子)可达到 950 ℃。在上述温度下热电偶可保持 1 000 h 内材料不发生质变,保证正常使用。

c. K 型(镍铬 – 镍铝)热电偶　这种热电偶的最大特点是测量温度范围比较宽,低温是 -200 ℃,高温可达 1 100 ℃。其温度和热电动势的函数关系几乎成线性。由于热电极材料含镍较多,可用于高温测量。但在较高温度时镍铝丝容易被氧化,并易受还原性气体的侵蚀而变质。所以我国现多用镍铬 – 镍硅热电偶代替其进行温度测量。镍铬 – 镍硅和镍铬 – 镍铝具有相同的热电特性。

d. E 型(镍铬 – 康铜)热电偶　这种热电偶虽然不如镍铬 – 镍铝热电偶应用那样广泛,但由于在相同温度下产生的热电动势比较大,用起来比较方便。它在氧化气氛中可测量的温度上限达到 1 000 ℃,美国及日本等国家使用较多。

④常用贵重金属热电偶

贵重金属热电偶是最准确、最稳定和复现性最好的热电偶,但也有缺点,即其热电动势率比廉价金属低(同样温度下输出的热电动势小),其价格比廉价金属价格贵得多。不过贵重金属由于化学性质稳定、材料纯度高,可以制成高质量的热电极丝,又由于它的熔点高,测温上限高,因此在温度测量领域得到广泛应用。

a. 铂铑 30 – 铂铑 6 热电偶　这是 20 世纪 60 年代发展起来的一种贵重金属高温热电偶。由于两个热电极都是铂铑合金,因而提高了抗污染能力和机械强度。在高温下其热电特性较为稳定,宜在氧化性和中性气氛中使用,在真空中可短期使用。长期使用最高温度可达 1 600 ℃,短期使用温度可达 1 800 ℃。这种热电偶的热电动势较小,需要配用灵敏度较高的显示仪表。由于其在室温附近的热电动势非常小,当冷端温度不等于 0 ℃时所引起的回路电动势误差几乎为零。因此冷端温度在 40 ℃以下时,一般可不必进行冷端温度补偿。

b. 铱铑热电偶　要测量比铂铑热电偶更高的温度,只有铱铑热电偶。铱铑热电偶可以在氧化、真空或中性气氛中使测量温度上限达 2 200 ℃。铱铑热电偶的主要缺点是使用寿命短。

⑤标准热电偶

所谓标准热电偶就是指国家规定定型生产,有标准化分度的热电偶。

标准热电偶各国规定不尽相同,但逐渐趋于统一,各国均向国际电工委员会 IEC 的标准靠近。表 3.3.1 列出了我国的标准热电偶的主要特性。

表 3.3.1　我国标准热电偶的主要特性

名称	分度号	测温范围	等级	使用温度	误差
铂铑 10 – 铂	LB – 3	0 ~ 1 600 ℃	I	0 ~ 1 100 ℃	±1 ℃
				1 100 ~ 1 600 ℃	
			II	0 ~ 600 ℃	±1.5 ℃
				600 ~ 1 600 ℃	±0.25%
铂铑 30 – 铂铑 6	LL – 2	0 ~ 1 800 ℃	II	600 ~ 1 700 ℃	±0.25%
			III	600 ~ 800 ℃	±4 ℃
				800 ~ 1 700 ℃	±0.5%

表 3.3.1（续）

名称	分度号	测温范围	等级	使用温度	误差
镍铬－镍硅	EU－2	0～1 300 ℃	II	0～400 ℃	±1.6 ℃
				400～110 ℃	±0.4%
			II	0～400 ℃	±3 ℃
				400～1 300 ℃	±0.75%
铜－康铜	CK	－200～400 ℃	I	－40～350 ℃	±0.5 ℃
			II	－40～350 ℃	±0.1 ℃
			III	－200～40 ℃	±0.1 ℃
镍铬－康铜		－200～900 ℃	I	－40～800 ℃	±1.5 ℃
			II	－40～900 ℃	±2.5 ℃
			III	－200～40 ℃	±2.5 ℃

⑥热电偶的结构

热电偶的结构形式是多种多样的,不过结构大同小异,下面介绍两种典型的热电偶结构。

a. 普通型热电偶　一个完整的热电偶由感温元件、保护管和接线盒三部分组成,如图 3.3.2 所示。

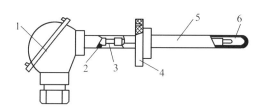

图 3.3.2　普通型热电偶温度检测元件的结构

1—接线盒;2—绝缘瓷管;3—热电极;4—固定法兰;5—保护套管;6—热端

ⓐ感温元件就是前文研究过的热电偶。一般是将两根不同的热电极材料焊接在一起而成。

ⓑ绝缘材料。为了避免两根热电极短路而不能进行温度测量,两根热电极还要用绝缘材料隔离开来。热电极和绝缘材料一起合称为感温元件。

热电偶常用的绝缘材料可归纳为陶瓷和非陶瓷两类。非陶瓷的有天然橡胶、聚乙烯和聚氯乙烯、棉纱和丝绸、玻璃釉云母等。它们使用的温度上限各不相同,陶瓷制成的绝缘材料测量温度最高,一般都在 1 000 ℃以上。

ⓒ保护套管。为了不使热电偶直接与被测介质接触,产生腐蚀和脏污,以及机械摩擦损坏,大多热电偶都将感温元件放置在套管中,构成工业上常用的热电偶。工业用热电偶在测量温度在 1 000 ℃以下时采用金属套管,在 1 000 ℃以上时多用陶瓷套管。使用套管固然保护了热电偶,但是由于有套管的隔热作用,使得温度的传导变慢,温度测量出现延时,这对控制极为不利。好在一般温度对象变化本来就比较缓慢,所以套管热电偶对控制的影

响是十分有限的。

b. 铠装热电偶　铠装热电偶是 20 世纪 60 年代兴起的一种新型的热电偶形式。它是由热电偶丝、绝缘材料和金属套管三者有机组合而成，并经拉伸成型的组合热电偶，如图 3.3.3 所示。其拉伸后的热电偶直径可以很细，长度可以很长，就像一根细金属丝。和普通热电偶相比，其有很多优点：外径可以做

横截面图

图 3.3.3　铠装热电偶结构示意图

得很细，最细可达到 0.2 mm，因此温度反应灵敏；具有很好的形变特性，安装时可以任意弯曲等。在工业生产和科学研究中已有不少应用，特别是在核反应堆中有独特的应用。

（3）热电阻温度计

导体或半导体的电阻率与温度有关，利用此特性制成电阻温度感温件，它与测量电阻阻值的仪表配套组成热电阻温度计。热电阻温度计的优点是测温准确度高，信号便于传送。它的缺点是不能测太高的温度，需外部电源供电，连接导线的电阻易受环境温度影响而产生测量误差。热电阻温度测量的精度是其他温度测量仪表难以取代的，这就是学习和研究热电阻温度计的主要原因。

①热电阻的特性

热电阻是用金属导体或半导体材料制成的感温元件。金属导体有铂、铜、镍、铁、铑、铁合金等，半导体有锗、硅、碳及其他金属氧化物等。其中，铂热电阻和铜热电阻属国际电工委员会推荐的，也是我国国标化的热电阻。

物体的电阻一般随温度变化而变化，通常用温度系数 α 来描述这一特性。它的定义是：在某一温度间隔内，温度变化 1 ℃时的电阻相对变化量，单位为 ℃$^{-1}$。

$$\alpha = \frac{R_t - R_{t0}}{R_{t0}(t - t_0)} = \frac{\Delta R}{R_{t0}\Delta t} \qquad (3.3.1)$$

式中 R_t，R_{t0} 分别为温度 t 和温度 t_0 时电阻的数值，单位为 Ω。R_{t0} 是由制造厂家提供的已知的常数，R_t 是通过测量得到的数值。α 为温度在 $t \sim t_0$ 范围内金属导体的平均电阻温度系数，单位为 ℃$^{-1}$。α 与使用的导体材料有关，当导体材料一定后，α 可近似认为是一常数。t_0 是由设计制造厂家任意选择的温度数值。

②常用热电阻元件

a. 铂热电阻

铂是一种比较理想的热电阻材料，在氧化性气氛中甚至高温下，其物理、化学性质都非常稳定，也比较容易得到高纯度的铂。其精度较高，性能可靠，不仅在工业上广泛用于 −200 ~ 500 ℃ 的温度测量，而且还可作为复现国际实用温标的标准仪器。但是，铂电阻在还原气氛中，特别是在高温下极容易被还原物质所污染（还原物质就是容易将自身电子释放给对方的物质），使组成铂电阻的铂丝变质发脆，并导致其电阻和温度的函数关系改变，因此在这种情况下必须采用密封的保护措施来隔离有害气体对铂电阻材料的污染。

一般工业用铂电阻多采用线径为 0.03 ~ 0.07 mm 的纯铂裸丝绕在云母制成的平板形骨架上，其结构如图 3.3.4 所示。云母绝缘骨架的边缘呈锯齿形，铂丝绕制在云母骨架的齿形槽内以防铂丝滑动短路，在云母骨架的外侧再套以有一定形状的金属器件以增加铂电阻的机械强度。铂电阻有两个输出端点，分别在每一个端点上用 0.5 mm 或 1 mm 的银丝并行

引出两根引线(两端共引出四根引出线)作为热电阻的电极使用。在铂电阻的外部均套有保护套管,以避免腐蚀性气体的侵害和机械损伤。

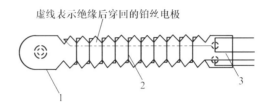

虚线表示绝缘后穿回的铂丝电极

图 3.3.4　铂电阻结构示意图

1—云母绝缘骨架;2—铂丝电极;3—热电阻引出线

b. 铜热电阻

铂虽然是理想的热电阻材料,但其价格十分昂贵,一般使用于测量精度要求较高的场合。而铜材料价格便宜,在一定的温度范围内也能满足测量要求。

铜电阻的测温范围为 −50~150 ℃。在此范围内铜电阻有很好的稳定性。铜材料的电阻温度系数也比较大,其电阻与温度几乎呈现线性关系,铜材料也比较容易提纯。综上所述,铜电阻算得上物美价廉,但铜材料的电阻率较小,和铂电阻相比,同样的电阻数值,铜电阻的体积要大得多。铜材料容易在 100 ℃ 以上的高温中被空气氧化而变质,因此铜电阻仅能在低温和无腐蚀的环境中使用。

一般铜电阻是用直径为 0.1 mm 的绝缘铜丝采用双线无感绕法绕制在圆柱形塑料骨架上,其结构如图 3.3.5 所示。由于铜材料的电阻率较小,绕制电阻使用的绝缘铜丝较长,往往采用多层绕制。为了防止铜丝的松散,整个电阻体要经过酚醛树脂的浸泡成形处理。其引出线和铂电阻相似,在每个端点引出两根引线,不过引线材料是铜而不是银。

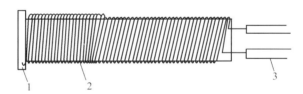

图 3.3.5　铜电阻结构示意图

1—塑料骨架;2—铜电阻丝;3—铜电阻引出线

工业温度测量的介质,如水蒸气、烟气等都含有大量的腐蚀气体。为了使热电阻免受腐蚀性气体的侵害或者机械损伤,铜电阻和铂电阻一样,在电阻体的外部均套有保护套管。

c. 镍热电阻

镍热电阻使用温度范围为 −50~300 ℃,我国虽已规定其为标准化的热电阻,但还未制定出相应的标准分度表,故目前多用于温度变化范围小、灵敏度要求高的场合。

上述三种热电阻均是标准化的热电阻温度计,其中铂电阻还可以用来制造精密的标准热电阻,而铜和镍只作为工业用热电阻。

d. 半导体热敏电阻

半导体热敏电阻通常用铁、镍、锰、钴、钼、钛、镁、铜等复合氧化物高温烧结而成。热敏电阻利用其电阻值随温度升高而减小的特性来制作感温元件。成为工业用温度计以来,热敏电阻大量用于家电及汽车用温度传感器,目前已深入到各个领域,发展极为迅速。

与金属热电阻相比,半导体热敏电阻的优点有体积小、热惯性小、灵敏度比较高、结构简单等。它的缺点是同种半导体热敏电阻的电阻温度特性分散性大,非线性严重,元件性能不稳定,因此互换性差、精度较低,除高温热敏电阻外,不能用于350 ℃以上的高温。

除了以上介绍的几种热电阻外,还有一些特殊热电阻,如铠装热电阻、薄膜铂热电阻、厚膜铂热电阻等。

（4）非接触测温

接触式测温方法虽然被广泛采用,但不适合于测量运动物体的温度和极高的温度,为此,发展了非接触式测温方法。

非接触式温度测量仪表分为两类:一类是光学辐射式高温计,包括单色光学高温计、光电高温计、全辐射高温计、比色高温计等;另一类是红外辐射仪,包括全红外辐射仪、单红外辐射仪、比色仪等。

这种测温方法的特点是感温元件不与被测介质接触,因而不破坏被测对象的温度场,也不受被测介质的腐蚀等影响。由于感温元件不与被测介质达到热平衡,其温度可以大大低于被测介质的温度,因此从理论上说,这种温度测量方法的测温上限不受限制。另外,它的动态性好,可测量处于运动状态对象的温度和变化着的温度。

二、湿度测量

在工农业生产、气象、环保、国防、科研、航天等部门,经常需要对环境湿度进行测量及控制。对环境温度、湿度的控制以及对工业材料水分值的监测与分析都已成为比较普遍的技术条件之一。

1. 空气湿度的表示方法

湿度是表示空气中水蒸气含量多少的尺度。常用的空气湿度表示方法有绝对湿度、相对湿度和含湿量。

（1）绝对湿度

绝对湿度定义为每立方米湿空气在标准状态下所含水蒸气的质量,即湿空气中的水蒸气密度（单位是 g/m³）。

$$\rho = \frac{p_n}{R_n T} = \frac{p_n}{461T} \times 1\ 000 = 2.\ 169\ \frac{p_n}{T} = 2.\ 169\ \frac{p_n}{273.\ 15 + \theta_w} \tag{3.3.2}$$

式中　p_n——空气中水蒸气分压力,Pa;

　　　T——空气的干球热力学温度,K;

　　　θ_w——空气的干球摄氏温度,℃;

　　　R_n——水蒸气的气体常数,$R_n = 461$ J/(kg·K)。

（2）相对湿度

相对湿度就是空气中水蒸气分压力 p_n 与同温度下饱和水蒸气分压力 p_b 的比值。可以表示为

$$\varphi = \frac{p_n}{p_b} \times 100\% \tag{3.3.3}$$

（3）含湿量

含湿量就是湿空气中每千克干空气所含有的水蒸气的质量。可以表示为

$$d = 1\ 000 \frac{m_s}{m_w}$$

$$d = 622 \frac{p_n}{p_w} = 622 \frac{p_n}{B - p_n} = 622 \frac{\varphi p_b}{B - \varphi p_b} \tag{3.3.4}$$

式中　d——含湿量,g/kg 干空气;

　　　m_s——湿空气中水蒸气的质量,kg;

　　　m_w——湿空气中干空气的质量,kg。

目前,气体湿度测量常用的方法有干湿球法、露点法和吸湿法三种。

2. 干湿球法湿度测量

干湿球湿度计的基本原理是当大气压力 B 和风速不变时,利用被测空气相对于湿球温度下饱和水蒸气压力和干球温度下的水蒸气分压力之差,与干湿球温度之差之间存在的数量关系确定空气湿度。

普通干湿球温度计由两支相同的液体膨胀式温度计组成,一支为干球温度计,另一支为湿球温度计。干湿球温度计就是利用干湿球温度差及干球温度来测量空气相对湿度的,如图 3.3.6 所示。在测得干湿球温度后,可利用公式计算,也可以利用有关图表,查出相应的相对湿度值。

为了能自动显示空气的相对湿度和远距离传送湿度信号,采用电动干湿球温度计,如图 3.3.7 所示。它的干湿球是用金属电阻(镍电阻)代替膨胀式温度计,并设置一个微型轴流风机,以便在热电阻周围造成 2.5 m/s 的风速,提高测量精度。

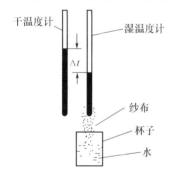

图 3.3.6　干湿球温度计

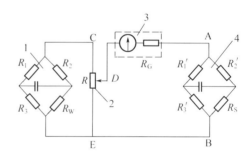

图 3.3.7　电动干湿球温度计原理图

1—干球温度测量桥路;2—补偿可变电阻;3—检流计;4—湿球温度测量电桥

3. 露点法湿度测量

基本原理:先测定露点温度 θ_1,然后确定对应于 θ_1 的饱和水蒸气压力 p_1。显然,p_1 即为被测空气的水蒸气分压力 p_n。因此,可用下式求出空气的相对湿度:

$$\varphi = \frac{p_1}{p_b} \times 100\%$$

露点法是测量湿空气达到饱和时的温度,是热力学的直接结果,准确度高,测量范围宽。计量用的精密露点仪准确度可达 ±0.2 ℃,甚至更高。现代光电原理的冷镜式露点仪价格昂贵,常和标准湿度发生器配套使用。常用的测量仪表有露点湿度计和光电式露点湿度计。

露点湿度计如图 3.3.8 所示,测量时在黄铜盒中注入乙醚的溶液,然后用橡皮鼓气球将空气打入黄铜盒中,并由另一管口排出,使乙醚得到较快速的蒸发,当乙醚蒸发时吸收了乙醚自身热量使得温度降低,当空气中水蒸气开始在镀镍黄铜盒外表面凝结时,插入盒中的温度计读数就是空气的露点。测出露点后,再从水蒸气表中查出露点温度的饱和水蒸气压力 p_1 和干球温度下饱和水蒸气压力 p_b,就能算出空气的相对湿度。这种湿度计的主要缺点是,当冷却表面上出现露珠的瞬间,需立即测定表面温度,但一般不易测准,而容易造成较大的测量误差。

光电式露点湿度计是使用光电原理直接测量气体露点温度的一种电测法湿度计。其测量准确度高,可靠性强,使用范围广,尤其适用于低温状态。

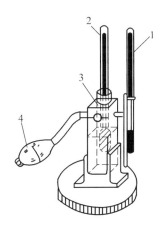

图 3.3.8　露点湿度计
1—干球温度计;2—露点温度计;
3—镀镍铜盒;4—橡皮鼓气球

4. 氯化锂电阻湿度传感器

某些盐类放在空气中,其含湿量与空气的相对湿度有关;而含湿量大小又引起本身电阻的变化。因此可以通过这种传感器将空气相对湿度转换为其电阻值的测量。这种方法称为吸湿法湿度测量。

氯化锂是一种在大气中不分解、不挥发,也不变质,且稳定的离子型无机盐类。其吸湿量与空气相对湿度成一定函数关系,随着空气相对湿度的增减变化,氯化锂吸湿量也随之变化。当氯化锂溶液吸收水汽后,使导电的离子数增加,因此导致电阻的降低;反之,则使电阻增加。氯化锂电阻湿度计的传感器就是根据这一原理工作的。

5. 高分子湿度传感器

(1)高分子电容式湿度传感器

该传感器基本上是一个电容器,在高分子薄膜上的电极是很薄的金属微孔蒸发膜,水分子可通过两端的电极被高分子薄膜吸附或释放。随着水分子被吸附或释放,高分子薄膜的介电系数将发生相应的变化。因为介电系数随空气的相对湿度变化而变化,所以只要测定电容值就可测得相对湿度。

(2)高分子电阻式湿度传感器

它使用高分子固体电解质材料制作感湿膜,由于膜中的可动离子产生导电性,随着湿度的增加,其电离作用增强,使可动离子的浓度增大,电极间的电阻值减小。反之,电阻值增大。因此,湿度传感器对水分子的吸附和释放情况,可通过电极间电阻值的变化检测出来,从而得到相应的湿度值。

任务四　流量测试技术

> 任务提要 ··•

本任务主要介绍流量测量原理、几种典型流量计的结构原理以及测量方法。

（1）掌握孔板流量计的结构和测量原理。

（2）理解文丘里流量计测量原理。

（3）熟悉转子流量计的结构和测量原理。

一、流量测量原理

流量是流体在单位时间内通过管道或设备某横截面处的数量。在生产过程中,为了有效地指导生产操作,监视和控制生产,必须经常地检测生产过程中各种介质(液体、气体、蒸汽和固体等)的流量,以便为管理和控制生产提供依据。

流体数量若以质量表示时,则流量称为质量流量。质量流量用符号 q_m 表示,其数学定义式为

$$q_m = \frac{dm}{dt} \tag{3.4.1}$$

q_m 的单位是 kg/s 或 kg/h。

流量数量用体积(容积)表示时,则称为容积流量,容积流量用符号 q_v 表示,数学定义式为

$$q_v = \frac{dv}{dt} \tag{3.4.2}$$

q_v 的单位为 m³/s。

流量数量用重量 G 表示时,则称为重量流量,重量流量用符号 q_G 表示,数学定义式为

$$q_G = \frac{dG}{dt} \tag{3.4.3}$$

q_G 的单位为 kgf/s。

上述三种流量的换算关系为

$$q_m = \rho q_v = \frac{q_G}{g} \tag{3.4.4}$$

式中　ρ——流体密度;

　　　　g——重力加速度。

流量有瞬时流量和累积流量之分。所谓瞬时流量,是指在单位时间内流过封闭管道或明渠某一截面的流体的量。所谓累积流量,是指在某一时间间隔内流体通过的总量。该总量可以用在该段时间间隔内的瞬时流量对时间的积分而得到,所以也叫积分流量。累积流量除以流体流过的时间间隔,即为平均流量。

流量的测量方法很多,目前工业上常用的流量测量方法分为三类。

（1）速度式流量测量方法　直接测出管道内流体的流速,以此作为流量测量的依据。

（2）容积式流量测量方法　通过测量单位时间内经过流量仪表排出的流体的固定容积的数目来实现。

（3）通过直接或间接的方法测量单位时间内流过管道截面的流体质量数。

工业上常用的流量计,按其测量原理分为以下四类。

（1）差压式流量计　主要利用管内流体通过节流装置时其流量与节流装置前后的压差有一定的关系。属于这类流量计的有标准节流装置等。

（2）速度式流量计　主要利用管内流体的速度来推动叶轮旋转,叶轮的转速和流体的流速成正比。属于这类流量计的有叶轮式水表和涡轮式流量计等。

（3）容积式流量计　主要利用流体连续通过一定容积之后进行流量累积的原理。属于这类流量计的有椭圆齿铨流量计和腰轮流量计。

（4）其他类型流量计　如基于电磁感应原理的电磁流量计、涡街流量计等。

测量的装置种类很多,本节仅介绍以流体运动规律为基础的测量装置。

二、孔板流量计

1. 孔板流量计的结构和测量原理

在管路里垂直插入一片中央开有圆孔的板,圆孔中心位于管路中心线上,如图 3.4.1 所示,即构成孔板流量计。板上圆孔经精致加工,其侧边与管轴成 45°,称为锐孔,板称为孔板。

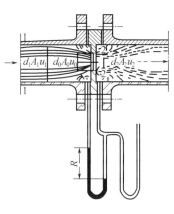

图 3.4.1　孔板流量计

由图 3.4.1 可见,流体流到锐孔时,流动截面收缩,流过孔口后,由于惯性作用,流动截面还继续收缩一定距离后才逐渐扩大到整个管截面。流动截面最小处（图中 2—2 截面）称为缩脉。流体在缩脉处的流速最大,即动能最大,而相应的静压能就最低。因此,当流体以一定流量流过小孔时,就产生一定的压强差,流量愈大,所产生的压强差也就愈大。所以可利用压强差的方法来度量流体的流量。设不可压缩流体在水平管内流动,取孔板上游流动截面尚未收缩处为截面 1—1,下游取缩脉处为截面 2—2。在截面 1—1 与 2—2 间暂时不计阻力损失,列伯努利方程:

$$\frac{p_1}{\rho} + gZ_1 + \frac{u_1^2}{2} = \frac{p_2}{\rho} + gZ_2 + \frac{u_2^2}{2}$$

因水平管 $Z_1 = Z_2$,则整理得

$$\sqrt{u_2^2 - u_1^2} = \sqrt{\frac{2(p_1 - p_2)}{\rho}} \qquad (3.4.5)$$

由于缩脉的面积无法测得,工程上以孔口流速 u_0 代替 u_2,同时,实际流体流过孔口有阻力损失;而且,测得的压强差又不恰好等于 $p_1 - p_2$。由于上述原因,引入一校正系数 C,于是式（3.4.5）改写为

$$\sqrt{u_0^2 - u_1^2} = C\sqrt{\frac{2(p_1 - p_2)}{\rho}} \qquad (3.4.6)$$

以 A_1,A_0 分别代表管路与锐孔的截面积,根据连续性方程,对不可压缩流体有

$$u_1 A_1 = u_0 A_0$$

则

$$u_1^2 = u_0^2 \left(\frac{A_0}{A_1}\right)^2$$

设 $\dfrac{A_0}{A_1} = m$,则上式改写为

$$u_1^2 = u_0^2 m^2 \qquad\qquad (3.4.7)$$

将式(3.4.7)代入式(3.4.6),并整理得

$$u_0 = \frac{C}{\sqrt{1-m^2}}\sqrt{\frac{2(p_1-p_2)}{\rho}}$$

再设 $C/\sqrt{1-m^2} = C_0$,称为孔流系数,则

$$u_0 = C_0\sqrt{\frac{2(p_1-p_2)}{\rho}} \qquad\qquad (3.4.8)$$

于是,孔板的流量计算式为

$$V_s = C_0 A_0\sqrt{\frac{2(p_1-p_2)}{\rho}} \qquad\qquad (3.4.9)$$

式中 p_1-p_2 用 U 型压差计公式代入,则

$$V_s = C_0 A_0\sqrt{\frac{2Rg(\rho'-\rho)}{\rho}} \qquad\qquad (3.4.10)$$

式中　ρ',ρ——指示液与管路流体密度,kg/m^3;

　　　　R——U 型压差计液面差,m;

　　　　A_0——孔板小孔截面积,m^2;

　　　　C_0——孔流系数,又称流量系数。

　　流量系数 C_0 的引入在形式上简化了流量计的计算公式,但实际上并未改变问题的复杂性。只有在 C_0 确定的情况下,孔板流量计才能用来进行流量测定。流量系数 C_0 与面积比 m、收缩、阻力等因素有关,所以只能通过实验求取。C_0 除与 Re,m 有关外,还与测定压强所取的点、孔口形状、加工粗糙度、孔板厚度、管壁粗糙度等有关。这样影响因素太多,C_0 较难确定,工程上对于测压方式、结构尺寸、加工状况均作规定,规定的标准孔板的流量系数 C_0 就可以表示为

$$C_0 = f(Re,m) \qquad (3.4.11)$$

实验所得 C_0 如图 3.4.2 所示。

由图 3.4.2 可见,当 Re 数增大到一定值后,C_0 不再随 Re 数而变,而是仅由 m 决定的常数。孔板流量计应尽量设计在 $C_0 =$ 常数的范围内。

从孔板流量计的测量原理可知,孔板流量计只能用于测定流量,不能测定速度分布。

2. 孔板流量计的安装与阻力损失

在安装位置的上、下游都要有一段内径不变的直管。通常要求上游直管长度为管径的 50 倍,下游直管长度为管径的 10 倍。若 A_0/A_1 较小时,则这段长度可缩短至 5 倍。

孔板流量计的阻力损失为 h_f,可用阻

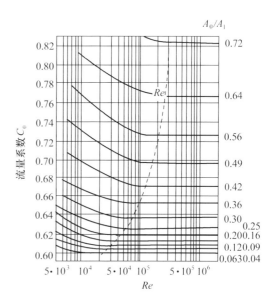

图 3.4.2　孔板流量计 C_0 与 Re,$\dfrac{A_0}{A_1}$ 的关系

力公式写为

$$h_f = \zeta \frac{u_0^2}{2} = \zeta C_0^2 \frac{Rg(\rho' - \rho)}{\rho} \tag{3.4.12}$$

式中 ζ 为局部阻力系数,一般在 0.8 左右。

式(3.4.12)表明阻力损失正比于压差计读数 R。缩口愈小,孔口流速 u_0 愈大,R 愈大,阻力损失也愈大。

3.孔板流量计的测量范围

由式(3.4.12)可知,当孔流系数 C_0 为常数时,

$$V_s \propto \sqrt{R}$$

上式表明,孔板流量计的 U 型压差计液面差 R 和 V 平方成正比。因此,流量的少量变化将导致 R 较大的变化。

U 型压差计液面差 R 愈小,由于视差常使相对误差增大,因此在允许误差下,R 有一最小值 $R_{\min}$。同样,由于 U 型压差计的长度限制,也有一个最大值 $R_{\max}$。于是,流量的可测范围为

$$\frac{V_{s,\max}}{V_{s,\min}} = \sqrt{\frac{R_{\max}}{R_{\min}}} \tag{3.4.13}$$

即可测流量的最大值与最小值之比与 $R_{\max}$,$R_{\min}$ 有关,也就是与 U 型压差计的长度有关。

孔板流量计是一种简便且易于制造的装置,在工业上广泛使用,其系列规格可查阅有关手册。其主要缺点是流体经过孔板的阻力损失较大,且孔口边缘容易磨损和磨蚀,因此对孔板流量计需定期进行校正。

三、文丘里流量计

为了减少流体流经上述孔板的阻力损失,可以用一段渐缩管、一段渐扩管来代替孔板,这样构成的流量计称为文丘里流量计,如图 3.4.3 所示。

文丘里流量计的收缩管一般制成收缩角为 15°～25°;扩大管的扩大角为 5°～7°。其流量仍可用式(3.4.10)计算,只是用 C_v 代替 C_0。文丘里流量计的流量系数 C_v 一般取 0.98～0.99,阻力损失为

$$h_f = 0.1u_0^2 \tag{3.4.14}$$

式中 u_0 为文丘里流量计最小截面(称喉孔)处的流速,单位为 m/s。

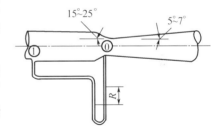

图 3.4.3　文丘里流量计

文丘里流量计的主要优点是能耗少,大多用于低压气体的输送。

四、转子流量计

1.转子流量计的结构和测量原理

转子流量计的构造如图 3.4.4 所示,自下而上逐渐扩大的垂直锥形玻璃管内,装有一个能够旋转自如的由金属或其他材质制成的转子(或称浮子)。被测流体从玻璃管底部进入,从顶部流出。

当流体自下而上流过垂直的锥形管时,转子受到两个力的作用:一是垂直向上的推动

力,它等于流体流经转子与锥管间的环形截面所产生的压力差;另一是垂直向下的净重力,它等于转子所受的重力减去流体对转子的浮力。当流量加大使压力差大于转子的净重力时,转子就上升;当流量减小使压力差小于转子的净重力时,转子就下沉;当压力差与转子的净重力相等时,转子处于平衡状态,即停留在一定位置上。在玻璃管外表面上刻有读数,根据转子的停留位置,即可读出被测流体的流量。

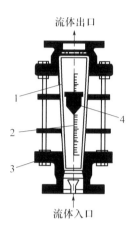

图3.4.4 转子流量计
1—锥形玻璃管;2—刻度;
3—突缘填函盖板;4—转子

设 V_f 为转子的体积,单位为 m^3;A_f 为转子最大部分截面积,单位为 m^2;ρ_f,ρ 分别为转子材质与被测流体密度,单位为 kg/m^3。流体流经环形截面所产生的压强差(转子上方 1 与下方 2 之差)为 $p_1 - p_2$,当转子处于平衡状态时,即

$$(p_1 - p_2)A_f = V_f\rho_f g - V_f\rho g$$

于是

$$p_1 - p_2 = \frac{V_f g(\rho_f - \rho)}{A_f}$$

若 V_f, A_f, ρ_f, ρ 均为定值,$p_1 - p_2$ 对固定的转子流量计测定某流体时应恒定,而与流量无关。

当转子停留在某固定位置时,转子与玻璃管之间的环形面积就是某一固定值。流经该环形截面的流量和压强差的关系与孔板流量计的相类似,因此可得

$$V_s = C_R A_R \sqrt{\frac{2gV_f(\rho_f - \rho)}{A_f\rho}} \qquad (3.4.15)$$

式中 C_R——转子流量计流量系数,由实验测定或从有关仪表手册中查得;

      A_R——转子与玻璃管的环形截面积,m^2;

      V_s——流过转子流量计的体积流量,m^3/s。

由式(3.4.15)可知,流量系数 C_R 为常数时,流量与 A_R 成正比。由于玻璃管是一倒锥形,所以环形面积 A_R 的大小与转子所在位置有关,因而可用转子所处位置的高低来反映流量的大小。

2. 转子流量计的刻度换算和测量范围

通常转子流量计出厂前,均用20 ℃的水或20 ℃、1.013×10^5 Pa 的空气进行标定,直接将流量值刻于玻璃管上。当被测流体与上述条件不符时,应作刻度换算。在同一刻度下,假定 C_R 不变,并忽略黏度变化的影响,则被测流体与标定流体的流量关系为

$$\frac{V_{s2}}{V_{s1}} = \sqrt{\frac{\rho_1(\rho_f - \rho)}{\rho_2(\rho_f - \rho_1)}} \qquad (3.4.16)$$

式中,下标 1 表示出厂标定时所用流体,下标 2 表示实际工作流体。对于气体,因转子材质的密度比任何气体的密度要大得多,式(3.4.16)可简化为

$$\frac{V_{s2}}{V_{s1}} = \sqrt{\frac{\rho_1}{\rho_2}}$$

必须注意:上述换算公式是假定 C_R 不变的情况下推出的,当使用条件与标定条件相差较大时,则需重新实际标定刻度与流量的关系曲线。

由式(3.4.16)可知,通常 V_f,ρ_f,A_f,ρ 与 C_R 为定值,则 V_s 正比于 A_R。转子流量计的最大可测流量与最小可测流量之比为

$$\frac{V_{s,max}}{V_{s,min}} = \frac{A_{R,max}}{A_{R,min}} \tag{3.4.17}$$

在实际使用时如流量计不符合具体测量范围的要求,可以更换或车削转子。对同一玻璃管,转子截面积 A_f 小,环隙面积 A_R 则大,最大可测流量大而比值 $V_{s,max}/V_{s,min}$ 较小,反之则相反。但 A_f 不能过大,否则流体中杂质易于将转子卡住。

转子流量计的优点是能量损失小,读数方便,测量范围宽,能用于腐蚀性流体;其缺点是玻璃管易于破损,安装时必须保持垂直并需安装支路以便于检修。

思考题及习题

1. 温度测量方法有哪几种,各有何特点?
2. 膨胀式温度计有哪些类型? 说明各自特点和适用场合。
3. 试述热电偶测温的基本原理。
4. 何为空气湿度,常用的表示方法有哪些?
5. 气体湿度测量常用的方法有哪些?
6. 压力测量仪表有哪些类型? 说明各自的特点和适用场合。
7. 流量的测量方法有哪些? 说明常用流量测量装置的原理和适用场合。

附　录　A

附表 A-1　饱和水与饱和水蒸气表（按温度排列）

温度	饱和压力	比体积		比焓		汽化热	比熵	
		饱和水	饱和蒸汽	饱和水	饱和蒸汽		饱和水	饱和蒸汽
$t/℃$	p_s/MPa	$v'/$ (m^3/kg)	$v''/$ (m^3/kg)	$h'/$ (kJ/kg)	$h''/$ (kJ/kg)	$\gamma/$ (kJ/kg)	$s'/$ $kJ/(kg·K)$	$s''/$ $kJ/(kg·K)$
0	0.000 610 8	0.001 000 2	206.321	-0.04	2 501.0	2 501.0	-0.000 2	9.156 5
0.01	0.000 611 2	0.001 000 22	206.175	0.000 614	2 501.0	2 501.0	0.000 0	9.156 2
1	0.000 656 6	0.001 000 1	192.611	4.17	2 502.8	2 498.6	0.015 2	9.129 8
2	0.000 705 4	0.001 000 1	179.935	8.39	2 504.7	2 496.3	0.030 6	9.103 5
4	0.000 812 9	0.001 000 0	157.267	16.80	2 508.3	2 491.5	0.061 1	9.051 4
6	0.000 934 6	0.001 000 0	137.768	25.21	2 512.0	2 486.8	0.091 3	9.000 3
8	0.001 072 1	0.001 000 1	120.952	33.60	2 515.7	2 482.1	0.121 3	8.950 1
10	0.001 227 1	0.001 000 3	106.419	41.99	2 519.4	2 477.4	0.151 0	8.900 9
12	0.001 401 5	0.001 000 4	93.828	50.38	2 523.0	2 472.6	0.180 5	8.252 5
14	0.001 597 4	0.001 000 7	82.893	58.75	2 526.7	2 467.9	0.209 8	8.805 0
16	0.001 817 0	0.001 001 0	73.376	67.13	2 530.4	2 463.3	0.238 8	8.758 3
18	0.002 062 6	0.001 001 3	65.080	75.50	2 534.0	2 458.5	0.267 7	8.712 5
20	0.002 336 8	0.001 001 7	57.833	83.86	2 537.7	2 453.8	0.296 3	8.667 4
22	0.002 642 4	0.001 002 2	51.488	92.22	2 541.4	2 449.2	0.324 7	8.623 2
24	0.002 982 4	0.001 002 6	45.923	100.59	2 545.0	2 444.4	0.353 0	8.579 7
26	0.003 360 0	0.001 003 2	41.031	108.95	2 548.6	2 439.6	0.381 0	8.537 0
28	0.003 778 5	0.001 003 7	36.726	117.31	2 552.3	2 435.0	0.408 8	8.495 0
30	0.004 241 7	0.001 004 3	32.929	125.66	2 555.9	2 430.2	0.436 5	8.453 7
35	0.005 621 7	0.001 006 0	25.246	146.56	2 565.0	2 418.4	0.504 9	8.353 6
40	0.007 374 9	0.001 007 8	19.548	167.45	2 574.0	2 406.5	0.572 1	8.257 6
45	0.009 581 7	0.001 009 9	15.278	188.35	2 582.9	2 394.5	0.638 3	8.165 5
50	0.012 335	0.001 012 1	12.048	209.26	2 591.8	2 382.5	0.703 5	8.077 1
55	0.015 740	0.001 014 5	9.581 2	230.17	2 600.7	2 370.5	0.767 7	7.992 5
60	0.019 919	0.001 017 1	7.680 7	251.09	2 609.5	2 358.4	0.831 0	7.910 6
65	0.025 008	0.001 019 9	6.204 2	272.02	2 618.2	2 346.2	0.893 3	7.832 0
70	0.311 61	0.001 022 8	5.047 9	292.97	2 626.8	2 333.8	0.954 8	7.756 5
75	0.038 548	0.001 025 9	4.135 6	313.94	2 635.3	2 321.4	1.015 4	7.683 7
80	0.047 359	0.001 029 2	3.410 4	334.92	2 643.8	2 308.9	1.075 2	7.613 5
85	0.057 803	0.001 032 6	2.830 0	355.92	2 652.1	2 296.2	1.134 3	7.545 9
90	0.070 108	0.001 036 1	2.362 4	376.94	2 660.3	2 283.4	1.192 5	7.480 5
95	0.084 525	0.001 039 8	1.983 2	397.99	2 668.4	2 270.4	1.250 0	7.417 4
100	0.101 325	0.001 043 7	1.673 8	419.06	2 676.3	2 257.2	1.306 9	7.356 4
110	0.143 26	0.001 051 9	1.210 6	461.32	2 691.8	2 230.5	1.418 5	7.240 2
120	0.198 54	0.001 060 6	0.892 02	503.7	2 706.6	2 202.9	1.527 6	7.131 9
130	0.270 12	0.001 070 0	0.668 15	546.3	2 720.7	2 174.4	1.634 4	7.028 1

附表 A－1(续)

温度	饱和压力	比体积		比焓		汽化热	比熵	
		饱和水	饱和蒸汽	饱和水	饱和蒸汽		饱和水	饱和蒸汽
$t/℃$	p_s/MPa	v' (m^3/kg)	v'' (m^3/kg)	h' (kJ/kg)	h'' (kJ/kg)	$\gamma/$ (kJ/kg)	s' kJ/(kg·K)	s'' kJ/(kg·K)
140	0.361 36	0.001 080 1	0.508 75	589.1	2 734.3	2 144.9	1.739 0	6.930 7
150	0.475 97	0.001 090 8	0.392 61	632.2	2 746.3	2 114.1	1.841 6	6.838 1
160	0.618 04	0.001 102 2	0.306 85	675.5	2 757.7	2 082.2	1.942 5	6.749 8
170	0.792 02	0.001 114 5	0.242 59	719.1	2 768.0	2 048.9	2.041 6	6.665 2
180	1.002 7	0.001 127 5	0.193 81	763.1	2 777.1	2 014.0	2.139 3	6.583 8
190	1.255 2	0.001 141 5	0.156 31	807.5	2 784.9	1 977.4	2.235 6	6.505 2
200	1.555 1	0.001 156 5	0.127 14	852.4	2 791.4	1 939.0	2.330 7	6.428 9
210	1.907 9	0.001 172 6	0.104 22	897.8	2 796.4	1 898.6	2.424 7	6.354 6
220	2.320 1	0.001 190 0	0.086 02	943.7	2 799.3	1 856.2	2.517 8	6.281 9
230	2.797 9	0.001 208 7	0.071 43	990.3	2 801.7	1 811.4	2.610 2	6.210 4
240	3.348 0	0.001 229 1	0.059 64	1 037.6	2 801.6	1 764.0	2.702 1	6.139 7
250	3.977 6	0.001 251 3	0.050 02	1 085.8	2 799.9	1 713.7	2.793 6	6.069 1
260	4.694 0	0.001 275 6	0.042 12	1 135.0	2 795.2	1 660.2	2.885 0	5.998 9
270	5.505 1	0.001 302 5	0.035 57	1 185.4	2 788.3	1 602.9	2.967 6	5.927 8
280	6.419 1	0.001 332 4	0.030 10	1 237.0	2 778.6	1 541.6	3.068 7	5.855 5
290	7.444 8	0.001 365 9	0.025 51	1 290.3	2 765.4	1 475.1	3.161 6	5.781 1
300	8.591 7	0.001 404 1	0.021 62	1 345.4	2 748.4	1 403.0	3.255 9	5.703 8
310	9.869 7	0.001 448 0	0.018 29	1 402.9	2 726.4	1 323.9	3.352 2	5.622 4
320	11.290	0.001 499 5	0.015 44	1 463.4	2 699.6	1 236.2	3.451 3	5.535 6
330	12.865	0.001 561 4	0.012 96	1 527.5	2 665.5	1 138.0	3.554 4	5.441 4
340	14.608	0.001 639 0	0.010 78	1 596.8	2 622.3	1 025.5	3.663 8	5.336 3
350	16.537	0.001 740 7	0.008 822	1 672.9	2 566.1	893.2	3.781 6	5.214 9
360	18.674	0.001 893 0	0.006 970	1 763.1	2 485.7	722.5	3.918 9	5.060 3
370	21.053	0.002 231	0.004 958	1 896.2	2 335.7	139.6	4.119 8	4.803 1
①374.12	22.115	0.003 147	0.003 147	2 095.2	2 095.2	0.0	4.423 7	4.423 7

①这一行的数据为临界状态的参数值。

附表 A－2 饱和水与饱和水蒸气表(按压力排列)

压力	饱和温度	比体积		比焓		汽化热	比熵	
		饱和水	饱和蒸汽	饱和水	饱和蒸汽		饱和水	饱和蒸汽
$p/$ MPa	$t_s/℃$	v' (m^3/kg)	v'' (m^3/kg)	h' (kJ/kg)	h'' (kJ/kg)	$\gamma/$ (kJ/kg)	$s'/$[kJ/ (kg·K)]	$s''/$[kJ/ (kg·K)]
0.001 0	6.982	0.001 000 1	129.208	29.33	2 513.8	2 484.5	0.106 0	8.975 6
0.002 0	17.511	0.001 001 2	67.006	73.45	2 533.2	2 459.8	0.260 6	8.723 6

附表 A - 2(续)

压力	饱和温度	比体积		比焓		汽化热	比熵	
		饱和水	饱和蒸汽	饱和水	饱和蒸汽		饱和水	饱和蒸汽
$p/$ MPa	$t_s/℃$	$v'/$ (m^3/kg)	$v''/$ (m^3/kg)	$h'/$ (kJ/kg)	$h''/$ (kJ/kg)	$\gamma/$ (kJ/kg)	$s'/[kJ/$ $(kg·K)]$	$s''/[kJ/$ $(kg·K)]$
0.003 0	24.098	0.001 002 7	45.668	101.00	2 545.2	2 444.2	0.354 3	8.577 6
0.004 0	28.981	0.001 004 0	34.803	121.41	2 554.1	2 432.7	0.422 4	8.474 7
0.005 0	32.90	0.001 005 2	28.196	137.77	2 561.2	2 423.4	0.476 3	8.395 2
0.006 0	36.18	0.001 006 4	23.742	151.50	2 567.1	2 415.6	0.520 9	8.330 5
0.007 0	39.02	0.001 007 4	20.532	163.38	2 572.2	2 408.8	0.559 1	8.276 0
0.008 0	41.53	0.001 008 4	18.106	173.87	2 576.7	2 402.8	0.592 6	8.228 9
0.009 0	43.79	0.001 009 4	16.206	183.28	2 580.8	2 397.5	0.622 4	8.187 5
0.010 0	45.83	0.001 010 2	14.676	191.84	2 584.4	2 392.6	0.649 3	8.150 5
0.015	54.00	0.001 014 0	10.025	225.98	2 598.9	2 372.9	0.754 9	8.008 9
0.020	60.09	0.001 017 2	7.651 5	251.46	2 609.6	2 358.1	0.832 1	7.909 2
0.025	64.99	0.001 019 9	6.206 0	271.99	2 618.1	2 346.1	0.893 2	7.832 1
0.030	69.12	0.001 022 3	5.230 8	289.31	2 625.3	2 336.0	0.944 1	7.769 5
0.040	75.89	0.001 026 5	3.994 9	317.65	2 636.8	2 319.2	1.026 1	7.671 1
0.050	81.35	0.001 030 1	3.241 5	340.57	2 646.0	2 305.4	1.091 2	7.595 1
0.060	85.95	0.001 033 3	2.732 9	359.93	2 653.6	2 293.7	1.145 4	7.533 2
0.070	89.96	0.001 036 1	2.365 8	376.77	2 662.0	2 283.4	1.192 1	7.481 1
0.080	93.51	0.001 038 7	2.087 9	391.72	2 666.0	2 274.3	1.233 0	7.436 0
0.090	96.71	0.001 041 2	1.870 1	405.21	2 671.1	2 265.9	1.269 6	7.396 3
0.100	99.63	0.001 013 4	1.694 6	417.51	2 675.7	2 258.0	1.302 7	7.360 8
0.12	104.81	0.001 017 6	1.428 9	439.36	2 683.8	2 244.4	1.360 9	7.299 6
0.14	109.32	0.001 051 3	1.237 0	458.12	2 690.8	2 232.4	1.410 9	7.248 0
0.16	113.32	0.001 054 7	1.091 7	475.38	2 696.8	2 221.4	1.455 0	7.203 2
0.18	116.93	0.001 057 9	0.977 75	490.7	2 702.1	2 211.4	1.494 4	7.163 8
0.20	120.23	0.001 060 8	0.885 92	504.7	2 706.9	2 202.2	1.530 1	7.128 6
0.25	127.43	0.001 067 5	0.718 81	535.4	2 717.2	2 181.1	1.607 2	7.054 0
0.30	133.54	0.001 073 5	0.605 86	561.4	2 725.5	2 164.1	1.671 7	6.993 0
0.35	138.88	0.001 078 9	0.524 25	584.3	2 732.5	2 148.2	1.727 3	6.941 4
0.40	143.62	0.001 083 9	0.462 42	604.7	2 738.5	2 133.8	1.776 4	6.896 6
0.45	147.92	0.001 088 5	0.413 92	623.2	2 743.8	2120.6	1.802 4	6.857 0
0.50	151.85	0.001 092 8	0.374 81	640.1	2 748.5	2 108.4	1.860 4	6.821 5
0.60	158.84	0.001 100 9	0.315 56	670.4	2 756.4	2 086.0	1.930 8	6.759 8
0.70	164.96	0.001 108 2	0.272 74	697.1	2 762.9	2 065.8	1.991 8	6.707 4
0.80	170.42	0.001 115 0	0.240 30	720.9	2 768.4	2 047.5	2.045 7	6.661 8

附表 A-2(续)

压力	饱和温度	比体积		比焓		汽化热	比熵	
		饱和水	饱和蒸汽	饱和水	饱和蒸汽		饱和水	饱和蒸汽
p/ MPa	t_s/℃	v'/ (m^3/kg)	v''/ (m^3/kg)	h'/ (kJ/kg)	h''/ (kJ/kg)	γ/ (kJ/kg)	s'/[kJ/ (kg·K)]	s''/[kJ/ (kg·K)]
0.9	175.36	0.001 121 3	0.214 84	742.6	2 773.0	2 030.4	2.094 1	6.621 2
1.0	179.88	0.001 127 4	0.194 30	762.6	2 777.0	2 014.4	2.138 2	6.584 7
1.1	184.06	0.001 133 1	0.177 39	781.1	2 780.4	1 999.3	2.178 6	6.551 5
1.2	187.96	0.001 138 6	0.163 20	798.4	2 783.4	1 985.0	2.216 0	6.521 0
1.3	191.60	0.001 143 8	0.151 12	814.7	2 786.0	1 971.3	2.250 9	6.492 7
1.4	195.04	0.001 148 9	0.140 72	830.1	2 788.4	1 958.3	2.283 6	6.466 5
1.5	198.28	0.001 153 8	0.131 65	844.7	2 790.4	1 945.7	2.314 4	6.441 8
1.6	201.37	0.001 158 6	0.123 68	858.6	2 792.2	1 933.6	2.343 6	6.418 7
1.7	204.30	0.001 163 3	0.116 61	871.8	2 793.8	1 922.0	2.371 2	6.396 7
1.8	207.10	0.001 167 8	0.110 31	884.6	2 795.1	1 910.5	2.397 6	6.375 9
1.9	209.79	0.001 172 2	0.104 64	896.8	2 796.4	1 899.6	2.422 7	6.356 1
2.0	212.37	0.001 176 6	0.099 53	908.6	2 797.4	1 888.8	2.446 8	6.337 3
2.2	217.24	0.001 185 0	0.090 64	930.9	2 799.1	1 868.2	2.492 2	6.301 8
2.4	221.78	0.001 193 2	0.083 19	951.9	2 800.4	1 848.5	2.534 3	6.269 1
2.6	226.03	0.001 201 1	0.076 85	971.7	2 801.2	1 829.5	2.573 6	6.238 6
2.8	230.04	0.001 208 8	0.071 38	990.5	2 801.7	1 811.2	2.610 6	6.210 1
3.0	233.84	0.001 216 3	0.066 62	1 008.4	2 801.9	1 793.5	2.645 5	6.183 2
3.5	242.54	0.001 234 5	0.057 02	1 049.8	2 801.3	1 751.5	2.725 3	6.121 8
4.0	250.33	0.001 252 1	0.049 74	1 087.5	2 799.4	1 711.9	2.796 7	6.067 0
4.5	257.41	0.001 269 1	0.044 02	1 122.2	2 796.5	1 674.3	2.861 4	6.017 1
5.0	263.92	0.001 285 8	0.039 41	1 154.6	2 792.8	1 638.2	2.920 9	5.971 2
6.0	275.56	0.001 318 7	0.032 41	1 213.2	2 783.3	1 569.4	3.027 7	5.887 8
7.0	285.80	0.001 351 4	0.027 34	1 267.7	2 771.4	1 503.7	3.122 5	5.812 6
8.0	294.98	0.001 384 3	0.023 49	1 317.5	2 757.5	1 440.0	3.208 3	5.743 0
9.0	303.31	0.001 417 9	0.020 46	1 364.2	2 741.8	1 377.6	3.287 5	5.677 3
10.0	310.96	0.001 452 6	0.018 00	1 408.6	2 724.4	1 315.8	3.361 6	5.614 3
12.0	324.64	0.001 526 7	0.014 25	1 492.6	2 684.8	1 192.2	3.498 6	5.493 0
14.0	336.63	0.001 610 4	0.011 49	1 572.8	2 638.3	1 065.5	3.626 2	5.373 7
16.0	347.32	0.001 710 1	0.009 330	1 651.5	2 582.7	931.2	3.748 6	5.249 6
18.0	356.96	0.001 838 0	0.007 534	1 733.4	2 514.4	781.0	3.878 9	5.113 5
20.0	365.71	0.002 038	0.005 873	1 828.8	2 413.8	585.0	4.018 1	4.933 8
22.0	373.68	0.002 675	0.003 757	2 007.7	2 192.5	184.8	4.289 1	4.574 8
22.115	374.12	0.003 147	0.003 147	2 095.2	2 095.2	0.0	4.423 7	4.423 7

附表 A–3　未饱和水与过热蒸汽表

p	0.001 MPa $t_s=6.982$ $v''=129.208$ $h''=2513.8$ $s''=8.9756$			0.005 MPa $t_s=32.90$ $v''=28.196$ $h''=2561.2$ $s''=8.3952$			0.01 MPa $t_s=45.83$ $v''=14.676$ $h''=2584.4$ $s''=8.1505$			0.04 MPa $t_s=75.89$ $v''=3.9949$ $h''=2636.8$ $s''=7.6711$		
饱和参数	$v/(\mathrm{m^3/kg})$	$h/(\mathrm{kJ/kg})$	$s/[\mathrm{kJ/(kg\cdot K)}]$	$v/(\mathrm{m^3/kg})$	$h/(\mathrm{kJ/kg})$	$s/[\mathrm{kJ/(kg\cdot K)}]$	$v/(\mathrm{m^3/kg})$	$h/(\mathrm{kJ/kg})$	$s/[\mathrm{kJ/(kg\cdot K)}]$	$v/(\mathrm{m^3/kg})$	$h/(\mathrm{kJ/kg})$	$s/[\mathrm{kJ/(kg\cdot K)}]$
$t/^\circ\!\mathrm{C}$												
0	0.001 000 2	-0.041 2	-0.000 1	0.001 000 2	0.0	-0.000 1	0.001 000 2	+0.0	-0.000 1	0.001 000 1	0.0	-0.000 1
10	130.60	2 519.5	8.995 6	0.001 000 2	42.0	0.151 0	0.001 000 2	42.0	0.151 0	0.001 000 2	42.0	0.151 0
20	135.23	2 538.1	9.060 4	0.001 001 7	83.9	0.296 3	0.001 001 7	83.9	0.296 3	0.001 001 7	83.9	0.296 3
30	139.85	2 556.8	9.123 0	0.001 004 3	125.7	0.436 5	0.001 004 3	125.7	0.436 5	0.001 004 3	125.7	0.436 5
40	144.47	2 575.5	9.183 7	28.86	2 574.6	8.438 5	0.001 007 8	167.4	0.572 1	0.001 007 8	167.5	0.572 1
50	149.09	2 594.2	9.242 6	29.78	2 593.4	8.497 7	14.87	2 592.3	8.175 2	0.001 012 1	209.3	0.703 5
60	153.71	2 613.0	9.299 7	30.71	2 612.3	8.555 2	15.34	2 611.1	8.233 1	0.001 017 1	251.1	0.831 0
70	158.33	2 631.8	9.355 2	31.64	2 631.1	8.611 0	15.80	2 630.3	8.289 2	0.001 022 8	293.0	0.954 8
80	162.95	2 650.6	9.409 3	32.57	2 650.0	8.665 2	16.27	2 649.3	8.343 7	4.044	2 644.9	7.694 0
90	167.57	2 669.4	9.461 9	33.49	2 668.9	8.718 0	16.73	2 668.3	8.396 8	4.162	2 664.4	7.748 5
100	172.19	2 688.3	9.513 2	34.42	2 687.9	8.769 5	17.20	2 687.2	8.448 4	4.280	2 683.8	7.801 3
120	181.42	2 726.2	9.612 2	36.27	2 725.9	8.868 7	18.12	2 725.4	8.547 9	4.515	2 722.6	7.902 5
140	190.66	2 764.3	9.706 6	38.12	2 764.0	8.963 3	19.05	2 763.6	8.642 7	4.749	2 761.3	7.998 6
160	199.89	2 802.6	9.797 1	39.97	2 802.3	9.053 9	19.98	2 802.0	8.733 4	4.983	2 800.1	8.090 3
180	209.12	2 841.0	9.883 9	41.81	2 840.8	9.140 8	20.90	2 840.6	8.820 4	5.216	2 838.9	8.178 0
200	218.35	2 879.6	9.967 2	43.66	2 879.5	9.224 4	21.82	2 879.3	8.904 1	5.448	2 877.9	8.262 1
220	227.58	2 918.6	10.048 0	45.51	2 918.5	9.304 9	22.75	2 918.3	8.984 8	5.680	2 917.1	8.343 2
240	236.82	2 957.7	10.125 7	47.36	2 957.6	9.382 8	23.67	2 957.4	9.062 6	5.912	2 956.4	8.421 3
260	246.05	2 997.1	10.201 0	49.20	2 997.0	9.458 0	24.60	2 996.8	9.137 9	6.144	2 995.9	8.496 9
280	255.28	3 036.7	10.273 9	51.05	3 036.6	9.531 0	25.52	3 036.5	9.210 9	6.375	3 035.6	8.570 0
300	264.51	3 076.5	10.344 6	52.90	3 076.4	9.601 7	26.44	3 076.3	9.281 7	6.606	3 075.6	8.640 9
400	310.66	3 279.5	10.670 9	62.13	3 279.4	9.928 0	31.06	3 279.4	9.608 1	7.763	3 278.9	8.967 8
500	356.81	3 489.0	10.960	71.36	3 489.0	10.218	35.68	3 488.9	9.898 2	8.918	3 488.6	9.258 1
600	402.96	3 705.3	11.224	80.99	3 705.3	10.481	40.29	3 705.2	10.161	10.07	3 705.0	9.521 2

附表 A-3（续）

p 饱和参数 t/℃	0.08 MPa $t_s=93.51$ $v''=2.0879$ $h''=2666.0$ $s''=7.4360$			0.1 MPa $t_s=99.63$ $v''=1.6946$ $h''=2675.7$ $s''=7.3603$			0.5 MPa $t_s=151.85$ $v''=0.37481$ $h''=2748.5$ $s''=6.8215$			1 MPa $t_s=179.88$ $v''=0.19430$ $h''=2777.0$ $s''=6.5847$		
t/℃	$v/(\mathrm{m^3/kg})$	$h/(\mathrm{kJ/kg})$	$s/[\mathrm{kJ/(kg\cdot K)}]$	$v/(\mathrm{m^3/kg})$	$h/(\mathrm{kJ/kg})$	$s/[\mathrm{kJ/(kg\cdot K)}]$	$v/(\mathrm{m^3/kg})$	$h/(\mathrm{kJ/kg})$	$s/[\mathrm{kJ/(kg\cdot K)}]$	$v/(\mathrm{m^3/kg})$	$h/(\mathrm{kJ/kg})$	$s/[\mathrm{kJ/(kg\cdot K)}]$
0	0.001 000 2	0.0	-0.000 1	0.001 000 2	0.1	-0.000 1	0.001 000 0	0.5	-0.000 1	0.000 999 7	1.0	-0.000 1
10	0.001 000 2	42.1	0.151 0	0.001 000 2	42.1	0.151 0	0.001 000 0	42.5	0.150 9	0.000 999 8	43.0	0.150 9
20	0.001 001 7	83.9	0.296 3	0.001 001 7	84.0	0.296 3	0.001 001 5	84.3	0.296 2	0.001 001 3	84.8	0.296 1
30	0.001 004 3	125.7	0.436 5	0.001 004 3	125.8	0.436 5	0.001 004 1	126.1	0.436 4	0.001 003 9	126.6	0.436 2
40	0.001 007 8	167.5	0.572 1	0.001 007 8	167.5	0.572 1	0.001 007 6	167.9	0.571 9	0.001 007 4	168.3	0.571 7
50	0.001 012 1	209.3	0.703 5	0.001 012 1	209.3	0.703 5	0.001 011 9	209.7	0.703 3	0.001 011 7	210.1	0.703 0
60	0.001 017 1	251.1	0.831 0	0.001 017 1	251.2	0.830 9	0.001 001 69	251.5	0.830 7	0.001 016 7	251.9	0.830 5
70	0.001 022 8	293.0	0.954 8	0.001 022 8	293.0	0.954 8	0.001 002 26	293.4	0.954 5	0.001 022 4	293.8	0.945 2
80	0.001 029 2	334.9	1.075 2	0.001 029 2	335.0	1.075 2	0.001 002 90	335.3	1.075 0	0.001 028 7	335.3	1.074 6
90	0.001 036 1	376.9	1.192 5	0.001 036 1	377.0	1.192 5	0.001 003 59	377.3	1.192 2	0.001 035 7	377.7	1.191 8
100	2.127	2 679.0	7.471 2	1.696	2 676.5	7.362 8	0.001 004 35	419.4	1.306 6	0.001 043 2	419.7	1.306 2
120	2.247	2 708.8	7.575 0	1.793	2 716.8	7.468 1	0.001 006 05	503.9	1.527 3	0.001 060 2	504.3	1.526 9
140	2.366	2 758.2	7.672 9	1.889	2 756.6	7.566 9	0.001 008 00	589.2	1.738 3	0.001 079 6	589.5	1.738 3
160	2.484	2 797.5	7.765 8	1.984	2 796.2	7.660 5	0.383 6	2 767.4	6.865 3	0.001 101 9	675.7	1.942 0
180	2.601	2 836.8	7.854 4	2.078	2 835.7	7.749 6	0.404 6	2 812.1	6.966 4	0.194 4	2 770.3	6.585 4
200	2.718	2 876.1	7.939 3	2.172	2 875.2	7.834 8	0.424 9	2 855.4	7.060 3	0.205 9	2 820.5	6.641 0
220	2.835	2 915.5	8.020 8	2.266	2 914.7	7.916 6	0.444 9	2 897.9	7.148 1	0.216 9	2 874.9	6.792 1
240	2.952	2 955.0	8.099 4	2.359	2 954.3	7.995 4	0.464 6	2 939.9	7.231 4	0.227 5	2 920.5	6.882 6
260	3.068	2 994.7	8.175 3	2.453	2 994.1	8.071 4	0.484 1	2 981.4	7.310 9	0.237 8	2 964.8	6.967 4
280	3.184	3 034.6	8.248 6	2.546	3 034.0	8.144 9	0.503 4	3 022.8	7.387 1	0.248 0	3 008.3	7.047 5
300	3.300	3 074.6	8.319 8	2.639	3 074.1	8.216 2	0.522 6	3 064.2	7.460 5	0.258 0	3 051.3	7.123 9
400	3.879	3 278.3	8.647 2	3.103	3 278.0	8.543 6	0.617 2	3 271.8	7.794 4	0.306 6	3 264.0	7.460 6
500	4.457	3 488.2	8.937 8	3.565	3 487.9	8.834 6	0.710 9	3 483.6	8.087 7	0.354 0	3 478.3	7.762 7
600	5.035	3 704.7	9.201 1	4.028	3 704.5	9.097 9	0.804 0	3 701.4	8.352 5	0.401 0	3 697.4	8.009 2

热工技术应用

附表 A-3(续)

饱和参数：

- 2 MPa: $t_s = 212.37$, $v'' = 0.099\ 53$, $h'' = 2\ 797.4$, $s'' = 6.337\ 3$
- 3 MPa: $t_s = 233.84$, $v'' = 0.066\ 62$, $h'' = 2\ 801.9$, $s'' = 6.183\ 2$
- 4 MPa: $t_s = 250.33$, $v'' = 0.049\ 74$, $h'' = 2\ 799.4$, $s'' = 6.067\ 0$
- 5 MPa: $t_s = 263.92$, $v'' = 0.039\ 41$, $h'' = 2\ 792.8$, $s'' = 5.971\ 2$

$t/℃$	2 MPa $v/(m^3/kg)$	$h/(kJ/kg)$	$s/[kJ/(kg·K)]$	3 MPa $v/(m^3/kg)$	$h/(kJ/kg)$	$s/[kJ/(kg·K)]$	4 MPa $v/(m^3/kg)$	$h/(kJ/kg)$	$s/[kJ/(kg·K)]$	5 MPa $v/(m^3/kg)$	$h/(kJ/kg)$	$s/[kJ/(kg·K)]$
0	0.000 999 2	2.0	0.000 0	0.000 998 7	3.0	0.000 1	0.000 998 2	4.0	0.000 2	0.000 997 7	5.1	0.000 2
10	0.000 999 3	43.9	0.150 8	0.000 998 8	44.9	0.150 7	0.000 998 4	45.9	0.150 6	0.000 997 9	46.9	0.150 6
20	0.001 000 8	85.7	0.295 9	0.001 000 4	86.7	0.295 7	0.000 999 9	87.6	0.295 5	0.000 999 5	88.6	0.295 2
30	0.001 003 4	127.5	0.435 9	0.001 003 0	128.4	0.435 6	0.001 002 5	129.3	0.435 3	0.001 002 1	130.2	0.435 0
40	0.001 006 9	169.2	0.571 3	0.001 006 5	170.1	0.570 9	0.001 006 0	171.0	0.570 6	0.001 005 6	171.9	0.570 2
50	0.001 011 2	211.0	0.702 6	0.001 010 8	211.8	0.702 1	0.001 010 3	212.7	0.701 6	0.001 009 9	213.6	0.701 2
60	0.001 016 2	252.7	0.829 9	0.001 015 8	253.6	0.829 4	0.001 015 3	254.4	0.828 8	0.001 014 9	255.3	0.828 3
70	0.001 021 9	294.6	0.953 6	0.001 021 5	295.4	0.953 0	0.001 021 0	296.2	0.952 4	0.001 020 5	297.0	0.951 8
80	0.001 028 2	336.5	1.074 0	0.001 027 7	337.3	1.073 3	0.001 027 3	338.1	1.072 6	0.001 026 8	338.8	1.072 0
90	0.001 035 2	378.4	1.191 1	0.001 034 7	379.3	1.190 4	0.001 034 2	380.0	1.189 7	0.001 033 7	380.7	1.189 0
100	0.001 042 7	420.5	1.305 4	0.001 042 2	421.2	1.304 6	0.001 041 7	422.0	1.303 8	0.001 041 2	422.7	1.303 0
120	0.001 059 6	505.0	1.526 0	0.001 059 0	505.7	1.525 0	0.001 058 4	506.4	1.524 2	0.001 057 9	507.1	1.523 2
140	0.001 079 0	590.2	1.737 3	0.001 078 3	590.8	1.736 2	0.001 077 7	591.5	1.735 2	0.001 077 1	592.1	1.734 2
160	0.001 100 2	676.3	1.940 8	0.001 100 5	676.9	1.939 6	0.001 099 7	677.5	1.938 5	0.001 099 0	678.0	1.937 3
180	0.001 126 6	763.6	2.137 9	0.001 125 8	764.1	2.136 6	0.001 124 9	764.8	2.135 2	0.001 124 1	765.2	2.133 9
200	0.001 156 0	852.6	2.330 0	0.001 155 0	853.0	2.328 4	0.001 154 0	853.4	2.326 8	0.001 153 0	853.8	2.325 3
220	0.102 1	2 820.4	6.384 2	0.001 189 1	943.9	2.516 6	0.001 187 8	944.2	2.514 7	0.001 186 6	944.4	2.512 9
240	0.108 4	2 876.3	6.495 3	0.068 18	2 823.0	6.234 5	0.001 228 0	1 007.7	2.700 7	0.001 226 4	1 037.8	2.698 5
260	0.114 4	2 927.9	6.594 1	0.072 86	2 885.5	6.344 0	0.051 74	2 835.6	6.135 5	0.001 275 0	1 135.0	2.884 2
280	0.120 0	2 976.9	6.684 2	0.077 14	2 941.8	6.447 7	0.055 47	2 902.2	6.258 1	0.042 24	2 857.0	6.088 9
300	0.125 5	3 024.0	6.767 9	0.081 16	2 994.2	6.540 8	0.058 85	2 961.5	6.363 4	0.045 32	2 925.4	6.210 4
400	0.151 2	3 248.1	7.128 5	0.099 33	3 231.6	6.923 1	0.073 39	3 214.5	6.771 5	0.057 80	3 196.9	6.648 6
500	0.175 6	3 467.4	7.432 3	0.116 1	3 456.4	7.234 5	0.086 38	3 445.2	7.090 9	0.068 53	3 433.8	6.976 8
600	0.199 5	3 689.5	7.702 4	0.132 4	3 681.5	7.508 4	0.098 79	3 673.4	7.368 6	0.078 64	3 665.4	7.258 6

附表 A – 3（续）

饱和参数	6 MPa	7 MPa	8 MPa	9 MPa
t_s	275.56	285.80	294.98	303.31
v''	0.03241	0.027 34	0.023 49	0.020 46
h''	2783.3	2 771.4	2 757.5	2 741.8
s''	5.887 8	5.812 6	5.743 0	5.677 3

$t/℃$	$v/(\text{m}^3/\text{kg})$	$h/(\text{kJ/kg})$	$s/[\text{kJ}/(\text{kg}\cdot\text{K})]$	$v/(\text{m}^3/\text{kg})$	$h/(\text{kJ/kg})$	$s/[\text{kJ}/(\text{kg}\cdot\text{K})]$	$v/(\text{m}^3/\text{kg})$	$h/(\text{kJ/kg})$	$s/[\text{kJ}/(\text{kg}\cdot\text{K})]$	$v/(\text{m}^3/\text{kg})$	$h/(\text{kJ/kg})$	$s/[\text{kJ}/(\text{kg}\cdot\text{K})]$
0	0.000 997 2	6.1	0.000 3	0.000 996 7	7.1	0.000 4	0.000 996 2	8.1	0.000 4	0.000 995 8	9.1	0.000 5
10	0.000 997 4	47.8	0.150 5	0.000 997 0	48.8	0.150 4	0.000 996 5	49.8	0.150 3	0.000 996 0	50.7	0.150 2
20	0.000 999 0	89.5	0.295 1	0.000 998 6	90.4	0.294 8	0.000 998 1	91.4	0.294 6	0.000 997 7	92.3	0.294 4
30	0.001 001 6	131.1	0.434 7	0.001 001 2	132.0	0.434 4	0.001 000 8	132.9	0.434 0	0.001 000 3	133.8	0.433 7
40	0.001 005 1	172.7	0.569 8	0.001 004 7	173.6	0.569 4	0.001 004 3	174.5	0.569 0	0.001 003 8	175.4	0.568 6
50	0.001 009 4	214.4	0.700 7	0.001 009 0	215.3	0.700 3	0.001 008 6	216.1	0.699 8	0.001 008 1	217.0	0.699 3
60	0.001 014 4	256.1	0.827 8	0.001 014 0	256.9	0.827 3	0.001 013 5	257.8	0.826 7	0.001 013 1	258.6	0.826 2
70	0.001 020 1	297.8	0.951 2	0.001 019 6	298.7	0.950 6	0.001 019 2	299.5	0.950 0	0.001 018 7	300.3	0.949 4
80	0.001 026 3	339.6	1.071 3	0.001 025 9	340.4	1.070 7	0.001 025 4	341.2	1.070 0	0.001 024 9	342.0	1.069 4
90	0.001 033 2	381.5	1.188 2	0.001 032 7	382.3	1.187 5	0.001 032 2	383.1	1.186 8	0.001 031 7	383.8	1.186 1
100	0.001 040 6	423.5	1.302 3	0.001 040 1	424.2	1.301 5	0.001 039 6	425.0	1.300 7	0.001 039 1	425.8	1.300 0
120	0.001 057 3	507.8	1.522 4	0.001 056 7	508.5	1.521 5	0.001 056 2	509.2	1.520 6	0.001 055 6	509.9	1.519 7
140	0.001 076 4	592.8	1.733 2	0.001 075 8	593.4	1.732 1	0.001 075 2	594.1	1.731 1	0.001 074 5	594.7	1.730 1
160	0.001 098 3	678.6	1.936 1	0.001 097 6	679.2	1.935 0	0.001 096 8	679.8	1.933 9	0.001 096 1	680.4	1.932 6
180	0.001 123 2	765.7	2.132 5	0.001 122 4	766.2	2.131 2	0.001 121 6	766.7	2.129 9	0.001 120 0	767.2	2.128 6
200	0.001 151 9	854.2	2.323 7	0.001 151 0	854.6	2.322 2	0.001 150 0	855.1	2.320 7	0.001 149 0	855.5	2.319 1
220	0.001 185 3	944.7	2.511 1	0.001 184 1	945.0	2.509 3	0.001 182 9	945.3	2.507 5	0.001 181 7	945.6	2.505 7
240	0.001 224 9	1 037.9	2.696 3	0.001 223 3	1 038.0	2.694 1	0.001 221 8	1 038.2	2.692 0	0.001 220 2	1 038.3	2.689 9
260	0.001 272 9	1 134.8	2.881 5	0.001 270 8	1 134.7	2.878 9	0.001 268 7	1 134.6	2.876 2	0.001 266 7	1 134.4	2.873 7
280	0.033 17	2 804.0	5.925 3	0.001 330 7	1 236.7	3.066 7	0.001 327 7	1 236.2	3.063 3	0.001 324 9	1 235.6	3.060 0
300	0.036 16	2 885.0	6.069 3	0.029 46	2 839.2	5.932 2	0.024 25	2 785.4	5.791 8	0.001 402 2	1 344.9	3.253 9
400	0.047 38	3 178.6	6.543 8	0.039 92	3 159.7	6.451 1	0.034 31	3 140.1	6.367 0	0.029 93	3 119.7	6.289 1
500	0.056 62	3 422.2	6.881 4	0.048 10	3 410.5	6.798 8	0.041 72	3 398.5	6.725 4	0.036 75	3 386.4	6.659 2
600	0.652 1	3 657.2	7.167 3	0.055 61	3 649.0	7.089 0	0.048 41	3 640.7	7.020 1	0.042 81	3 632.4	6.958 5

附表 A–3（续）

t/°C	10 MPa t_s=310.96 v''=0.018 00 h''=2 724.7 s''=5.614 3			12 MPa t_s=324.64 v''=0.014 25 h''=2 684.8 s''=5.493 0			14 MPa t_s=336.63 v''=0.001 149 h''=2 638.3 s''=5.373 7			16 MPa t_s=347.32 v''=0.009 330 h''=2 582.7 s''=5.249 6		
	v/(m³/kg)	h/(kJ/kg)	s/[kJ/(kg·K)]	v/(m³/kg)	h/(kJ/kg)	s/[kJ/(kg·K)]	v/(m³/kg)	h/(kJ/kg)	s/[kJ/(kg·K)]	v/(m³/kg)	h/(kJ/kg)	s/[kJ/(kg·K)]
0	0.000 995 3	10.1	0.000 5	0.000 994 3	12.1	0.000 6	0.000 993 3	14.1	0.000 7	0.000 992 4	16.1	0.000 8
10	0.000 995 6	51.7	0.150 0	0.000 994 7	53.6	0.149 8	0.000 994 8	55.6	0.149 6	0.000 992 8	57.5	0.149 4
20	0.000 997 2	93.2	0.294 2	0.000 996 4	95.1	0.293 7	0.000 995 5	97.0	0.293 3	0.000 994 6	98.8	0.292 8
30	0.000 999 9	134.7	0.433 4	0.000 999 1	136.6	0.432 8	0.000 998 2	138.4	0.432 2	0.000 997 3	140.2	0.431 5
40	0.001 003 4	176.3	0.568 2	0.001 002 6	178.1	0.567 4	0.001 001 7	179.8	0.566 6	0.001 000 8	181.6	0.565 9
50	0.001 007 7	217.8	0.698 9	0.001 006 8	219.6	0.697 9	0.001 006 0	221.3	0.697 0	0.001 005 1	223.0	0.696 1
60	0.001 012 6	259.4	0.825 7	0.001 011 8	261.1	0.824 6	0.001 010 9	262.8	0.823 6	0.001 010 0	264.5	0.822 5
70	0.001 018 2	301.1	0.948 9	0.001 017 4	302.7	0.947 7	0.001 016 4	304.4	0.946 5	0.001 015 6	306.0	0.945 3
80	0.001 024 4	342.8	1.068 7	0.001 023 5	344.4	1.067 4	0.001 022 6	346.0	1.066 1	0.001 021 7	347.6	1.064 8
90	0.001 031 2	384.6	1.185 4	0.001 030 3	386.2	1.184 0	0.001 029 3	387.7	1.182 6	0.001 028 4	389.3	1.181 2
100	0.001 038 6	426.5	1.299 2	0.001 037 6	428.0	1.297 7	0.001 036 6	429.5	1.296 1	0.001 035 6	431.0	1.294 6
120	0.001 055 1	510.6	1.518 8	0.001 054 0	512.0	1.517 0	0.001 052 9	513.5	1.515 3	0.001 051 8	514.9	1.513 6
140	0.001 073 9	595.4	1.729 1	0.001 072 7	596.7	1.727 1	0.001 071 5	598.0	1.725 1	0.001 070 3	599.4	1.723 1
160	0.001 095 4	681.0	1.931 5	0.001 094 0	682.2	1.929 2	0.001 092 6	683.4	1.926 9	0.001 091 2	684.6	1.924 7
180	0.001 119 9	767.8	2.127 2	0.001 118 3	768.8	2.124 6	0.001 116 7	769.9	2.122 0	0.001 115 1	771.0	2.119 5
200	0.001 148 0	855.9	2.317 6	0.001 146 1	856.8	2.314 6	0.001 144 2	857.7	2.311 7	0.001 142 3	858.6	2.308 7
220	0.001 180 5	946.0	2.504 0	0.001 178 2	946.6	2.500 5	0.001 175 9	947.2	2.497 0	0.001 173 6	947.9	2.493 6
240	0.001 218 8	1 038.4	2.687 8	0.001 215 8	1 038.8	2.683 7	0.001 212 9	1 039.1	2.679 6	0.001 210 1	1 039.5	2.675 6
260	0.001 264 8	1 134.3	2.871 1	0.001 260 9	1 134.2	2.866 1	0.001 257 2	1 134.1	2.861 2	0.001 253 5	1 134.0	2.856 3
280	0.001 322 1	1 235.2	3.056 7	0.001 316 7	1 234.3	3.050 3	0.001 311 5	1 233.5	3.044 1	0.001 306 5	1 232.8	3.038 1
300	0.001 397 8	1 343.7	3.249 4	0.001 389 5	1 341.5	3.240 7	0.001 381 6	1 339.5	3.232 4	0.001 374 2	1 337.7	3.224 5
400	0.026 41	3 098.5	6.215 8	0.021 08	3 053.3	6.078 7	0.017 26	3 004.0	5.948 8	0.014 27	2 949.7	5.821 5
500	0.032 77	3 374.1	6.598 4	0.026 79	3 349.0	6.489 3	0.022 51	3 323.0	6.392 2	0.019 29	3 296.3	6.303 8
600	0.038 33	3 624.0	6.902 5	0.031 61	3 607.0	6.803 4	0.026 81	3 589.8	6.717 2	0.023 21	3 572.4	6.640 1

p 饱和参数

附表 A-3（续）

p	饱和参数	t/°C	18 MPa $t_s=356.96$ $v''=0.007\,534$ $h''=2\,514.4$ $s''=5.113\,5$			20 MPa $t_s=365.71$ $v''=0.005\,873$ $h''=2\,413.8$ $s''=4.933\,8$			25 MPa			30 MPa		
			$v/(\text{m}^3/\text{kg})$	$h/(\text{kJ/kg})$	$s/[\text{kJ}/(\text{kg·K})]$	$v/(\text{m}^3/\text{kg})$	$h/(\text{kJ/kg})$	$s/[\text{kJ}/(\text{kg·K})]$	$v/(\text{m}^3/\text{kg})$	$h/(\text{kJ/kg})$	$s/[\text{kJ}/(\text{kg·K})]$	$v/(\text{m}^3/\text{kg})$	$h/(\text{kJ/kg})$	$s/[\text{kJ}/(\text{kg·K})]$
		0	0.000 991 4	18.1	0.000 8	0.000 990 4	20.1	0.000 8	0.000 988 1	25.1	0.000 9	0.000 985 7	30.0	0.000 8
		10	0.000 991 9	59.4	0.149 1	0.000 991 0	61.3	0.148 9	0.000 988 8	66.1	0.148 2	0.000 986 6	70.8	0.147 5
		20	0.000 993 7	100.7	0.292 4	0.000 992 9	102.5	0.291 9	0.000 990 7	107.1	0.290 7	0.000 988 6	111.7	0.289 5
		30	0.000 996 5	142.0	0.430 9	0.000 995 6	143.8	0.430 3	0.000 993 5	148.2	0.428 7	0.000 991 5	152.7	0.427 1
		40	0.001 000 0	183.3	0.565 1	0.000 999 2	185.1	0.564 3	0.000 997 1	189.4	0.562 3	0.000 995 0	193.8	0.560 4
		50	0.001 004 3	224.7	0.695 2	0.001 003 4	226.4	0.694 3	0.001 001 3	230.7	0.692 0	0.000 999 3	235.0	0.689 7
		60	0.001 009 2	266.1	0.821 5	0.001 008 3	267.8	0.820 4	0.001 006 2	272.0	0.817 8	0.001 004 1	276.1	0.815 3
		70	0.001 014 7	307.6	0.944 2	0.001 013 8	309.3	0.943 0	0.001 011 6	313.3	0.940 1	0.001 009 5	317.4	0.937 3
		80	0.001 020 8	349.2	1.063 6	0.001 019 9	350.8	1.062 3	0.001 017 7	354.8	1.059 1	0.001 015 5	358.7	1.056 0
		90	0.001 027 4	390.8	1.179 8	0.001 026 5	392.4	1.178 4	0.001 024 2	396.2	1.175 0	0.001 021 9	400.1	1.171 6
		100	0.001 034 6	432.5	1.293 1	0.001 033 7	434.0	1.291 6	0.001 031 3	437.8	1.287 9	0.001 028 9	441.6	1.284 3
		120	0.001 050 7	516.3	1.511 8	0.001 049 6	517.7	1.510 1	0.001 047 0	521.3	1.505 9	0.001 044 5	524.9	1.501 7
		140	0.001 069 1	600.7	1.721 2	0.001 067 9	602.0	1.719 2	0.001 065 0	605.4	1.714 4	0.001 062 1	608.7	1.709 6
		160	0.001 089 9	685.9	1.922 5	0.001 088 6	687.1	1.920 3	0.001 085 3	690.2	1.914 8	0.001 082 1	693.3	1.909 5
		180	0.001 113 6	772.0	2.117 0	0.001 112 0	773.1	2.114 5	0.001 108 2	775.9	2.108 3	0.001 104 6	778.7	2.102 2
		200	0.001 140 5	859.5	2.305 8	0.001 138 7	860.4	2.303 0	0.001 134 3	862.8	2.296 0	0.001 130 0	865.2	2.289 1
		220	0.001 171 4	948.6	2.490 3	0.001 169 3	949.3	2.487 0	0.001 164 0	951.2	2.478 9	0.001 159 0	953.1	2.471 1
		240	0.001 207 4	1 039.9	2.671 7	0.001 204 7	1 040.3	2.667 8	0.001 198 3	1 041.5	2.658 4	0.001 192 2	1 042.8	2.649 3
		260	0.001 250 0	1 134.0	2.851 6	0.001 246 6	1 134.1	2.847 0	0.001 238 4	1 134.3	2.835 9	0.001 230 7	1 134.8	2.825 2
		280	0.001 301 7	1 232.1	3.032 3	0.001 297 1	1 231.6	3.026 6	0.001 286 3	1 230.5	3.013 0	0.001 276 2	1 229.9	3.000 0
		300	0.001 367 2	1 336.1	3.216 8	0.001 360 6	1 334.6	3.209 5	0.001 345 3	1 331.5	3.192 2	0.001 331 5	1 329.0	3.176 3
		400	0.119 1	2 889.0	5.692 6	0.009 952	2 820.1	5.557 8	0.006 009	2 583.2	5.147 2	0.002 806	2 159.1	4.485 4
		500	0.016 78	3 268.7	6.221 5	0.014 77	3 240.2	6.144 0	0.011 13	3 165.0	5.963 9	0.008 679	3 083.9	5.795 4
		600	0.020 41	3 554.8	6.570 1	0.018 16	3 536.9	6.505 5	0.014 13	3 491.2	6.361 3	0.011 44	3 444.2	6.235 1

附表 A－4　R717 饱和液体及蒸汽的热力性质

温度 t/℃	饱和压力 p/kPa	比体积		比焓/(kJ/kg)		汽化热	比熵[kJ/(kg·K)]	
		v'/(L/kg)	v''/(m³/kg)	h'	h''	γ/(kJ/kg)	s'	s''
－46	51. 51	1. 434 0	2. 113 31	293. 85	1 698. 07	1 404. 22	1. 176 2	7. 358 2
－44	57. 64	1. 438 9	1. 902 43	302. 63	1 701. 32	1 398. 63	1. 214 7	7. 318 5
－42	64. 36	1. 444 0	1. 716 27	311. 35	1 704. 54	1 393. 19	1. 252 5	7. 279 8
－40	71. 71	1. 449 1	1. 551 24	320. 24	1 707. 70	1 387. 46	1. 290 8	7. 241 5
－38	79. 73	1. 454 2	1. 404 91	329. 05	1 710. 83	1 381. 78	1. 328 4	7. 204 6
－36	88. 47	1. 469 4	1. 274 62	338. 04	1 713. 90	1 375. 87	1. 366 4	7. 168 1
－34	97. 97	1. 464 7	1. 158 63	346. 94	1 716. 94	1 370. 00	1. 403 7	7. 132 4
－32	108. 28	1. 470 1	1. 055 14	355. 77	1 719. 95	1 364. 18	1. 440 4	7. 097 4
－30	119. 46	1. 475 5	0. 962 44	364. 76	1 722. 89	1 358. 14	1. 477 5	7. 063 1
－28	131. 54	1. 481 0	0. 879 41	373. 66	1 725. 80	1 352. 14	1. 513 9	7. 029 4
－26	144. 60	1. 486 5	0. 804 92	382. 49	1 728. 67	1 346. 19	1. 549 6	6. 996 5
－24	158. 57	1. 492 1	0. 737 81	391. 47	1 731. 48	1 340. 01	1. 585 8	6. 964 1
－22	173. 82	1. 497 8	0. 677 31	400. 50	1 734. 24	1 333. 74	1. 621 7	6. 932 3
－20	190. 11	1. 503 6	0. 622 75	409. 43	1 736. 95	1 327. 52	1. 657 1	6. 901 1
－18	207. 50	1. 509 4	0. 573 40	418. 40	1 739. 62	1 321. 21	1. 692 3	6. 870 6
－16	226. 34	1. 515 4	0. 528 69	427. 41	1 742. 22	1 314. 82	1. 727 3	6. 840 4
－14	246. 40	1. 521 4	0. 488 11	436. 45	1 744. 78	1 308. 33	1. 762 2	6. 810 8
－12	267. 85	1. 527 5	0. 451 24	445. 52	1 747. 28	1 301. 76	1. 797 0	6. 781 7
－10	290. 75	1. 533 7	0. 417 70	454. 56	1 749. 72	1 295. 17	1. 831 3	6. 753 1
－8	315. 17	1. 539 8	0. 387 12	463. 63	1 752. 11	1 288. 49	1. 865 5	6. 725 0
－6	341. 17	1. 546 3	0. 359 23	472. 67	1 754. 45	1 281. 78	1. 899 3	6. 697 3
－4	368. 83	1. 552 7	0. 333 72	481. 80	1 756. 72	1 274. 92	1. 933 2	6. 670 1
－2	398. 22	1. 559 3	0. 310 38	490. 90	1 758. 94	1 268. 04	1. 966 7	6. 643 3
0	429. 41	1. 565 9	0. 288 99	500. 02	1 761. 10	1 261. 08	2. 000 1	6. 616 9
2	462. 48	1. 572 7	0. 269 85	509. 18	1 763. 19	1 254. 02	2. 033 3	6. 590 9
4	497. 50	1. 579 5	0. 251 32	518. 33	1 765. 23	1 246. 90	2. 066 2	6. 565 2
6	534. 54	1. 586 5	0. 234 72	527. 50	1 767. 20	1 239. 70	2. 099 0	6. 540 0
8	573. 70	1. 593 6	0. 219 44	536. 68	1 769. 11	1 232. 43	2. 131 5	6. 515 1
10	615. 03	1. 600 8	0. 205 35	545. 88	1 770. 96	1 225. 08	2. 163 9	6. 450 5
12	658. 00	1. 608 1	0. 192 33	550. 10	1 772. 74	1 217. 63	2. 196 1	6. 466 3
14	704. 59	1. 615 5	0. 180 30	564. 36	1 774. 45	1 210. 09	2. 228 2	6. 442 4
16	752. 98	1. 623 1	0. 169 17	573. 60	1 776. 09	1 202. 49	2. 260 0	6. 418 7
18	803. 88	1. 630 8	0. 158 86	582. 90	1 777. 66	1 194. 77	2. 291 8	6. 395 4
20	857. 37	1. 638 6	0. 149 30	597. 19	1 779. 17	1 186. 97	2. 323 5	6. 372 3
22	913. 56	1. 646 6	0. 140 42	601. 51	1 780. 60	1 179. 09	2. 354 7	6. 349 5

附表 A－4(续)

温度	饱和压力	比体积		比焓/(kJ/kg)		汽化热	比熵[kJ/(kg·K)]	
t/℃	p/kPa	v'/(L/kg)	v''/(m³/kg)	h'	h''	r/(kJ/kg)	s'	s''
24	972.52	1.654 7	0.132 17	610.85	1 781.96	1 171.12	2.385 8	6.327 0
26	1 034.34	1.663 0	0.124 50	620.20	1783.25	1 163.05	2.416 9	6.304 7
28	1 099.11	1.671 4	0.117 36	629.60	1784.46	1 154.86	2.447 8	6.282 6
30	1 166.93	1.680 0	0.110 70	639.01	1785.59	1 146.57	2.478 5	6.260 8
32	1 237.88	1.688 8	0.104 49	648.46	1786.64	1 138.18	2.509 3	6.239 2
34	1 312.05	1.697 8	0.998 69	657.93	1787.61	1 129.69	2.539 8	6.217 7
36	1 389.55	1.706 9	0.093 27	667.42	1788.50	1 121.08	2.570 2	6.196 5
38	1 470.47	1.716 2	0.088 20	676.95	1789.31	1 112.36	2.600 4	6.175 4
40	1 554.89	1.725 7	0.083 45	686.51	1790.03	1 103.52	2.630 6	6.154 5
42	1 642.93	1.735 5	0.079 00	696.12	1790.66	1 094.53	2.660 7	6.133 8
44	1 743.67	1.745 4	0.748 03	705.76	1791.20	1 085.44	2.690 7	6.113 2
46	1 830.22	1.755 6	0.070 92	715.44	1791.64	1 076.21	2.720 6	6.092 7
48	1 929.68	1.766 0	0.067 24	725.15	1791.99	1 066.84	2.750 74	6.072 3

附表 A－5 R12 饱和液体及蒸汽的热力性质

温度	饱和压力	比焓/(kJ/kg)		比熵[kJ/(kg·K)]		比体积/(L/kg)	
t/℃	p/kPa	h'	h''	s'	s''	v'	v''
－60	22.62	146.463	324.236	0.779 77	1.613 73	0.636 89	637.911
－55	29.98	150.808	326.567	0.799 90	1.605 52	0.642 26	491.000
－50	39.15	155.169	328.897	0.819 64	1.598 10	0.647 82	383.105
－45	50.44	159.549	331.223	0.839 01	1.591 42	0.663 55	302.683
－40	64.17	163.948	333.541	0.858 05	1.585 39	0.659 49	241.910
－35	80.71	168.369	335.849	0.867 76	2.579 96	0.665 63	195.398
－30	100.41	172.810	338.143	0.895 16	1.575 07	0.672 00	159.375
－28	109.27	174.593	339.057	0.902 44	2.573 26	0.674 61	147.275
－26	118.72	176.380	339.968	0.909 67	1.571 52	0.677 26	136.284
－24	128.80	178.171	340.876	0.916 86	1.569 85	0.679 96	126.282
－22	139.53	179.965	341.780	0.944 00	1.568 25	0.682 69	117.167
－20	150.93	181.764	342.682	0.931 10	1.566 72	0.685 47	108.847
－18	163.04	183.567	343.580	0.938 16	1.565 26	0.688 29	101.242
－16	175.89	185.374	344.474	0.945 18	1.563 85	0.691 15	94.278 8
－14	189.50	187.185	345.365	0.952 16	1.562 56	0.694 07	87.895 1
－12	203.90	189.001	346.252	0.959 10	1.561 21	0.697 03	82.034 4
－10	219.12	190.822	347.134	0.966 01	1.559 97	0.700 04	76.646 4
－9	227.04	191.734	347.574	0.969 45	1.559 38	0.701 57	74.115 5
－8	235.19	192.647	348.012	0.972 87	1.558 97	0.703 10	71.686 4
－7	243.55	193.562	348.450	0.976 29	1.558 22	0.704 65	69.354 3

附表 A-5(续)

温度	饱和压力	比焓/(kJ/kg)		比熵[kJ/(kg·K)]		比体积/(L/kg)	
t/℃	p/kPa	h'	h''	s'	s''	v'	v''
-6	252.14	194.477	348.886	0.979 71	1.557 65	0.706 22	67.114 6
-5	260.56	195.395	349.321	0.983 11	1.557 10	0.707 80	64.962 9
-4	270.01	196.313	349.755	0.986 50	1.556 57	0.709 39	62.895 2
-3	279.30	197.233	350.187	0.989 89	1.556 04	0.710 99	60.907 5
-2	288.82	198.154	350.619	0.993 27	1.555 52	0.712 61	58.996 3
-1	298.59	199.076	351.049	0.996 64	1.555 02	0.714 25	57.157 9
0	308.61	200.000	351.477	1.000 00	1.554 52	0.715 90	55.389 2
1	318.88	200.925	351.905	1.003 35	1.554 04	0.717 56	53.686 9
2	329.40	201.852	352.331	1.006 70	1.553 56	0.719 24	52.048 1
3	340.19	202.780	352.755	1.010 04	1.553 10	0.720 94	50.470 0
4	351.24	203.710	353.179	1.013 37	1.552 64	0.722 65	48.949 9
5	263.55	204.642	353.600	1.016 70	1.552 20	0.724 38	47.485 3
6	374.14	205.575	354.020	1.020 01	1.551 76	0.726 12	46.073 7
7	386.01	206.509	354.439	1.023 33	1.551 33	0.727 88	44.712 9
8	398.15	207.445	354.856	1.026 63	1.550 91	0.729 66	43.400 6
9	410.58	208.383	355.272	1.029 93	1.550 50	0.731 46	42.134 9
10	423.30	209.323	355.686	1.033 22	1.550 10	0.733 26	40.913 7
11	436.31	210.264	356.098	1.036 50	1.549 70	0.735 10	39.735 2
12	449.62	211.207	356.509	1.039 78	1.549 31	0.736 95	38.597 5
13	463.23	212.152	356.918	1.043 05	1.548 93	0.738 82	37.499 1
14	477.14	213.099	357.325	1.046 32	1.548 56	0.740 71	36.438 2
15	491.37	214.048	357.703	1.049 58	1.548 19	0.742 62	35.413 3
16	505.91	214.998	358.134	1.052 84	1.547 83	0.744 55	34.423 0
17	520.76	215.951	358.535	1.056 09	1.547 48	0.746 49	33.465 8
18	535.94	216.906	358.935	1.059 33	1.547 13	0.748 46	32.540 5
19	551.45	217.863	359.333	1.062 58	1.546 79	0.750 45	31.645 7
20	567.29	218.821	359.729	1.065 81	1.546 45	0.752 46	30.780 2
21	583.47	219.783	360.122	1.069 04	1.546 12	0.754 49	29.942 9
22	599.98	220.746	360.514	1.072 27	1.545 79	0.756 55	29.132 7
23	616.84	221.712	360.904	1.075 49	1.545 47	0.758 63	28.348 5
24	634.05	222.680	361.291	1.078 71	1.545 15	0.760 73	27.589 4
25	651.62	223.650	361.676	1.081 93	1.544 84	0.762 86	26.854 2
26	669.54	224.623	362.099	1.085 14	1.544 53	0.765 01	26.142 2
27	687.82	225.598	362.439	1.088 35	1.544 23	0.767 18	25.452 4
28	706.47	226.570	362.817	1.091 55	1.543 93	0.769 38	24.784 0
29	725.50	227.557	363.193	1.094 75	1.543 63	0.771 61	24.136 2

附表 A-5(续)

温度	饱和压力	比焓/(kJ/kg)		比熵[kJ/(kg·K)]		比体积/(L/kg)	
t/℃	p/kPa	h'	h"	s'	s"	v'	v"
30	744.90	228.540	363.566	1.097 95	1.543 34	0.773 86	23.508 2
31	764.68	229.526	363.937	1.101 15	1.543 05	0.776 14	22.899 3
32	784.85	230.515	364.305	1.104 34	1.542 76	0.778 45	22.308 8
33	805.41	231.506	364.670	1.107 53	1.542 47	0.780 79	21.735 9
34	826.36	232.501	365.033	1.110 72	1.542 19	0.783 16	21.180 0
35	847.72	233.498	365.392	1.113 91	1.541 91	0.785 56	20.640 8
36	869.48	234.499	365.749	1.117 10	1.541 63	0.787 99	20.117 3
37	891.04	235.503	366.103	1.120 28	1.541 35	0.790 45	19.609 1
38	914.23	236.510	366.454	1.123 47	1.541 07	0.792 294	19.115 6
39	937.23	237.521	366.802	1.126 65	1.540 79	0.795 46	18.636 2
40	960.65	238.535	367.146	1.129 84	1.540 51	0.798 02	18.170 6
41	984.51	239.552	367.487	1.133 02	1.540 24	0.800 62	17.718 2
42	1 008.8	240.574	367.825	1.136 20	1.539 96	0.803 25	17.278 5
43	1 033.5	241.598	368.160	1.139 38	1.539 68	0.805 92	16.851 1
44	1 058.7	242.627	368.491	1.142 57	1.539 41	0.808 63	16.435 6
45	1 084.3	243.659	368.818	1.145 75	1.539 13	0.811 37	16.031 6
46	1 110.4	244.696	369.141	1.148 94	1.538 85	0.814 16	15.638 6
47	1 136.9	245.736	369.461	1.152 13	1.538 56	0.816 98	15.256 3
48	1 163.9	246.781	369.777	1.155 32	1.538 28	0.819 85	14.884 4
49	1 191.4	247.830	370.088	1.158 51	1.537 99	0.822 77	14.522 4
50	1 210.3	248.884	370.396	1.161 70	1.537 70	0.825 73	14.170 1
52	1 276.6	251.004	370.997	1.168 10	1.537 12	0.831 79	13.493 1
54	1 335.9	253.144	371.581	1.174 51	1.536 51	0.838 04	12.850 9
56	1 397.2	255.304	372.145	1.180 93	1.535 89	0.844 51	12.241 2
58	1 460.5	257.486	372.688	1.187 38	1.535 24	0.851 21	11.662 0
60	1 525.9	259.690	373.210	1.193 84	1.534 57	0.858 14	11.111 3
62	1 593.5	261.918	373.707	1.200 34	1.533 87	0.865 34	10.587 2
64	1 663.2	264.172	374.180	1.206 86	1.533 13	0.872 82	10.088 1
66	1 735.1	266.452	374.625	1.213 42	1.532 35	0.880 59	9.612 34
68	1 809.3	268.762	375.042	1.220 01	1.531 53	0.888 70	9.158 44
70	1 885.8	271.102	375.427	1.226 65	1.530 66	0.897 16	8.725 02
75	2 087.5	277.100	376.234	1.243 47	1.528 21	0.920 09	7.722 58
80	2 304.6	283.341	376.777	1.260 69	1.525 26	0.946 12	6.821 43
85	2 538.0	289.879	376.985	1.278 45	1.521 64	0.976 21	6.004 94
90	2 788.5	296.788	376.748	1.296 91	1.517 08	1.011 90	5.257 59
95	3 056.9	304.181	375.887	1.316 37	1.511 13	1.055 81	4.563 41
100	3 344.1	312.261	374.000	1.337 32	1.502 96	1.113 11	3.902 80

附表 A－6　R22 饱和液体及蒸汽的热力性质

温度 /℃	饱和压力 /kPa	比焓/(kJ/kg)		比熵/[kJ/(kg·K)]		比体积/(L/kg)	
t	p	h'	h''	s'	s''	v'	v''
-60	37.48	134.763	379.114	0.732 54	1.878 86	0.682 08	537.152
-55	49.47	139.830	381.529	0.755 99	1.863 89	0.688 56	414.827
-50	64.39	144.959	383.921	0.779 19	1.850 00	0.695 26	324.557
-45	82.71	150.153	386.282	0.802 16	1.837 08	0.702 19	256.990
-40	104.95	155.414	388.609	0.824 90	1.825 04	0.709 36	205.745
-35	131.68	160.742	390.896	0.847 43	1.813 80	0.716 80	166.400
-30	163.48	166.140	393.138	0.869 76	1.803 29	0.724 52	135.844
-28	177.76	168.318	394.021	0.878 64	1.799 27	0.727 69	125.563
-26	192.99	170.507	394.896	0.887 48	1.795 35	0.730 92	116.214
-24	209.22	172.708	395.762	0.896 30	1.791 52	0.734 20	107.701
-22	226.48	174.919	396.619	0.905 09	1.787 79	0.737 53	99.936 2
-20	244.83	177.142	397.467	0.913 86	1.784 15	0.740 91	92.843 2
-18	264.29	179.376	398.305	0.922 59	1.780 59	0.744 36	86.354 6
-16	284.93	181.622	399.133	0.931 29	1.777 11	0.747 86	80.410 3
-14	306.78	183.878	399.951	0.939 97	1.773 71	0.751 43	74.957 2
-12	329.89	186.147	400.759	0.948 62	1.770 39	0.755 06	69.947 8
-10	354.30	188.426	401.555	0.957 25	1.767 13	0.758 76	65.339 9
-9	367.01	189.571	401.949	0.961 55	1.765 53	0.760 63	63.174 6
-8	380.06	190.718	402.341	0.965 85	1.763 94	0.762 53	61.095 8
-7	393.47	191.868	402.729	0.970 14	1.762 37	0.764 44	59.099 6
-6	407.23	193.021	403.114	0.974 42	1.760 82	0.766 36	57.182 0
-5	421.35	194.176	403.496	0.978 70	1.759 28	0.768 31	55.339 4
-4	435.84	195.335	403.876	0.982 97	1.757 75	0.770 28	53.568 1
-3	450.70	196.497	404.252	0.987 24	1.756 24	0.772 26	51.865 3
-2	465.94	197.662	404.626	0.991 50	1.754 75	0.774 27	50.227 4
-1	481.57	198.828	404.994	0.995 75	1.753 26	0.776 29	48.651 7
0	497.59	200.00	405.361	1.000 00	1.752 79	0.778 34	47.135 4
1	514.01	201.174	405.724	1.004 24	1.750 34	0.780 41	45.675 7
2	530.83	202.351	406.084	1.008 48	1.748 89	0.782 49	44.270 2
3	548.06	203.530	406.440	1.012 71	1.747 46	0.784 60	42.916 6
4	565.71	204.713	406.739	1.016 94	1.746 04	0.786 73	41.612 4
5	583.78	205.899	407.143	1.021 16	1.744 63	0.788 89	40.355 6
6	602.28	207.089	407.489	1.025 37	1.743 24	0.791 07	39.144 1
7	621.22	208.281	407.831	1.029 58	1.741 85	0.793 27	37.975 9
8	640.59	209.477	408.169	1.033 79	1.740 47	0.795 49	36.849 3
9	660.42	210.675	408.504	1.037 99	1.739 11	0.797 75	35.762 4
10	680.70	211.877	408.835	1.042 18	1.737 75	0.800 02	34.713 6
11	701.44	213.083	409.162	1.046 37	1.736 40	0.802 32	33.701 3
12	722.65	214.296	409.485	1.050 56	1.735 06	0.804 65	32.723 9
13	744.33	215.503	409.804	1.054 74	1.733 73	0.807 01	31.780 1
14	766.50	216.719	410.119	1.058 92	1.732 41	0.809 39	30.868 3
15	789.15	217.937	410.430	1.063 09	1.731 09	0.811 80	29.987 4
16	812.29	219.160	410.736	1.067 26	1.729 78	0.814 24	29.136 1
17	835.93	220.386	411.038	1.071 42	1.728 48	0.816 71	28.313 1
18	860.08	221.615	411.336	1.075 59	1.727 19	0.819 22	27.517 3
19	884.75	222.848	411.629	1.079 74	1.725 90	0.821 75	26.747 7
20	909.93	224.084	411.918	1.083 90	1.724 62	0.824 31	26.003 2

附表 A-6(续)

温度 /℃	饱和压力 /kPa	比焓/(kJ/kg)		比熵/[kJ/(kg·K)]		比体积/(L/kg)	
t	p	h'	h"	s'	s"	v'	v"
21	935.64	225.324	412.202	1.088 05	1.723 34	0.826 94	25.282 9
22	961.89	226.568	412.481	1.092 20	1.722 06	0.829 54	24.585 7
23	988.67	227.816	412.755	1.096 34	1.720 80	0.832 21	23.910 7
24	1 016.0	229.068	413.025	1.100 48	1.719 53	0.834 91	23.257 2
25	1 043.9	230.324	413.289	1.104 62	1.718 27	0.837 65	22.624 2
26	1 072.3	231.583	413.548	1.108 76	1.717 01	0.840 43	22.011 1
27	1 101.4	232.847	413.802	1.112 90	1.715 76	0.843 24	21.416 9
28	1 130.9	234.115	414.050	1.117 03	1.714 50	0.846 10	20.841 1
29	1 161.1	235.387	441.293	1.121 16	1.713 25	0.848 99	20.282 9
30	1 191.9	236.664	414.530	1.125 30	1.712 00	0.851 93	19.741 7
31	1 223.2	237.944	414.762	1.129 43	1.710 75	0.854 91	19.216 8
32	1 255.2	239.230	414.987	1.133 55	1.709 50	0.857 93	18.707 6
33	1 287.8	240.520	415.207	1.137 68	1.708 26	0.861 01	18.213 5
34	1 321.0	241.814	415.402	1.141 81	1.707 01	0.864 12	17.734 1
35	1 354.8	243.114	415.627	1.145 94	1.705 76	0.867 29	17.268 6
36	1 389.0	244.418	415.828	1.150 07	1.704 50	0.870 51	16.816 8
37	1 424.3	245.727	416.021	1.154 20	1.703 25	0.873 78	16.377 9
38	1 460.1	247.041	416.208	1.158 33	1.701 99	0.877 10	15.951 7
39	1 496.5	248.361	416.388	1.162 46	1.700 73	0.880 48	15.537 5
40	1 533.5	249.686	416.561	1.166 55	1.699 46	0.883 92	15.135 1
41	1 571.2	251.016	416.726	1.170 73	1.698 19	0.887 41	14.743 9
42	1 609.6	252.352	416.883	1.174 86	1.696 92	0.890 97	14.363 6
43	1 648.7	253.694	417.033	1.179 00	1.695 64	0.894 59	13.993 8
44	1 688.5	255.042	417.174	1.183 10	1.694 35	0.898 28	13.634 1
45	1 729.0	256.396	417.308	1.187 30	1.693 05	0.902 03	13.284 1
46	1 770.2	257.756	417.432	1.191 45	1.691 74	0.905 86	12.943 6
47	1 812.1	259.123	417.548	1.195 60	1.690 43	0.909 76	12.612 2
48	1 854.8	260.497	417.655	1.199 77	1.689 11	0.913 74	12.289 5
49	1 898.2	261.877	417.752	1.203 93	1.687 77	0.917 79	11.975 3
50	1 942.3	263.264	417.838	1.208 11	1.686 43	0.921 93	11.669 3
52	2 032.8	266.062	417.983	1.216 48	1.683 70	0.930 47	11.080 6
54	2 126.5	268.891	418.083	1.224 89	1.680 91	0.939 39	10.521 4
56	2 223.2	271.754	418.137	1.233 33	1.678 05	0.948 72	9.989 52
58	2 323.2	274.654	418.141	1.241 83	1.675 11	0.958 50	9.483 19
60	2 426.6	277.593	418.089	1.250 38	1.672 08	0.968 78	9.000 62
62	2 533.3	280.577	417.978	1.258 99	1.668 95	0.979 60	8.540 16
64	2 643.5	283.607	417.802	1.267 68	1.665 76	0.991 04	8.100 23
66	2 757.3	286.690	417.553	1.276 47	1.662 31	1.003 17	7.679 34
68	2 874.7	289.832	417.226	1.285 35	1.658 70	1.016 08	7.276 05
70	2 995.9	293.038	416.809	1.294 36	1.655 04	1.029 87	6.888 99
75	3 316.1	301.399	415.299	1.317 58	1.644 72	1.069 16	5.983 34
80	3 662.3	310.424	412.898	1.342 23	1.632 39	1.118 10	5.148 62
85	4 036.8	320.505	409.101	1.369 36	1.616 73	1.783 28	4.358 15
90	4 442.5	332.616	402.653	1.401 55	1.594 40	1.282 30	3.564 40
95	4 883.5	351.767	386.708	1.452 22	1.547 12	1.520 64	3.551 33

附表 A-7　R134a 饱和液体及蒸汽的热力性质

温度 t /℃	压力 p /kPa	密度 ρ /(kg/m³) 液体	密度 ρ /(kg/m³) 气体	比焓 h /(kJ/kg) 液体	比焓 h /(kJ/kg) 气体	比熵 s /[kJ/(kg·K)] 液体	比熵 s /[kJ/(kg·K)] 气体	比定容热容 cᵥ /[kJ/(kg·K)] 液体	比定容热容 cᵥ /[kJ/(kg·K)] 气体	比定压热容 cₚ /[kJ/(kg·K)] 液体	比定压热容 cₚ /[kJ/(kg·K)] 气体	表面张力 σ/(N/m)
-40	52	1 414	2.8	0.0	223.3	0.000	0.958	0.667	0.646	1.129	0.724	0.017 7
-35	66	1 399	3.5	5.7	226.4	0.024	0.951	0.696	0.659	1.154	0.758	0.016 9
-30	85	1 385	4.4	11.5	229.6	0.048	0.945	0.722	0.672	1.178	0.774	0.016 1
-25	107	1 370	5.5	17.5	232.7	0.073	0.940	0.746	0.685	0.202	0.791	0.015 4
-20	133	1 355	6.8	23.6	235.8	0.097	0.935	0.767	0.698	1.227	0.809	0.014 6
-15	164	1 340	8.3	29.8	238.8	0.121	0.931	0.786	0.712	1.250	0.828	0.013 9
-10	201	1 324	10.0	36.1	241.8	0.145	0.927	0.803	0.726	1.274	0.847	0.013 2
-5	243	1 308	12.1	42.5	244.8	0.169	0.924	0.817	0.740	1.297	0.868	0.012 4
0	293	1 292	14.4	49.1	247.8	0.193	0.921	0.830	0.755	1.320	0.889	0.011 7
5	350	1 276	17.1	55.8	250.7	0.217	0.918	0.840	0.770	1.343	0.912	0.011 0
10	415	1 259	20.2	62.6	253.5	0.241	0.916	0.849	0.785	1.365	0.936	0.010 3
15	489	1 242	23.7	69.4	256.3	0.265	0.914	0.857	0.800	1.388	0.962	0.009 6
20	572	1 224	27.8	76.5	259.0	0.289	0.912	0.863	0.815	1.411	0.990	0.008 9
25	666	1 206	32.3	83.6	261.6	0.313	0.910	0.868	0.831	1.435	1.020	0.008 3
30	771	1 187	37.5	90.8	264.2	0.337	0.908	0.872	0.847	1.460	1.053	0.007 6
35	887	1 167	43.3	98.2	266.6	0.360	0.907	0.875	0.863	1.486	1.089	0.006 9
40	1 017	1 147	50.0	105.7	268.8	0.384	0.905	0.878	0.879	1.514	1.130	0.006 3
45	1 160	1 126	57.5	113.3	271.0	0.408	0.904	0.881	0.896	1.546	1.177	0.005 6
50	1 318	1 103	66.1	121.0	272.9	0.432	0.902	0.883	0.914	1.581	1.231	0.005 0
55	1 491	1 080	75.9	129.0	274.7	0.456	0.900	0.886	0.932	1.621	1.295	0.004 4
60	1 681	1 055	87.2	137.1	276.1	0.479	0.897	0.890	0.950	1.667	1.374	0.003 8
65	1 888	1 028	100.2	145.3	277.3	0.504	0.894	0.895	0.970	1.724	1.473	0.003 2
70	2 115	999	115.5	153.9	278.1	0.528	0.890	0.901	0.991	1.794	1.601	0.002 7
75	2 361	967	133.6	162.6	278.4	0.553	0.885	0.910	1.014	1.884	1.776	0.002 2
80	2 630	932	155.4	171.8	278.0	0.578	0.879	0.922	1.039	2.011	2.027	0.001 6
85	3 923	893	182.4	181.3	276.8	0.604	0.870	0.937	1.060	2.204	2.408	0.001 2
90	3 242	847	216.9	191.6	274.5	0.631	0.860	0.958	1.097	3.554	3.056	0.000 7
95	2 590	790	264.5	203.1	270.4	0.662	0.844	0.988	1.131	3.424	4.483	0.000 3
100	2 971	689	353.1	219.3	260.4	0.704	0.814	1.044	1.168	10.793	14.807	0.000 0

附表 A-8　R134a 过热蒸汽性质

温度 t /℃	密度 ρ /(kg/m³)	比焓 h /(kJ/kg)	比熵 s /[kJ/(kg·K)]	比定容热容 cᵥ /[kJ/(kg·K)]	比定压热容 cₚ /[kJ/(kg·K)]
-26.1①	1373.16	16.2	0.067	0.741	1.197
-26.1②	5.26	232.0	0.941	0.682	0.787
-25.0	5.23	232.9	0.944	0.684	0.788
-20.0	5.11	236.8	0.960	0.691	0.794
-15.0	5.00	240.8	0.976	0.699	0.799
-10.0	4.89	244.8	0.991	0.706	0.805
-5.0	4.79	248.9	1.006	0.714	0.811
0.0	4.69	252.9	1.021	0.722	0.818
5.0	4.59	257.0	1.036	0.730	0.825
10.0	4.50	261.2	1.051	0.738	0.831
15.0	4.42	265.3	1.066	0.746	0.838
20.0	4.34	269.6	1.080	0.754	0.846
25.0	4.26	273.8	1.095	0.762	0.853
30.0	4.18	278.1	1.109	0.770	0.860

附表 A-8(续)

温度 t /℃	密度 ρ /(kg/m³)	比焓 h /(kJ/kg)	比熵 s /[kJ/(kg·K)]	比定容热容 c_V /[kJ/(kg·K)]	比定压热容 c_p /[kJ/(kg·K)]
35.0	4.11	282.4	1.123	0.778	0.867
40.0	4.04	286.8	1.37	0.786	0.875
45.0	3.97	291.1	1.151	0.793	0.882
50.0	3.91	295.6	1.165	0.801	0.890
55.0	3.84	300.0	1.178	0.809	0.897
60.0	3.78	304.6	1.192	0.817	0.905
65.0	3.73	309.1	1.206	0.825	0.912
70.0	3.67	313.7	1.219	0.833	0.920
75.0	3.67	318.3	1.232	0.841	0.927
80.0	3.56	322.9	1.246	0.849	0.935

①饱和液体。
②饱和蒸汽。

附表 A-9 在 0.1 MPa 时的饱和空气状态参数表

干球温度 t /℃	水蒸气压力 p_s /10² Pa	含湿量 d_a /(g/kg)	饱和焓 h_s /(kJ/kg)	密度 ρ /(kg/m³)	汽化热 γ /(kJ/kg)
-20	1.03	0.64	-18.5	1.38	2 839
-19	1.13	0.71	-17.4	1.37	2 839
-18	1.25	0.78	-16.4	1.36	2 839
-17	1.37	0.85	-15.0	1.36	2 838
-16	1.50	0.94	-13.8	1.35	2 838
-15	1.65	1.03	-12.5	1.35	2 838
-14	1.81	1.13	-11.3	1.34	2 838
-13	1.98	1.23	-10.0	1.34	2 838
-12	2.17	1.35	-8.7	1.33	2 837
-11	2.37	1.48	-7.4	1.33	2 837
-10	2.59	1.62	-6.0	1.32	2 837
-9	2.83	1.77	-4.6	1.32	2 836
-8	3.09	1.93	-3.2	1.31	2 836
-7	3.38	2.11	-1.8	1.31	2 836
-6	3.68	2.30	-0.3	1.30	2 836
-5	4.01	2.50	1.2	1.30	2 835
-4	4.37	2.73	2.8	1.29	2 835
-3	4.75	2.97	4.4	1.29	2 835
-2	5.17	3.23	6.0	1.28	2 834
-1	5.62	3.52	7.8	1.28	2 834
0	6.11	3.82	9.5	1.27	2 500
1	6.56	4.11	11.3	1.27	2 498
2	7.05	4.42	13.1	1.26	2 496
3	7.57	4.75	14.9	1.26	2 493
4	8.13	5.10	16.8	1.25	2 491
5	8.72	5.47	18.7	1.25	2 489
6	9.35	5.87	20.7	1.24	2 486
7	10.01	6.29	22.8	1.24	2 484
8	10.72	6.74	25.0	1.23	2 481
9	11.47	7.22	27.2	1.23	2 479
10	12.27	7.73	29.5	1.22	2 477
11	13.12	8.27	31.9	1.22	2 475
12	14.01	8.84	34.4	1.21	2 472
13	15.00	9.45	37.0	1.21	2 470
14	15.97	10.10	39.5	1.21	2 468
15	17.04	10.78	42.3	1.20	2 465

附表 A −9(续)

干球温度 t /℃	水蒸气压力 p_s /10^2 Pa	含湿量 d_a /(g/kg)	饱和焓 h_s /(kJ/kg)	密度 ρ /(kg/m³)	汽化热 γ /(kJ/kg)
16	18.17	11.51	45.2	1.20	2 463
17	19.36	12.28	48.2	1.19	2 460
18	20.62	13.10	51.3	1.19	2 458
19	21.96	13.97	54.5	1.18	2 456
20	23.37	14.88	57.9	1.18	2 453
21	24.85	15.85	61.4	1.17	2 451
22	26.42	16.88	65.0	1.17	2 448
23	28.08	17.97	68.8	1.16	2 446
24	29.82	19.12	72.8	1.16	2 444
25	31.67	20.34	76.9	1.15	2 441
26	33.60	21.63	81.3	1.15	2 439
27	35.64	22.99	85.8	1.14	2 437
28	37.78	24.42	90.5	1.14	2 434
29	40.04	25.94	95.4	1.14	2 432
30	42.41	27.53	100.5	1.13	2 430
31	44.91	29.25	106.0	1.13	2 427
32	47.53	31.07	111.7	1.12	2 425
33	50.29	32.94	117.6	1.12	2 422
34	53.18	34.94	123.7	1.11	2 420
35	56.22	37.05	130.2	1.11	2 418
36	59.40	39.28	137.0	1.10	2 415
37	62.74	41.64	144.2	1.10	2 413
38	66.24	44.12	151.6	1.09	2 411
39	69.91	46.75	159.5	1.08	2 408
40	73.75	49.52	167.7	1.08	2 406
41	77.77	52.45	176.4	1.08	2 403
42	81.98	55.54	185.5	1.07	2 401
43	86.39	58.82	195.0	1.07	2 398
44	91.00	62.26	205.0	1.06	2 396
45	95.82	65.92	218.6	1.05	2 394
46	100.85	69.76	226.7	1.05	2 391
47	106.12	73.84	238.4	1.04	2 389
48	111.62	78.15	250.7	1.04	2 386
49	117.36	82.70	263.6	1.03	2 384
50	123.35	87.52	277.3	1.03	2 382
51	128.60	92.62	291.7	1.02	2 379
52	136.13	98.01	306.8	1.02	2 377
53	142.93	103.73	322.9	1.01	2 375
54	150.02	109.80	339.8	1.00	2 372
55	157.41	116.19	357.7	1.00	2 370
56	165.09	123.00	376.7	0.99	2 367
57	173.12	130.23	396.8	0.99	2 365
58	181.46	137.89	418.0	0.98	2 363
59	190.15	146.04	440.0	0.97	2 360
60	199.17	154.72	464.5	0.97	2 358
65	250.30	207.44	609.2	0.93	2 345
70	311.60	281.54	811.1	0.90	2 333
75	385.50	390.20	1 105.7	0.85	2 320
80	473.60	559.61	1 563.0	0.81	2 309
85	578.00	851.90	2 351.0	0.76	2 295
90	704.10	1 459.00	3 983.0	0.70	2 282
95	845.20	3 396.00	9 190.0	0.64	2 269
100	1 013.00			0.60	2 257

附表 A－10　干空气的热物理性质

$t/℃$	$\rho/$ (kg/m³)	c_p /[kJ/(kg·K)]	$\lambda \times 10^2$ /[W/(m·K)]	$a \times 10^6$ /(m²/s)	$\mu \times 10^6$ /[kg/(m·s)]	$\nu \times 10^6$ /(m²/s)	Pr
－50	1.584	1.013	2.04	12.7	14.6	9.23	0.728
－40	1.515	1.013	2.12	13.8	15.2	10.04	0.728
－30	1.453	1.013	2.20	14.9	15.7	10.80	0.723
－20	1.395	1.009	2.28	16.2	16.2	11.61	0.716
－10	1.342	1.009	2.36	17.4	16.7	12.43	0.712
0	1.293	1.005	2.44	18.8	17.2	13.28	0.707
10	1.247	1.005	2.51	20.0	17.6	14.16	0.705
20	1.205	1.005	2.59	21.4	18.1	15.06	0.703
30	1.165	1.005	2.67	22.9	18.6	16.00	0.701
40	1.128	1.005	2.76	24.3	19.1	16.96	0.699
50	1.093	1.005	2.83	25.7	19.6	17.95	0.698
60	1.060	1.005	2.90	27.2	20.1	18.97	0.696
70	1.029	1.009	2.96	28.6	20.6	20.02	0.694
80	1.000	1.009	3.05	30.2	21.1	21.09	0.692
90	0.972	1.009	3.13	31.9	21.5	22.10	0.690
100	0.946	1.009	3.21	33.6	21.9	23.13	0.688
120	0.898	1.009	3.34	36.8	22.8	25.45	0.686
140	0.854	1.013	3.49	40.3	23.7	27.80	0.684
160	0.815	1.017	3.64	43.9	24.5	30.09	0.682
180	0.779	1.022	3.78	47.5	25.3	32.49	0.681
200	0.746	1.026	3.93	51.4	26.0	34.85	0.680
290	0.674	1.038	4.27	61.0	27.4	40.61	0.677
300	0.615	1.047	4.60	71.6	29.7	48.33	0.674
350	0.566	1.059	4.91	81.9	31.4	55.46	0.676
400	0.524	1.068	5.21	93.1	33.0	63.09	0.678
500	0.456	1.093	5.74	115.3	36.2	79.38	0.687
600	0.404	1.114	6.22	138.3	39.1	96.89	0.699
7700	0.362	1.135	6.71	163.4	41.8	115.4	0.706
800	0.329	1.156	7.18	188.8	44.3	134.8	0.713
900	0.301	1.172	7.63	216.2	46.7	155.1	0.717
1 000	0.277	1.185	8.07	245.9	49.0	177.1	0.719
1 100	0.257	1.197	8.50	276.2	51.2	199.3	0.722
1 200	0.239	1.210	9.15	316.5	53.5	233.7	0.724

附表 A－11　饱和水的热物理性质

$t/℃$	$p \times 10^{-5}/$ Pa	$\rho/$ (kg/ m³)	$h'/$ (kJ/ kg)	$c_p/$ [kJ/ (kg·K)]	$\lambda \times 10^2/$ [W/ (m·K)]	$a \times 10^6/$ (m²/s)	$\mu \times 10^6/$ [kg/ (m/s)]	$\nu \times 10^6/$ (m²/s)	$a_V \times 10^4/$ K⁻¹	$\sigma \times 10^4/$ (N/m)	Pr
0	0.006 11	999.8	−0.05	4.212	55.1	13.1	1 788	1.789	−0.81	756.4	13.67
10	0.012 28	999.7	42.0	4.191	57.4	13.7	1 306	1.306	0.87	741.6	9.52
20	0.023 38	998.2	83.90	4.183	59.9	14.3	1 004	1.006	2.09	726.9	7.02
30	0.042 45	995.6	125.7	4.174	61.8	14.9	801.5	0.805	3.05	712.2	5.42
40	0.073 81	992.2	167.5	4.174	63.5	15.3	653.3	0.659	3.86	696.5	4.31
50	0.123 45	988.0	209.3	4.174	64.8	15.7	549.4	0.556	4.57	676.9	3.54
60	0.199 33	983.2	251.1	4.179	65.9	16.0	469.9	0.478	5.22	662.2	2.99
70	0.311 8	977.7	293.0	4.187	66.8	16.3	406.1	0.415	5.83	643.5	2.55
80	0.473 8	971.8	354.9	4.195	67.4	16.6	355.1	0.365	6.40	625.9	2.21
90	0.701 2	965.3	376.9	4.208	68.0	16.8	314.9	0.326	6.96	607.2	1.95
100	1.013	958.4	419.1	4.220	68.1	16.9	282.5	0.295	7.50	588.6	1.75
110	1.43	950.9	461.3	4.233	68.5	17.0	259.0	0.272	8.04	569.0	1.60
120	1.98	943.1	503.8	4.250	68.6	17.1	237.4	0.252	8.58	548.4	1.47
130	2.70	934.9	546.4	4.266	68.6	17.1	217.8	0.233	9.12	528.8	1.36
140	3.61	926.2	589.2	4.287	68.5	17.2	201.1	0.217	9.68	507.2	1.26
150	4.76	917.0	632.3	4.313	68.4	17.3	186.4	0.203	10.26	486.6	1.17
160	6.18	907.5	675.6	4.346	68.3	17.3	173.6	0.191	10.87	466.0	1.10
170	7.91	897.5	719.3	4.380	67.9	17.3	162.8	0.181	11.52	443.4	1.05
180	10.02	887.1	763.2	4.417	67.4	17.2	153.0	0.173	12.21	422.8	1.00
190	12.54	876.6	807.6	4.459	67.0	17.1	144.2	0.165	12.96	400.2	0.96
200	15.54	864.8	852.3	4.505	66.3	17.0	136.4	0.158	13.77	376.7	0.93
210	19.06	852.8	897.6	4.555	65.5	16.9	130.5	0.153	14.67	354.1	0.91
220	23.18	840.3	943.5	4.614	64.5	16.6	124.6	0.148	15.67	331.6	0.89
230	27.95	827.3	990.0	4.681	63.7	16.4	119.7	0.145	16.80	310.0	0.88
240	33.45	813.6	1 037.2	4.756	62.8	16.2	114.8	0.141	18.08	285.5	0.87
250	39.74	799.0	1 085.3	4.844	61.8	15.9	109.9	0.137	19.55	261.9	0.86
260	46.89	783.8	1 134.3	4.949	60.5	15.6	105.9	0.135	21.27	237.4	0.87
270	55.00	767.7	1 184.5	5.070	59.0	15.1	102.0	0.133	23.31	214.8	0.88
280	64.13	750.5	1 236.0	5.230	57.4	14.6	98.1	0.131	25.79	191.3	0.90
290	74.37	732.2	1 289.1	5.485	55.8	13.9	94.2	0.129	28.84	168.7	0.93
300	85.83	712.4	1 344.0	5.736	54.0	13.2	91.2	0.128	32.73	144.2	0.97
310	98.60	691.0	1 401.2	6.071	52.3	12.5	88.3	0.128	37.85	120.7	1.03
320	112.78	667.4	1 461.2	6.574	50.6	11.5	85.3	0.128	44.91	98.10	1.11
330	128.51	641.0	1 524.9	7.244	48.4	10.4	81.4	0.127	55.31	76.71	1.22
340	145.93	610.8	1593.1	8.165	45.7	9.17	77.5	0.127	72.10	56.70	1.39
350	165.21	574.7	1670.3	9.504	43.0	7.88	72.6	0.126	103.7	38.16	1.60
360	186.57	527.9	1761.1	13.984	39.5	5.36	66.7	0.126	182.9	20.21	2.35
370	210.33	451.5	1891.7	40.321	33.7	1.86	56.9	0.126	676.7	4.709	6.79

附表 A–12　干饱和水蒸气的热物理性质

$t/℃$	$p × 10^{-5}/$ Pa	$\rho/$ (kg/ m³)	$h''/$ (kJ/ kg)	$\gamma/$ (kJ/ kg)	$c_p ×$ /[kJ/ (kg · K)]	$\lambda × 10^2/$ [W/ (m · K)]	$a × 10^3/$ (m²/h)	$\mu × 10^6/$ [kg/ (m · s)]	$\nu × 10^6/$ (m²/s)	Pr
0	0.006 11	0.004 851	2 500.5	2 500.6	1.854 3	1.83	7 313.0	8.022	1 655.01	0.815
10	0.012 28	0.009 404	2 518.9	2 476.9	1.859 4	1.88	3 881.3	8.424	896.54	0.831
20	0.023 38	0.017 31	2 537.2	2 453.3	1.866 1	1.94	2 167.2	8.84	509.90	0.847
30	0.042 45	0.030 40	2 555.4	2 429.7	1.874 4	2.00	1 265.1	9.218	303.53	0.863
40	0.073 81	0.051 21	2 573.4	2 405.9	1.885 3	2.06	768.45	9.620	188.04	0.883
50	0.123 45	0.083 01	2 591.2	2 381.9	1.898 7	2.12	483.59	10.022	120.72	0.896
60	0.199 33	0.130 3	2 608.8	2 357.6	1.915 5	2.19	315.55	10.424	80.07	0.913
70	0.311 8	0.198 2	2 626.1	2 333.1	1.936 4	2.25	210.57	10.817	54.57	0.930
80	0.473 8	0.293 4	2 643.1	2 308.1	1.961 5	2.33	145.53	11.219	38.25	0.947
90	0.701 2	0.423 4	2 659.6	2 282.7	1.992 1	2.40	102.22	11.621	27.44	0.966
100	1.013 3	0.597 5	2 675.7	2 256.6	2.028 1	2.48	73.57	12.023	20.12	0.984
110	1.432 4	0.826 0	2 691.3	2 229.9	2.070 4	2.56	53.83	12.425	15.03	1.00
120	1.984 8	1.121	2 703.2	2 202.4	2.119 8	2.65	40.15	12.798	11.41	1.02
130	2.700 2	1.495	2 720.4	2 174.0	2.176 3	2.76	30.46	13.170	8.80	1.04
140	3.612	1.965	2 733.8	2 144.6	2.240 8	2.85	23.28	13.543	6.89	1.06
150	4.757	2.545	2 746.4	2 114.1	2.314 5	2.97	18.10	13.896	5.45	1.08
160	6.177	3.256	2 757.9	2 085.3	2.397 4	3.08	14.20	14.249	4.37	1.11
170	7.915	4.118	2 768.4	2 049.2	2.491 1	3.21	11.25	14.612	3.54	1.13
180	10.019	5.154	2 777.7	2 014.5	2.595 8	3.36	9.03	14.965	2.90	1.15
190	12.502	6.390	2 785.8	1 978.2	2.712 6	3.51	7.29	15.298	2.39	1.18
200	15.537	7.854	2 792.5	1 940.1	2.842 8	3.68	5.92	15.651	1.99	1.21
210	19.062	9.580	2 797.7	1 900.0	2.987 7	3.87	4.86	15.995	1.67	1.24
220	23.178	11.61	2 801.2	1 857.7	3.149 7	4.07	4.00	16.338	1.41	1.26
230	27.951	13.98	2 803.0	1 813.0	3.331 0	4.30	3.32	16.701	1.19	1.29
240	33.446	16.74	2 802.9	1 765.7	3.536 6	4.54	2.76	17.073	1.02	1.33
250	39.735	19.96	2 800.7	1 715.4	3.772 3	4.84	2.31	17.446	0.873	1.36
260	46.892	23.70	2 796.1	1 661.8	4.047 0	5.18	1.94	17.848	0.752	1.40
270	54.496	28.06	2 789.1	1 604.5	4.373 5	5.55	1.63	18.280	0.651	1.44
280	64.127	33.15	2 779.1	1 543.1	4.767 5	6.00	1.37	18.750	0.565	1.49
290	74.375	39.12	2 765.8	1 476.7	5.252 8	6.55	1.15	19.270	0.492	1.54
300	85.831	46.15	2 748.7	1 404.7	5.863 2	7.22	0.96	19.839	0.430	1.61
310	98.557	54.52	2 727.0	1 325.9	6.650 3	8.06	0.80	20.691	0.380	1.71
320	112.78	64.60	2 699.7	1 238.5	7.721 7	8.65	0.62	21.691	0.336	1.94
330	128.81	77.00	2 665.3	1 140.4	9.361 3	9.61	0.48	23.093	0.300	2.24
340	145.93	92.68	2 621.3	1 027.6	12.210 8	10.70	0.34	24.692	0.266	2.82
350	165.21	113.5	2 563.4	893.0	17.150 4	11.90	0.22	26.594	0.234	3.83
360	186.57	143.7	2 481.7	720.6	25.116 2	13.70	0.14	29.193	0.203	5.34
370	210.33	200.7	2 338.8	447.1	76.915 7	16.60	0.04	33.989	0.169	15.7
373.99	220.64	321.9	2 085.9	0.0	∞	23.79	0.0	44.992	0.143	∞

附　录　B

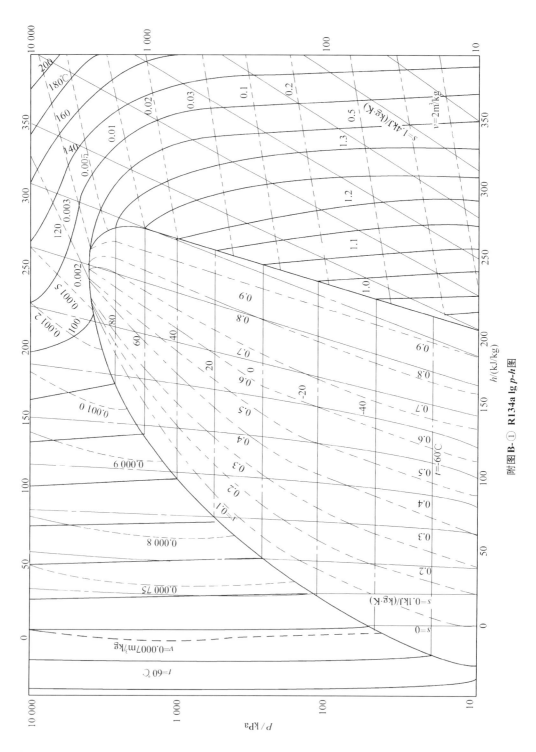

附图 B-① R134a lg p-h图

参 考 文 献

[1] 比安什,福泰勒,埃黛. 传热学[M]. 王晓东,译. 大连:大连理工大学出版社,2008.

[2] 英克鲁佩勒,等. 传热和传质基础原理[M]. 葛新石,叶宏,译. 北京:化学工业出版社,2007.

[3] 郑丹星. 流体与过程热力学[M]. 北京:化学工业出版社,2010.

[4] 李沪萍,向兰,夏家群,等. 热工设备节能技术[M]. 北京:化学工业出版社. 2010.

[5] 王承阳. 热能与动力工程基础[M]. 北京:冶金工业出版社,2010.

[6] 余宁主. 热工学基础[M]. 北京:中国建筑工业出版社,2005.

[7] 贾永康,徐红梅. 热工学基础[M]. 武汉:武汉理工大学出版社. 2008.

[8] 童钧耕,王平阳,苏永康. 热工基础[M]. 上海:上海交通大学出版社,2008.

[9] 张学学. 热工基础[M]. 北京:高等教育出版社,2008.

[10] 刘春泽. 热工学基础[M]. 北京:机械工业出版社,2004.

[11] 陈黪,吴味隆,等. 热工学[M]. 3 版. 北京:高等教育出版社,2004.

[12] 魏龙. 热工与流体力学基础[M]. 北京:化学工业出版社. 2007.

[13] 廉乐明,等. 工程热力学[M]. 5 版. 北京:中国建筑工业出版社,2007.

[14] 严兆大. 热能与动力工程测试技术[M]. 北京:机械工业出版社,2006.

[15] 傅秦生. 热工基础与应用[M]. 北京:机械工业出版社,2007.

[16] 黄素逸,王晓墨. 能源与节能技术[M]. 北京:中国电力出版社,2008.

[17] 刘自放,刘春蕾. 热工检测与自动控制[M]. 北京:中国电力出版社,2007.

[18] 张培新. 热工学基础与应用[M]. 北京:化学工业出版社,2010.

[19] 傅秦生. 工程热力学[M]. 北京:机械工业出版社,2012.

[20] 黄敏. 热工与流体力学基础[M]. 北京:机械工业出版社,2011.

[21] 唐经文. 热工测试技术[M]. 重庆:重庆大学出版社,2007.

[22] 于秋红. 热工基础[M]. 北京:北京大学出版社,2009.

[23] 陈礼. 流体力学与热工基础[M]. 北京:清华大学出版社,2012.

[24] 叶学群. 热工与流体力学基础[M]. 北京:中国商业出版社,2006.

[25] 秦萍. 热工基础[M]. 成都:西南交通大学出版社,2011.